家庭装修必须亲自监工的99个细节 升级版

家庭装修必须亲自监工的139个细节

刘二子 主编

装修若未监工，后患必定无穷
轻则损失钱财，重则危及生命

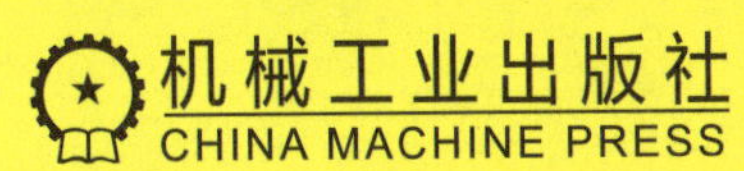

机械工业出版社
CHINA MACHINE PRESS

本书专为准备装修的业主而写，讲述在购买家庭装修建材和装修过程中，需要业主监工的细节，以及如何监工。从内容上分，本书可以分为三大类，一是业主必须亲自监工的细节；二是业主尽量亲自监工的细节；三是可以事后监工的细节。本书在讲解时将监工要点与装修案例充分结合在一起，提供了一个“边装修边监工”的情景，读者犹如身临其境，书读完后，读者也经历了一回装修。

阅读完本书，读者一定可以在装修过程中拨开迷雾见真相，为自己的新居把好质量关，降低蒙受经济损失的概率。

图书在版编目（CIP）数据

家庭装修必须亲自监工的139个细节 家庭装修必须亲自监工的99个细节：升级版 / 刘二子主编. —北京 ：机械工业出版社，2019.11

ISBN 978-7-111-63812-4

Ⅰ.①家… Ⅱ.①刘… Ⅲ.①住宅—室内装修—基本知识 Ⅳ.①TU767

中国版本图书馆CIP数据核字（2019）第213244号

机械工业出版社（北京市百万庄大街22号 邮政编码100037）
策划编辑：宋晓磊 责任编辑：宋晓磊 李宣敏
责任校对：宋道兰 潘 蕊 封面设计：鞠 杨
责任印制：孙 炜
保定市中画美凯印刷有限公司印刷
2019年11月第1版第1次印刷
169mm × 239mm · 23.25印张 · 350千字
标准书号：ISBN 978-7-111-63812-4
定价：69.00元

电话服务
客服电话：010-88361066
010-88379833
010-68326294

网络服务
机 工 官 网：www.cmpbook.com
机 工 官 博：weibo.com/cmp1952
金 书 网：www.golden-book.com
机工教育服务网：www.cmpedu.com

改电时，务必监工让工人在槽内埋管。电线在穿管后再埋进墙内。否则就有漏电、触电的危险。

红色圆圈内就是放在槽内的套管

不同类型抽油烟机的安装高度要严格监工，高度不当会让家庭主妇患肺癌的概率大大增加。

抽油烟机高度有讲究

改电时务必监工让工人在灶台下方橱柜里安装插座，否则会导致天然气报警器无法使用，只能把平整“高贵”的台面打一个洞，从上面引明线下来。

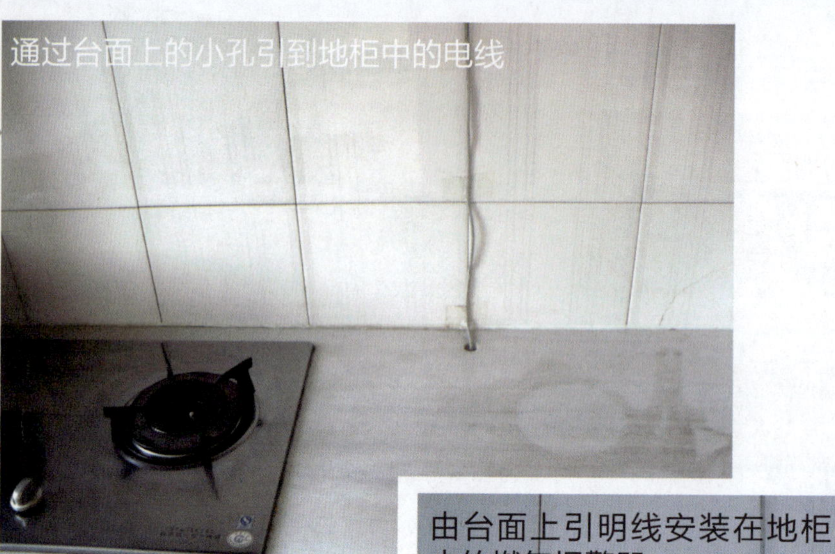

通过台面上的小孔引到地柜中的电线

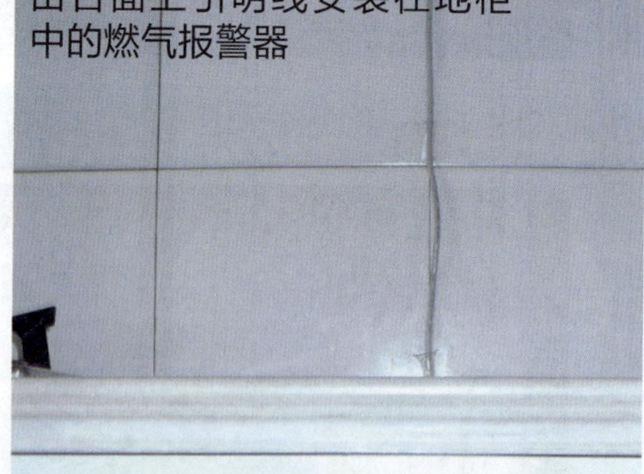

由台面上引明线安装在地柜中的燃气报警器

卫生间内未将开发商使用的廉价地漏更换为几十元的中档地漏，业主要常年忍受地漏发出的臭味。

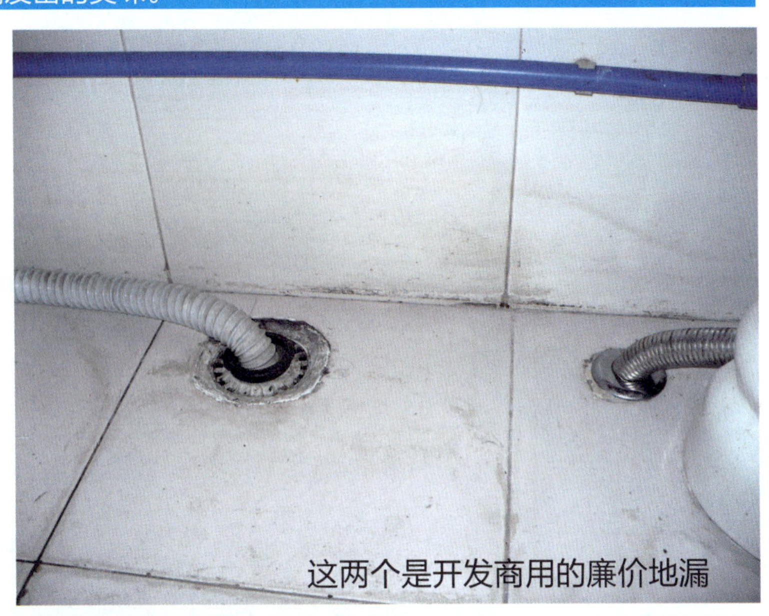

这两个是开发商用的廉价地漏

安装水槽时一定要监工，水槽距离侧墙面至少要有40厘米距离，这个小小失误让无数家庭主妇常年忍受着由此带来的不便。

紧挨着右侧墙面的厨房水槽

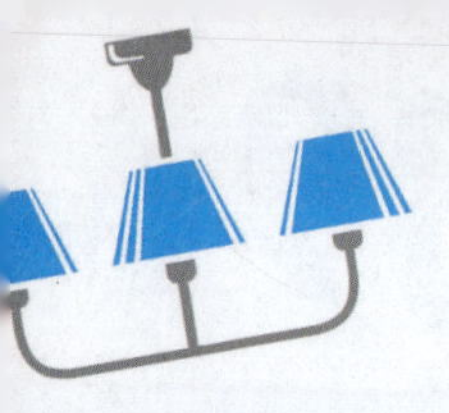

在厨房和卫生间铺贴瓷砖时务必监工做墙面拉毛处理，否则少则一两年、多则五六年，瓷砖就会掉落伤人。

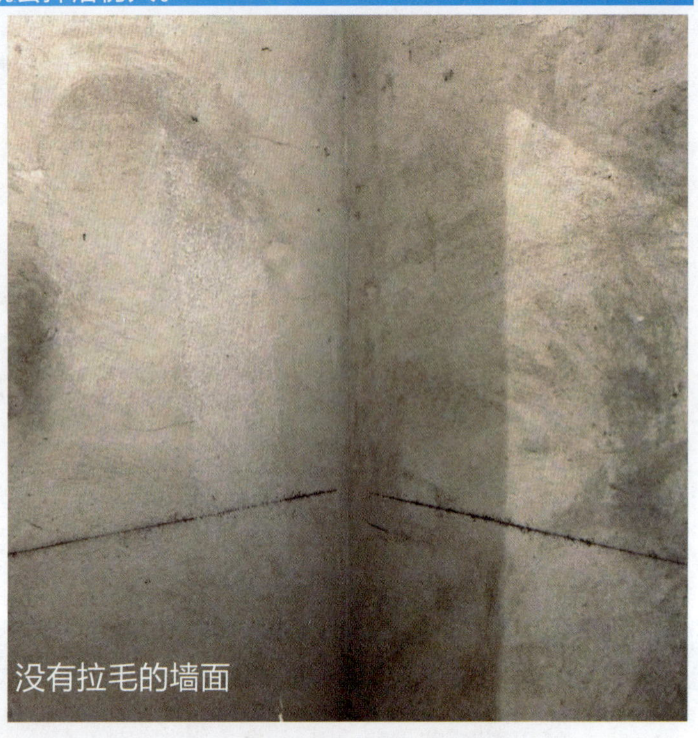

没有拉毛的墙面

拉毛的墙面

阳台、室内护栏的高度、间距、材质，一定要按照要求严格监工，否则将会导致孩子有坠楼、挤伤的危险。

护栏高度、间距和材料是监工重点

卫生间地面铺瓷砖时监工要点：四周要向地漏呈一定角度倾斜；否则将造成洗澡水难以排出，给生活带来很大的不便。

地漏的位置不是最低处，导致积水

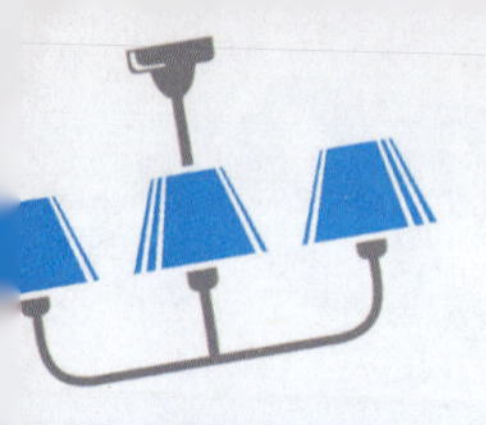

很多家庭喜欢客厅铺瓷砖，卧室铺地板，监工要点：铺地板时要监督工人铺设衬底板。

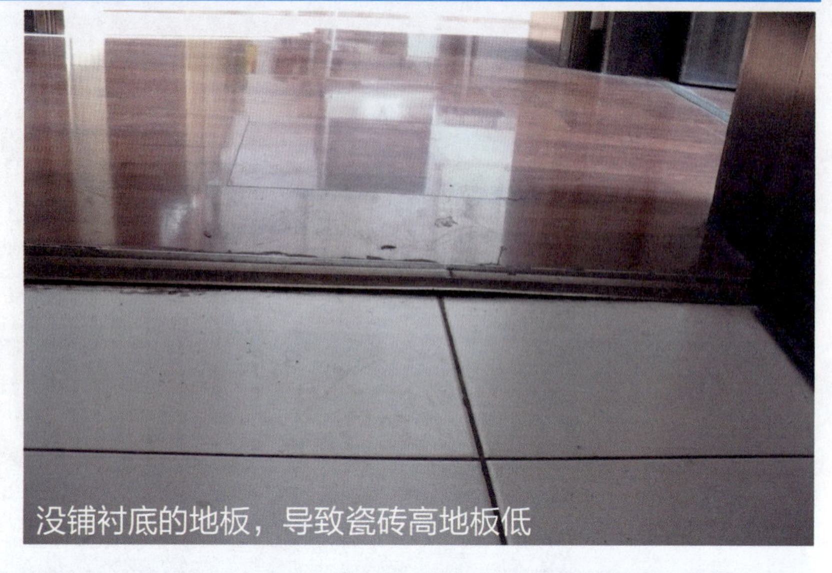

没铺衬底的地板，导致瓷砖高地板低

据作者常年跟踪观察，大部分家庭窗帘杆由于装修时监工不到位，导致几年后杆体松动或者掉落。

坠落的窗帘杆暂时用绳子固定在暖气上

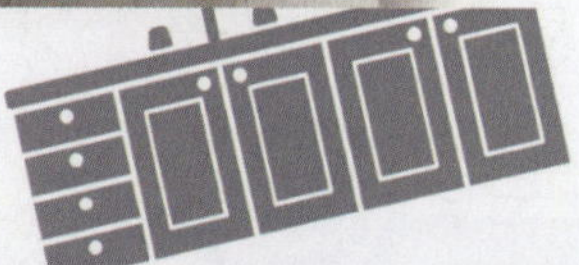

前 言

自《装修必须亲自监工的81个细节》（2011年机械工业出版社出版）和其升级版《装修必须亲自监工的99个细节》（2013年机械工业出版社出版）上市以来，受到广大读者的喜爱，多次加印。读者反映该书内容实用性很强，解决了自家装修中存在的很多问题，上述两书主要讲述装修过程中需要监工的细节，对购买家庭装修材料时应该如何监工涉及很少，近年来，许多读者一再要求增加有关家装材料购买时需要监工的细节以及相关的知识。此次升级版为满足读者的这一要求，增加了40个关于装修材料购买时需要监工的细节，以便让业主减少上当的机会和财产的损失。

此次升级版《装修必须亲自监工的139个细节》分为上下两篇，上篇是“购买家庭装修材料时需要监工的40个细节”，下篇是“现场施工中需要监工的99个细节”。

俗话说“巧妇难为无米之炊”，建材就是家装盛宴的“米”，如果“米”选错了，那么再好的厨师也做不出好吃的饭菜。但是根据作者多年装修和监督装修的经验，几乎每一位业主在选购建材时都会犯下大大小小的错误，这些错误主要分为两类：第一类，由于我国很多装修建材市场混乱无序，因此业主很容易被不良商家哄骗，买到假冒伪劣产品；第二类，由于缺乏专业知识，业主没有验货或者是验收不仔细，结果自己的建材被第三方如装修公司、施工队等以次充好、调包，造成了极大的浪费。

为此，在上篇为广大业主详细介绍如何选购、验收各类建材，将作者多年积累的经验和专业知识直接传授给大家，让大家拥有一双火眼金睛，从令人眼花缭乱的产品中选出优质产品，在收货时仔细辨别真假优劣，不至于被商家私

下调包、以次充好。

在每一个购买监工细节中，有如下板块：第一个是“监工档案”，列有三个要点，分别是：选购要点、存在隐患、是否必须现场监工。在最后“是否必须现场监工”中分了两种情况：务必现场监工和有条件尽量现场监工。“是否必须现场监工”的结论是作者综合“存在隐患”得出的。作者将那些存在隐患大，很可能会给业主日后的生活带来巨大麻烦或健康危害的细节，都列入“务必现场监工”。

下篇是现场施工中需要监工的细节。此次升级版内容与时俱进，删除了2013年版中的一些在装修过程中被淘汰的流程，如“电源线与信号线，二者不能铺同管”等，新增了一些更实用的内容。

家庭装修，耗时耗力，几乎每个经历过装修的人，都会有这样的经历：入住新居后发现了各种大大小小的问题，原因在于当初没有亲自监工。诸如电线没有穿管直接埋进了墙，导致了后来电路短路危及生命安全；施工人员没有用膨胀螺栓而是直接用普通螺栓把吊灯安在了房顶上，导致“吊灯”变成“掉灯”……

那么，装修过程中哪些细节需要监工？都监工到位了吗？

这个问题没有几个业主能明确回答。多数人的回答是“我也不知道，反正在现场盯着施工队不偷懒就是了”。这就是家装过程中监工这一环节的现状。业主确实在现场监工，但却不知道具体去监督什么。下篇内容就为业主们解决了这一困扰。

下篇选取了装修现场施工中需要监工的99个细节。与上篇一样，在每一个监工细节下，都有一个简短的“监工档案”，包括四项，分别是：关键词、危害程度、返工难度、是否必须现场监工。在最后一项“是否必须现场监工”中分了三种情况：务必现场监工、尽量现场监工、可事后监工。这一项是作者根据第二项和第三项综合得出的结论。对于那些很可能会在日后的生活中给业主带来巨大的麻烦，或者返工成本大，或干脆难以返工的都列为务必现场监工。这里有两点需要说明：第一，有些危害程度不大，但是返工难度很大的，要求业主务必现场监工；第二，有些虽然返工难度不大，但是危害程度很大的细节，一旦发生危害，就会危及业主的人身安全的，如安装吊灯等，这一类的细节也要求业主务必亲自监工。

本书的每个小节内容都经过作者精心挑选，摒弃空洞的理论，结合案例讲解装修流程中必须监工的环节，如果业主身体力行，第一，至少能节省上万元甚至十几万元的资金，因为有些细节如果是由于监工不到位而导致的返工，其代价是非常高的；第二，大大减少了安全隐患，保障了业主和家人的健康和安全。

装修必须要监工，监工一定要看此书！

在本书的编写过程中，参与了本书的协助编写工作的老师有刘博、杨爱霞、刘殿峰、冷凤霞、刘炜华、杨柳、张湘宜、刘美莲、邢灵娥、张学会、梁顺利、冀博、于明琪、刘国峰、成蕾、张雨楠、黄爽、杨建楠、孙丽、齐向群、王威、刘誉等。不能在封面上为其一一署名，只能在此表示感谢，祝福他们工作顺利，身体健康。

编　者

目录

购买建材是家装中最重要的一个步骤，建材市场鱼龙混杂，充斥着各种陷阱，由于业主缺乏专业知识和经验，在建材市场常常会上当受骗，常见的骗局有三种：一是移花接木法。这是建材市场最常见的陷阱，即商家给业主发的货和看的样品不一致。这最常发生在细木工板、瓷砖等基础建材上。二是以假乱真法。以低价的产品冒充高价的产品，如以硬杂木地板冒充红檀香、柚木、花梨木等高档地板。三是串通一气法。如木工往往会主动申请带领业主去购买建材，其实他早已暗中和建材商串通好欺骗业主，这在全国的报端屡见不鲜。

…………

购买好装修材料后，下一步就是施工了。再好的设计和材料，如果施工不到位，同样会出现各种问题。明明应该是装修公司听从业主的指挥，指哪打哪！但在现实中却是反着来的，多数业主由于不懂专业知识被装修公司牵着鼻子走。装修公司偷工减料、投机取巧、变相加价已经是装修界的潜规则，甚至是明规则！

改电时，施工人员没有将电线穿管就直接埋在了墙里，导致漏电而致人死亡！

铺贴墙砖时，施工人员偷懒没有将墙壁拉毛而直接贴砖，导致墙砖脱落，掉下来毁物伤人！

安装吊灯时没有用（或者用量不够）膨胀螺钉导致吊灯变“掉灯”，家人头部被砸重伤！

…………

开篇 “国家特级装修监工师”诞生记

我的“装修监工仕途”自认非比寻常，我很愿意把它比作战斗。虽然装修应该是一件让人兴奋的事，但是总有人在你的地盘跟你“过不去”。这还有什么好商量的，我的地盘我做主，岂容他人在此胡作非为!

我的“职称”是“国家特级装修监工师”。这个职称不是考的，而是亲友们封的。我家前后买过两套房，我参与了全部装修过程，也从此让我这个门外汉变成了装修专业户。由于我的亲友众多，我把装修过程中的重点记录下来，发给他们，提醒他们装修时注意，没想到，他们日后装修时有人干脆请我去帮忙监工。由于我是个热心人，加之我是自由职业者时间宽裕，于是也就欣然同意帮忙。再后来，这竟成为我职业的一部分。由于名气越来越大，一些朋友的朋友也来找我监工，几年下来，我总计监督装修几十次。于是，大家送给我一个称谓“国家特级装修监工师”!

下面，我给大家仔细讲讲这个过程，相信准备装修的业主们看了我的经历也能学会不少技巧和原则。

第一步：初次参战，惨痛失败

我第一次买房前，有几位同学已经有过装修经历，没少听他们给我讲装修血泪史，如设计、备料、与装修公司及施工人员谈判、监工、返工等，都说有被剥层皮的感觉。我一直对此不以为然，觉得装修嘛，哪有那么复杂?

在拿到第一套新房的钥匙后，老公由于平时工作很忙，大手一挥，豪气地宣布：任命老婆为装修总指挥兼总采购。有了这句话，我热血沸腾，不停地想

象着把新房装修成什么样。纸上谈兵容易，带兵出战可不是闹着玩的，可是军号已经吹响，我不能当逃兵。在接下来两个月的时间里，我白天盯在现场，夜宿楼下空房，这一点要真心感谢楼下邻居，当时他家没有装修，我和老公支张床就当临时住所了。

现在回想起来，第一次装修真是一次痛苦的经历，用扒层皮来形容一点都不过分。每每想起那次装修，木工的电锯声仿佛还在我耳边回响，振得耳膜生疼。如果只是这些折磨也就罢了，由于第一次没有经验，在装修完成后发现了太多的问题。这些问题有些根本无法返工，有些虽然可以返工，但是要付出很大的时间和金钱的代价，如果不加以弥补，那就不得不忍受几十年这个失误带来的后果，让人心里不畅！

举3个小问题，例如：①没有监督施工人员把开发商用的廉价地漏换成一个中档地漏（不足50元），完工后如果要更换就得刨开地砖（还要重新做防水工程），如果不换，就要一直忍受下水道里散发出的恶臭；②水路改造时施工人员没有区分冷热水管，统一用了便宜的冷水管，为日后留下隐患；③没有监督施工人员在厨房设置足够的插座，导致电饭锅、微波炉、冰箱、油烟机、电磁炉等各种电器抢同一个插座，于是不得不再用明线插座，既影响美观，同时又有漏电的危险。这些细节虽然不会对生活产生非常大的影响，但是让人时刻感觉不方便，心里发堵。

再举两个大的问题，例如：①电路改造时没有监督施工人员在墙内先敷管再走线，不负责任的施工人员直接把电线埋到了墙里。这样，用不了几年，就会出现短路甚至漏电事故。因为这件事，我和装修公司大吵了一架，后来不得不把墙刨开重做。②在安装电热水器时施工人员直接将热水器安装在空心砖上，这个问题由于当时没监工就没发现。后来邻居家安装液晶电视时发现了这个问题，我才知道我家也有类似问题。试想一下，如果洗澡时一两百斤的热水器掉下来，后果真是不堪设想，轻则将人砸伤，重则触电致人死亡，想想都后怕！于是我不得不另请人返工，重新安装。

这样的失误还有很多（更多的细节大家可以看书中的详细介绍），轻则让人居住不适、损失钱财，重则让人生病、受伤，更为严重的则会危及生命安全。

其实，这些失误都是可以避免的。如果我能提前多学习一些装修知识，在装修的过程中及时监工，就不会留下这么多的隐患和遗憾。

第二步：积蓄力量，准备反击

第一次战斗结束了，我从我家的装修中找到了太多的失误。我的房子却让别人来糊弄，我太轻敌了，输得实在是窝囊！不！我一定要从中找到失败的教训，从哪儿跌倒就从哪儿爬起来！从此，我开始总结和记录所有和装修有关的失误和细节，首先是我家，其次是我周围的所有亲友。我像祥林嫂一样重复着一句话：亲爱的，跟我谈谈你们的装修教训吧？安慰一下我受伤的心灵吧!如果说在装修的专业道路上，我是自学成才，那我的亲友们就是我的老师。我暗暗憋了一口气，将来再装修时一定要打个漂亮的翻身仗!

第三步：再次开战，大获全胜

过了两年，我们在外地买的一套房子交工了。我早就等着这一天的到来，这次我已做好了充分的准备。

拿到钥匙后，我做了预算，90m^{2}左右的房子，如果请装修公司包工包料，中等程度装修大约需要10万元。如果我自己购料，每个环节自己找施工人员，可以控制在5万元左右。后者的好处不仅体现在能节省几万元钱上，更为关键的是每处用料好坏可以自己控制，如果请装修公司的话，他们经常会以次充好。

于是，我决定不请装修公司，一切自己来。事后证明，我这个决定是非常正确的，虽然很辛苦，但是诸多环节都基本达到了预期效果。当然，这个过程也是非常艰辛的。因为施工人员为了省事、省钱，经常会暗中做手脚。我和他们明争暗斗地进行了至少几十次大大小小的“战斗”，举三个例子吧。

先说买料，家庭装修都离不开细木工板和实木板。我找好木工师傅后，他说要和我一起去买，因为他知道需要什么样的板材。到了建材市场后，他故意领我东转西转地看了许多家，最后把我带到一家卖木材的店铺，看后说这家

好。我早有防备，心知肚明他们早就认识。这点我倒不是很在意，因为只要货物没问题，在哪家买都一样。好戏在后头。我选好木材后，木工师傅故意拉我去看其他辅料，回来后木材已经装车。我提前已经料到这里可能有猫腻，一定要上车验货，店铺老板一脸不高兴，说你都提前选好了，有什么好验的？但是我坚持己见，不让我验货就不交钱。最终他们无奈只得让我验货，最上面两张木板和我挑选的是一样的，我坚持让师傅抬起这两张，果然发现了问题：下面的木板虽然也是同样的牌子，但是成色和等级要差很多，价格也比我看的木材低几十元。黑心的商人见我发现了问题，居然一点愧疚和尴尬都没有，只是嬉皮笑脸地解释说，他雇的工人是新来的，看错了货物。于是他们重新装货，这次装货的时候我紧盯着一张一张地装车，避免了出现之前那样的情况。

举两个施工时的例子。砸墙时施工人员没做任何准备工作，抡着锤子一通乱砸，我制止了这一野蛮行为，告诉他们应该先画线，再切割，然后用锤子自下往上砸。

铺厨房和卫生间墙砖是我监工的一个重点，因为有个鲜活的案例让我印象非常深刻。我有一位亲戚家装修了不到5年，有一天，女主人在厨房做饭，突然一声巨响，油烟机右侧墙上的瓷砖全部掉落了，瓷砖有的掉在了灶台上，有的掉在了地上，当时就把电磁炉砸碎了，亲戚家阿姨的脚被砸出了血。这已经很幸运了，因为人没受重伤，如果瓷砖掉在头上，后果不堪设想！后来咨询了专业人士，告诉我们有两种可能性，第一是水泥质量不好，第二是贴砖前墙面没做拉毛。有了这个教训，在贴砖时我一直在现场监工，我故意不提拉毛的事，看施工人员如何处理。果然，施工人员根本不做拉毛就打算直接贴砖。后来在我的强烈要求下，他才很不情愿地做了拉毛。

再举一个后期安装的例子。安装吊灯时，客厅里玻璃质地的华丽吊灯自重有几公斤，就在一转眼的工夫，施工人员就装好了。原来，他直接用三个木螺钉将吊灯拧在了房顶上！我提醒施工人员是不是落下了一个环节，因为我没有听到电钻的声音。对方不以为然地告诉我，不用电钻，他这样安装了好多年吊灯都没掉下来。我不乐意了，你省了这点事，可是一旦那“万一”发生了，砸伤的可是我和我的家人！再说客厅吊灯变“掉灯”的案例在全国屡有发生，就是这些不负责任的施工人员干的好事！最后，施工人员只得按照我的要求重新安装，我亲自监督他在房顶打了四个膨胀螺栓，把吊灯安了上去。在此提醒广大业主，任何一个步骤都要掌握主动权，即在任何一个步骤都争取不要先交钱，即使交钱也不要交全部，可以先交点定金，等活干完后再交剩余部分。如安装吊灯这个环节，安装前我只交了少量定金，如果我提前付了全款，施工人员可能就不会这么“配合”了！

总之，这次装修我基本上每个环节都做到了现场监工，经过两个多月的艰苦“斗争”，一个漂亮的新家终于完美地呈现在我和老公的面前！

第四步：“国家特级装修监工师”诞生

有了这一次胜利监工的经验，我备受鼓舞。我记录下了装修监工中的点点滴滴，并且将很多细节拍了照，在日后亲戚朋友们装修时提前将这些经验发给他们。靠着亲友们的口口相传，我终于打出了名气，他们中的好多人在装修时干脆请我去作“专业监工师”。再后来，找我帮忙监工的人越来越多，在历次装修监工的过程中，我和偷工减料的装修公司及施工人员斗智斗勇，成效显著，由于我的存在，从以下三个方面为业主们大大提供了便利：

（1）节省了业主宝贵的时间。这不仅体现在监工的时间上，更为重要的是，由于我的监工，避免了日后出现的诸多返工工程，节约了更多的时间。

（2）从金钱方面，少则为业主们节约了几千元，多则为他们节约了几万元。

（3）从安全性方面，由于装修公司及施工人员的偷工减料，往往会为业主的日后生活带来极大的安全隐患。这些隐患轻则伤人，重则致命。我的存在就是要把这些隐患扼杀在萌芽状态。

后来，朋友们送给我一个亲切的称号“国家特级装修监工师”。这虽然不是一个国家承认的正式职称，但我相信，在这个“专家”泛滥的年代，百姓的“爱戴”要远胜于只会纸上谈兵的专家教授们，因为我能切实地解决业主们装修时遇到的问题，为他们节约大量的金钱和时间。

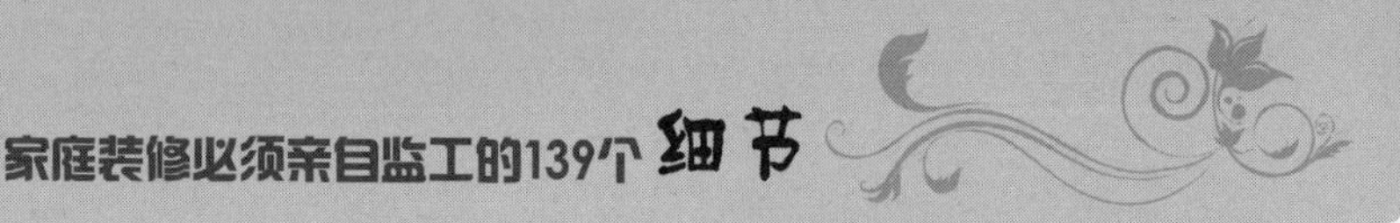

上篇　购买家庭装修材料时需要监工的40个细节

购买建材是家装中最重要的一个步骤，建材市场鱼龙混杂，充斥着各种陷阱，由于业主缺乏专业知识和经验，在建材市场常常会上当受骗，常见的骗局有三种：一是移花接木法。这是建材市场最常见的陷阱，即商家给业主发的货和看的样品不一致。这最常发生在细木工板、瓷砖等基础建材上。二是以假乱真法。以低价的产品冒充高价的产品，如以硬杂木地板冒充红檀香、柚木、花梨木等高档地板。三是串通一气法。如木工往往会主动申请带领业主去购买建材，其实他早已暗中和建材商串通好欺骗业主，这在全国的报端屡见不鲜。

…………

除去业主被骗外，还有的业主因为缺乏专业知识而买错了产品，如水龙头有各种材质，一旦贪图便宜买了质量差的，那么几年内你换新所浪费的钱足够你买一个经久耐用的优质水龙头。劣质水龙头不但不经使用，更关键的是其材质重金属超标，会污染饮用水，严重危害家人的身体健康。

本篇的目的就是教会业主练就一双火眼金睛，轻松做到以下三点：一是在陪同施工方一起购买装修材料时既能避开建材市场中的种种陷阱，又能识破施工方和商家的暗中勾结；二是在委托施工方购买建材时，在送货上门后知道如何验货；三是如果自行购买，能选出最适合自己的真材实料。

第1章　购买基础装修材料时需要监工的细节

1. 低质水泥要防范，强度等级、日期要细看

监工档案

选购要点：强度等级　大品牌　生产日期

存在隐患：强度降低　地砖起鼓　墙砖脱落

是否必须现场监工：尽量现场监工购买

问题与隐患

水泥是家庭装修中必须要用到的最基础材料之一。在家居装修中，地面、墙面等找平以及瓷砖、大理石的铺贴，都需要用到水泥。其在装修中起着很重要的作用。质量好的水泥吸附力强，可以用几十年不脱落；而质量差、过期的水泥，会导致墙面、顶棚出现粉酥、掉面或剥落现象，甚至使镶贴好的饰面材料松动和脱落。这不仅会导致返工，而且有砸中人使人受伤的危险，所以务必要监工到位。

失败案例

张先生购买的是某新开盘的小区。交房后，小区里入住了一批建材商，售卖各种基础装修材料。虽然是新房，但张先生只想简单地装修一下，于是就在

小区里联系了一个施工队负责墙面施工和铺贴地砖。对方主动提出帮张先生购买水泥和砂子，张先生同意了。装修很快完工。不久，在安装洗衣机时，洗衣机不慎碰到了墙面，两块瓷砖竟然晃动起来，工人轻轻用手一扣，瓷砖完整地脱落下来。这一幕看得张先生目瞪口呆。接下来工人随手敲了敲卫生间墙面，竟然发现墙砖大面积出现了剥离、脱落的现象。用手抠露出来的水泥墙面，竟然能抠下粉末来。随后，工人在安装洗衣机的出水管道时，在地面的下水管道中找到了一个水泥包装袋。上面简单地印着“水泥”和生产日期，既没有生产厂家、地址，也没有联系方式。而生产日期竟然是两年前，这袋水泥早已经过期了。张先生联系当初给自己铺砖的装修队，对方坚持水泥没问题，到后来干脆不接电话。因为是流动的施工队，张先生也找不到对方。一切损失只能自己承担。

现场监工

本案例中张先生的失误在于让施工队购买了水泥，到货后自己也没有验收。装修开始时，水泥和砂子是最先进场的材料。因此，业主千万不能忽视对水泥的选购。最好能亲自挑选和验收。如果是包工包料，最好和施工方约定好水泥的牌子、强度等级等，并要求保留原始的购买发票、收据等凭证，等施工方买回后，业主要亲自验收，以免被对方以次充好，造成后续的麻烦。业主在选购水泥时，可以从以下四点入手：

（1）认准大品牌。大品牌的水泥虽然质量有保证，但有时也会买到仿制产品，因此业主最好到正规场所购买水泥，如建材市场中的品牌专卖店等。对于在小区附近（尤其是新开盘的小区）销售的水泥一定要慎重购买。购买时可以和商家协商好多退少补，以免买回来大量剩余造成浪费。

（2）根据强度等级选择适用的水泥。生产不同强度等级的水泥，是为了适应制作不同强度等级的混凝土的需要。目前我国生产的水泥有：32.5、32.5R、42.5、42.5R等强度等级。家装用的水泥通常是强度等级为32.5、32.5R的水泥，这种水泥适用于贴瓷砖、砌墙、刷墙等。而强度等级42.5以上的水泥通常用在打混凝土中，如铺路、盖房子等。

（3）学会分辨优质水泥和劣质水泥。辨别方法如下：

1）检查水泥包装袋上的标识项目是否完全。纸袋上的标识有：工厂名称、生产许可证编号、水泥名称、注册商标、品种（包括品种代号）、强度等级、包装年、月、日和编号。通常情况下，如果连基本的标识项目都不完整，那肯定是不合格产品。

2）看手感。用手指捻水泥粉，感到有少许细、砂、粉的感觉，表明水泥细度正常。反之则说明该水泥细度较粗、不正常，水泥质量差。

3）看色泽。优质水泥色泽呈深灰色或深绿色，而劣质水泥色泽发黄、发白。

4）有无受潮结块现象。水泥受潮后就已经产生了质的变化，轻微者会降低强度，严重者则会结块失效。所以一旦发现结块现象，就一定不要再使用。

5）看凝固时间。优质量水泥6小时以上能够凝固，超过12小时仍不能凝固的水泥质量不好。 如果施工人员告诉你，前一天贴的瓷砖仍能够起下来更换，就可以判定你所购买的水泥质量很差。在使用一两年后，瓷砖可能出现起鼓、脱落等现象！

（4）一定要记得看生产日期。大多数业主会忽略这一点，认为水泥没有保质期。事实上，水泥有生产日期，且保质期很短。一般来说，水泥的储存期为3个月，储存3个月后的水泥其强度下降10%～20%，这时就已经需要降低一个强度等级使用了。超过6个月的水泥其强度降低15%～30%，基本上不允许使用了。

2. 砂子必须用河砂，海砂、山砂不能用

监工档案

选购要点：粗细度　中砂　河砂

存在隐患：水泥凝固强度低　瓷砖起鼓脱落

是否必须现场监工：尽量现场监工购买

问题与隐患

在家装中，水泥砂浆是一对好兄弟，只要用到水泥的地方，就必定要有砂子。它们是装修中重要的材料。其中砂子起“骨架”作用，水泥起凝胶作用。二者配合得好，会起到很好的凝固效果。然而，多数业主在装修时只考虑到水泥的质量，却忽略了砂子的好坏。错误地认为天下砂子一个样，只要是砂子，掺和到水泥里，都能起到很好的凝固作用。殊不知，砂子也分种类，如山砂和河砂，粗砂和细砂等，一旦购买了不适用于家装的砂子，就会降低水泥的凝固性，致使瓷砖起鼓、脱落，最后不得不返工，严重的还会毁物伤人。因此，业主一定要监工到位，确保所购买的砂子保质保量。

失败案例

岳女士的新居装修时，从设计到施工全部交给了一家装修公司做。就在墙面粉刷到一半时，岳女士的家人就发现了问题。原来，按照设计图，新居里敲掉了几堵原有的墙，又重新砌了几堵墙，现在一半的新砌墙已经粉刷好，还有些尚未粉刷。家人在这些裸露的红砖上发现了大量的白色粉末。于是怀疑装修公司使用了海砂。经过专业公司的检验评估，装饰现场存砂大部分为海砂且含有大量的氯离子，新砌墙析出大量白色结晶物，结晶物为含氯离子的盐。面对强有力的证据，装修公司承认使用了海砂，但表示只有最后一批砂子因为材料供应商送错了是海砂，之前使用的都是正常的河砂。岳女士要求装修公司拆掉所有砌好的墙，并承担自己的全部损失，却遭到对方拒绝，双方就此陷入僵局。

现场监工

本案例中岳女士的遭遇在于把装修全权交付给装修公司，因为没有监工致使对方暗中使用了海砂配制混凝土。室内装修时，是严禁使用海砂的。因为海砂中所含氯离子超标，腐蚀建筑中的钢筋，用来砌墙或者砌楼梯，很容易造成墙体或者楼梯的开裂。我国《关于严格建筑用海砂管理的意见》中规定，海砂必须经过净化处理，满足要求后方可用于配制混凝土。但在现实中，多数商家都不会做净化处理，而是直接使用。因此，业主在装修时，不论你面对的是大型的讲信誉的装修公司还是亲戚朋友介绍的装修公司，建议业主都不要放弃自己的监工权利。业主可以从以下四方面选购、验收砂子：

（1）如果业主选择的装修公司是包工包料，业主要向装修公司索要订购砂子的合同、发票等，砂子进场时，业主要仔细验收。如果是业主跟着对方一起去购买，要记得查看砂子的合格证。如果供应商拒绝提供，建议业主放弃购买。

（2）学会辨别河砂、山砂和海砂。河砂是最适合用于家装的；山砂杂质较多，使用效果不佳；海砂是国家严禁使用的。不同地区的业主要谨防商家以次充好：

1）沿海地区要谨防用海砂冒充河砂。辨别海砂最简单准确的方法是用舌头舔，又咸又苦的是海砂。也可以看洁净度和价格，海砂通常比河砂干净，价格也便宜许多。

2）内陆干旱地区要防止砂子含泥土太多。业主可以抓起一把砂子放在手上，加少量水搅拌，如果有很多泥浆说明泥土太多，最好不要选择。

（3）砂子不能太细，也不要太粗，中砂最好。砂子分为特细砂（粒径小于0.25mm）、细砂（粒径为0.25～0.35mm）、中砂（粒径为0.35～0.5mm）和粗砂（粒径大于0.5mm）四种。

一般来说，太粗或太细的砂子都不好。砂子越粗，调配出的水泥砂浆强度就越高。强度过高会导致用其找平的地面出现开裂等现象；太细的砂子吸附能力不强，不能产生较大摩擦，很难粘牢瓷砖。因此在家装中推荐使用中砂。

（4）重量要足。购买砂子时要特别注意是否够重量。有些商家，特别是在一些廉价的市场上，砂子的价格便宜，而且送货上门，虽然方便省力，可是重量却严重不足，那就得不偿失了。

3. 电线选购看质量，铜芯绝缘层是重点

监工档案

选购要点：3C标识　绝缘层　铜芯

存在隐患：漏电　电路短路

是否必须现场监工：一定要现场监工购买

问题与隐患

电线是电路改造中的重要角色，其质量好坏直接关系着入住后的用电安全。一旦购买使用了劣质电线，会出现漏电、断电的问题，轻者影响家电使用，重者会危及家人生命安全。因此，业主在装修时，一定要现场监工购买，并且还应在施工现场监督工人操作，安装完毕后立刻进行通电检验。

失败案例

赵女士在装修新房时，为了省心省力，就找了远方亲戚经营的装修公司，包工包料。考虑到是亲戚关系，赵女士一直没去验收对方使用的材料。一直到装修完工才去验房，对房子的装修效果很满意。谁知入住才几个月，家里的电路就不通电了。维修电工告诉赵女士是因为电线质量太差引起的，必须要更换电线。电工试着抽掉原来的电线，根本抽不动。这些线路都是装修时改过的，当初装修公司也没有给路线图，根本不知道是如何布的线。赵女士给亲戚打电话，对方不承认用的是劣质电线，硬说是赵女士家的电器功率大，把电线烧坏了。现在，赵女士只能把埋在墙里的电路废弃不用，用电从房顶、墙角拉明线。难看是小事，赵女士最担心的是墙里的电线漏电，真要是发生了，那可是危及家人的生命啊。

现场监工

本案例中赵女士的遭遇是因为盲目信任亲戚而没有对装修材料、施工过程进行监工造成的。电线质量的好坏关系到用电安全，业主千万不能大意。因此，如果装修要进行改电，业主最好亲自跟随装修公司或施工队采购材料。即使不能陪同采购，也一定要在材料到货时仔细验收。如果发现与约定有出入，拒绝接收。业主可以依据以下六点辨别电线的优劣：

（1）看标识。电线属于国家强制认证的“CCC”产品，购买时一定要选择带有此标识的电线。同时，还要注意电线上以及合格证上的产品名称、厂名、商标、规格型号等字迹是否清晰、规范、准确。

（2）看绝缘层。优质电线的颜色鲜艳，线体油光发亮，绝缘层柔软、有韧性，伸缩性能好，表面看起来紧密光滑无粗糙感。相反，质量差的电线则线体发白，颜色不正，绝缘层生硬，表面还可能存在扭曲、不平等缺陷。此外，优质电线的外皮较薄，外皮和铜芯包裹很紧，基本上不能轻易转动外皮。

（3）看铜芯质量。首先，优质线芯有金属光泽，表面光亮、平滑、无毛刺，绞合紧密度高、柔软有韧性、不易断裂。其次，优质电线的铜芯一定位于正中央，绝对不会偏。如果铜芯有污渍，说明其制造工艺上缺少“碱化”程序，属不合格产品。

（4）看铜芯直径。一般来说，铜芯的直径越粗，价格越高，质量也越好。购买时，业主可以用尺子测量一下铜芯直径，以确保其与商品包装上的尺寸一致，否则就是假冒伪劣产品，最好不要购买。

（5）不同用途的电线要有不同的颜色。为了维修方便，不同用途的电线应该选择不同的颜色。例如，火线用红色或棕色，零线用蓝色或绿色、黑色，接地线用黄绿相间的线。无论选择哪种颜色，在同一个家庭中，同一种相线的颜色应该一致，例如，如果用红色的线作火线，那么同一个家中，所有的火线都要用红色的。

（6）不同规格有不同用途。家庭用的电线按截面面积分，主要有三个规格：1.5mm^2——一般用于灯具和开关线，电路中的地线一般也用这种线，它的双色线较多，可以便于区分颜色；2.5mm^2——一般用于插座线和部分支线；4mm^2——用于电路主线和空调、电热水器等的专用线。此外还有6mm^2的铜芯电线，主要用于进户主干线，家装中几乎不用或用量很少。在装修时，业主可

以征询电工的意见，再确定用哪一种电线。至于具体的使用量，可以根据家庭用电情况进行精确计算。

4. 穿线管不容忽视，阻燃抗压是关键

监工档案

选购要点：阻燃　抗压力好　越厚越好

存在隐患：电路故障　维修麻烦

是否必须现场监工：有条件最好现场监工

问题与隐患

在电路改造中，除了电线的质量要保障外，穿线管的质量也不容忽视。穿线管是电线在埋入墙体时套在电线外的一种白色硬质胶管，用来保护电线不被腐蚀，防止电线因绝缘外皮出现破裂而造成电路短路、断路以及墙体带电，便于维修人员检查、更换电路。然而，在家庭装修中，多数业主意识不到穿线管的重要性，在现场购买或包工包料中缺少监工、验收，致使在改电过程中使用了劣质穿线管。殊不知这种劣质的穿线管在埋墙后很容易变形、破裂，造成电路故障，给维修和更换线路带来麻烦，严重时只能废弃这一线路，给生活造成不便。

失败案例

小张工作两年后贷款买了一个小面积的新房。装修时，为了省钱，小张就在路边找了几个工人干活。改电时，工人发现没有穿线管，打电话让小张赶快买回来。小张正在上班，连穿线管是什么都不知道。只好委托工人去附近的建材市场买。装修结束后小张搬进了新居。然而入住才几个月，小张家的厨房电线线路就坏了。维修人员检查后发现需要更换电线，无奈电线却怎么抽也抽不

动。小张很纳闷，明明埋线时用了穿线管的，怎么会抽不动呢。碰巧线路在橱柜里，维修人员在征得小张同意后刨开了墙，结果发现穿线管严重变形，有的地方已经破裂，电线的绝缘皮磨损严重。怪不得电线拉不动，原来装修工人使用了劣质穿线管。

现场监工

在装修中，穿线管确实是很不起眼的材料，这也难怪多数业主会忽略它。可是穿线管个头虽小，作用却不小。因此，业主在购买使用穿线管时，也应负责监工和验收。业主可以依据以下三点辨别穿线管的优劣：

穿线管的厚薄对比

（1）目前，常用的穿线管类型有交联聚乙烯管、PE管、PVC管。现在最常用的穿线管是PVC阻燃管，约占装修市场的90%以上。对于其他材质的穿线管，只要能达到标准要求的各项功能即可使用。当然，如果经济许可，也可以用国家标准的专用镀锌管作穿线管。

（2）选购要点：

1）看合格证。这个重要性不必多说。

2）检查穿线管的阻燃性。检验的方法很简单，取一小段用火烧一下，容易燃烧变形的，说明阻燃性差，不宜购买。

3）看外观是否光滑。合格的PVC管，其内外管壁表面都应该光滑。外表粗糙的自然不是质量好的。

4）看管壁的厚度。穿线管越厚越好，按照国家标准，穿线管的管壁厚度至少要达到1.2mm，强度应达到用手指用力捏都捏不破的程度。穿线盒也要选择厚壁的。

5）看抗压力。合格的穿线管人站在上面都不会瘪。

（3）如果由装修公司提供穿线管，业主在与装修公司签订合同时要明确用

什么管材，并且在合同中详细注明管材的品牌、型号、规格和壁厚等。总之，越详细越好。

5. PPR水管选购要当心，厚度硬度是关键

监工档案

选购要点　品牌产品　管壁厚度　硬度　环保性

存在隐患：水管漏水　拆除地面、墙面、吊顶

是否必须现场监工：一定要亲自监工购买

问题与隐患

水管是水路改造的关键。目前常见的水管有镀锌管、铜管、铝塑管、PPR管等。其中PPR水管是家庭装修中最常用的水管，其主要材料是聚丙烯，无毒、耐腐蚀、热熔后可无缝连接，可以用于冷热水管，暗埋、外露都可以，可谓是家庭用水中安全又环保的水管。

市场上劣质或假冒名牌的PPR水管非常普遍，这类水管一是使用寿命短，容易老化开裂，导致地面墙体渗水漏水，这不仅会导致自家受损，还会危及左邻右舍，尤其是楼下邻居，给生活带来很大麻烦。再加上水路管线在装修时通常会暗埋，无形中加大了检修难度。一旦水管漏水，就必须砸开地砖、墙砖或者拆除吊顶等，返工难度很大，所以建议业主在购买时能够亲自监工。

二是其材料大多由回收的废旧材料制成，含有多种有害物质，其有害成分很容易析入饮用水中，造成饮用水中毒，会对家人的健康造成严重的危害。

失败案例

拿到新房钥匙后，张先生就开始准备装修。考虑到自己工作比较忙，没时间购买材料，张先生就和一家装修公司签订了包工包料的合同，并且在合同

里注明了所有材料的品牌。装修结束后，张先生仔细地验收了一遍，对装修很满意。谁知入住仅一年，一天张先生下班回到家时，惊奇地发现家里“水漫金山”，实木地板大面积被水浸泡，餐桌、沙发、实木书柜等家具的底部都受到不同程度的浸泡，损失严重。经过一番检查发现是厨房改水所用的水管破裂漏水。这大品牌的水管怎么这么容易破裂呢？张先生找到厂家要求对自己的损失进行赔偿。谁知厂家派人上门检修后，鉴定张先生家所用的水管并不是自己公司生产的，是劣质的冒牌货。张先生愤怒了，找到装饰公司讨说法，没想到装饰公司早已更换了法人，否认张先生享有售后服务。想着眼前的境遇，张先生是又气愤又后悔。

现场监工

本案例中张先生的“悲剧”在于对装修公司购买的水管没有仔细检验，结果水管破裂漏水，导致地板家具被浸泡损害，还殃及楼下邻居。水管是隐蔽工程，业主在装修时一定要选用合格的PPR水管，不论是委托施工方购买，还是自行购买，本着“一分价钱一分货”的原则，千万不能图便宜，以免买到劣质或假冒的水管。业主可以依据以下六点选购、验收水管：

（1）选择品牌产品。正规产品证书齐全，能够提供质量和售后保证，并且能够在各大建材商场中看到产品样品。建议业主选择中高档的PPR水管，耐腐蚀且寿命长，如伟星、日丰、联塑、中财等。

（2）看管壁厚度。优质管材的外壁摸起来细腻，看起来有质感。水管的管壁越厚越好，至少要达到3.4mm。PPR管分为热水管和冷水管，两者能承受的压力等级不同，冷水管是1.25～1.6MPa，热水管是2.0～2.5MPa。压力等级越高，管壁厚度越厚，管材质量也越好。由于冷热水管的价格相差不大，所以建议大家装修时不妨全部选用热水管。

（3）看颜色。市场上PPR管主要有白、灰、绿三种颜色。建议业主首选白色的，正常情况下，白色水管材质比较好，不是用回收塑料做成的。

（4）闻味道。好的管材没有气味，质量差的则有异味。

（5）看硬度。PPR管具有相当的硬度，不能随便被捏变形。同时，好的

PPR管回弹性好，人站到上面轻易踩不裂，也不容易砸碎。

（6）火烧。好的PPR管材燃烧后不会冒黑烟、无气味，熔化出的液体很洁净。反之，如果冒黑烟，有刺鼻气味，说明原料中混入了回收塑料或其他杂质，不能购买。

6. 细木工板环保等级很重要，E0、E1区分好

监工档案

选购要点：芯材　厚度　环保性

存在隐患：甲醛超标　危及家人健康　移花接木

是否必须现场监工：一定要亲自监工选购

问题与隐患

细木工板，也叫大芯板，是家庭装修中最常用的板材，在家庭装修中，少则需要用到几张，多则几十张甚至上百张。细木工板是一种具有实木板芯的胶合板，通常外层由整块的三合板或五合板作面，内芯由原木切割成条再拼接而成。之所以称作“大芯”，是指中间的“芯”很厚。细木工板的横向抗弯压强度较高，握钉力和防水性也较好，是室内装修不可缺少的材料，主要用来制作大件木工活，如书柜、鞋柜、衣橱的隔板、门扇窗套、地台、吧台的台面基地、非整体橱柜的制作等。由于细木工板是一种胶合板材，需要用到大量的胶，自然就会涉及甲醛含量。因此，细木工板的选购丝毫不容忽视。

购买细木工板时最大的陷阱是移花接木，看货的时候是品牌优质板材，收到的货物却是杂牌劣质货。一旦使用了劣质细木工板，不仅板材容易开裂，更严重的是会释放大量的有害气体如甲醛等，严重威胁家人的身体健康。因此，选购细木工板时，业主一定要现场监工。

失败案例

这是我亲身经历的案例，也是十几年前促使我开始编写“防止装修上当”系列丛书的事件之一。

十几年前，我在老家买了一套新房，在装修时，所有的家具包括床、衣柜、书柜、电视柜、厨房等都是请人设计方案后找木工师傅打制。木工师傅自称对板材比较有经验，主动请缨带我一起去建材市场购买细木工板。逛了几家店铺后，最后在木工师傅推荐的一家板材店里，我们选定了某品牌的E1级细木工板，看了样品后，感觉质量还不错，根据木工师傅推算的数量，买了60张。我虽然当时没有什么装修经验，但是也知道不能交全款，我提出先交少量定金，等货物送到家后再交全款，卖家说你们跟着我去装车，装车后，你付全款，然后马上就送货。我想想这样也可以，于是答应先装车，这时木工师傅说他有事出去下，于是我自己跟着师傅去装车，装车时，我看了摆放的样品，和刚才看的样品基本一致，于是就放松了警惕，没有每张都再验货后再装车。

等装完车后，我去交了全款，这时木工师傅已经回来了，等货物送到家后我才发现不对劲，只有最后几张（最先装车的）和我看的样品一致，其余的质量要差很多，仅从肉眼就能看出很大区别，不但断面的切口颜色要灰暗得多，有一些板子的面料也不平整，有鼓包的现象。我问木工师傅，木工师傅推脱说装车时他没在场，不知道怎么回事。又打电话给卖家，卖家的态度一反刚才热情的态度，变得蛮横无理，根本不认账。

后来扯皮了很长时间，这个事情也没解决，卖家既不同意退货，也不同意换货，找了315也没能解决。因为收据上没有注明品牌和等级等细节。只能忍气吞声地用了那些细木工板。装修完后，能明显闻到屋子里的刺鼻气味，幸好我们当时在老家还有其他住处，这个新房装修完后，我们一直通风闲置了两年后，才入住。

现场监工

上述案例中我是被商家和木工师傅合伙蒙骗了。木工师傅和卖家早已暗中

勾结，看样品时在场，装车时找个理由离开，这是他们早就商量好的，从这件事后我才知道，装修公司或施工队和建材市场相勾结蒙骗业主吃回扣，早已经是装修界的潜规则。一方面商家展示的是优质板材，送到的是劣质板材，以次充好，以赚取差价；另一方面，凡是木工师傅或者施工方带着业主去的，商家多半是要给这些人回扣的，所以出了问题后木工师傅或者施工方往往会站在商家一边，替商家辩解，貌似好言相劝，其实是让业主妥协。

因此，购买细木工板时，业主一定要现场监工，千万不要嫌麻烦，装车时，务必要一块一块地仔细验货。如果是由木工师傅或者施工方带着去，还要提防木工师傅和商家勾结起来吃回扣，最好的做法是先交少量定金，等全部货物送到家里后，再次验货确认没有问题后再交全款。如果实在抽不出时间，委托施工方购买时，一定要委托人保留好原始的购买发票（注明品牌级别等）、收据等凭证，送货上门时，业主务必要亲自验收，一一核对，以免被商家调包，以次充好，造成后续的麻烦。

购买和检验细木工板时要注意以下九个方面：

（1）看环保标识。细木工板的环保等级有E0、E1、E2三个等级，E0级甲醛释放量为≤0.5mg/L，E1级甲醛释放量为≤1.5mg/L，E2级甲醛释放量为≤5mg/L。但是由于生产E0等级的细木工板要求很高，价钱比较贵，只有少数厂家能够生产。因此，消费者在购买材料时，如果经销商向你推荐E0等级的细木工板，而价格跟E1的板材也没有较大区别时，这十有八九是E1级的冒充货。在普通的家庭装修中，大部分家庭会选择E1等级的细木工板。所以如果你经济实力允许，想要买E0等级的板材，请一定要到正规大品牌专卖店去选购，如兔宝宝、莫千山等。

在家庭装修中，除特殊情况外，不建议使用E2等级的细木工板。

（2）控制细木工板的使用量，防止有害气体因叠加而超过室内空气质量标准。如果使用的是E1级的细木工板，以每百平方米不超过25张为宜。如果使用的是E0级的细木工板，以每百平方米不超过75张为宜。我在上述案例中使用了60多张E1等级的细木工板，是一个严重失误，是由于当初的无知所致，这也是导致了房子闲置两年不敢入住的直接原因。

（3）看板芯。优质细木工板的芯材采用原生木作材料，劣质的则会用旧家具等二手木材作芯。判断细木工板的芯材是好是坏，锯开板材就一目了然了。优质的芯材应该均匀整齐、缝隙小，没有腐败、断裂等缺陷。原生木材也有多种，如杨木、桦木、松木、泡桐等，其中以杨木、桦木为最好，质地密实，木质不软不硬，握钉力强，不易变形。而泡桐的质地较软，吸收水分大，不易烘干，制成板材在使用过程中，当水分蒸发后，板材易干裂变形。握钉力达不到国家标准，因此在购买时务必要仔细辨别。

（4）闻气味。如果接缝使用的胶水是环保胶，细木工板只有干燥的木板味，闻不到刺鼻的甲醛味道。如果细木工板散发出刺鼻气味，说明甲醛释放量较高。细木工板通常都是成堆码放，购买时，可以选择比较新的堆头，把上面的几张细木工板抬起来扇一下，闻一下飘散出来的气味是否有强烈的刺激性，如果有，则环保性欠佳，即使标注了是E0或者E1，也可能是假冒伪劣产品，不宜购买。也可以拿一块比较新的边角料仔细闻一下，如果有刺激性的气味，就可以打消购买的念头了。

（5）看表面是否平滑。优质的细木工板表面平整，没有翘曲、变形、凹陷等问题。

（6）看中板的厚度。细木工板由内到外可分为芯板、中板和面板三层。细木工板的第二层面板通常称为中板，主要起到稳定芯板木条的作用，所以中板越厚，细木工板的稳定性越好。一些小厂家生产的细木工板为了节省成本，使用的中板很薄，造成细木工板的抗弯曲度不足。

商家销售板材时都是叠加堆放，业主挑选细木工板时，可以先看这叠板材中每块板材的侧面，观察其中板厚度是否一致。若厚度基本一致，说明板材质量好。

（7）掂重量。如果板材特别重，或者看起来很厚实，拿在手里却出乎意料的轻，那么，它的芯可能不是木材，而是杂物或者纸板之类。选购时，业主可以用小刀将板材切下一点点，观察切口处，自然就能判断板芯的材质了。

（8）看价格。细木工板的价格与质量是成正比的，一般来说，低于市场价格的细木工板通常不合格。尤其是品牌产品，那些与专卖店价格差别太大的品

牌货，基本可以断定是假货。

（9）看售货员的态度。如果售货员特别热情地推荐某种“品牌”木材，业主就要当心了。这意味着有两种可能性：一是这种木材利润最大，二是这种木材是积压货。这一条对所有产品都适用。

7. 刨花板很常用，断面判断好与坏

监工档案

选购要点：品牌　环保　防水防潮

存在隐患：板材开裂　甲醛超标　损害健康

是否必须现场监工：有条件务必要现场监工购买

问题与隐患

刨花板也叫实木颗粒板，中间由干燥的原木颗粒和胶经过热压机热压而成，上下表面是组织细密的木片。因其具有不易变形，握钉力强，防水性较好等优点，被广泛应用在室内家具制作中，如制作各种衣柜、鞋柜、橱柜等。刨花板的缺点是不容易做弯曲处理或曲形断面处理，但这丝毫不会降低它在家装材料中的受欢迎程度。一些业主仍会选择购买刨花板找木工制作橱柜。

然而，由于监管缺失，市面上的刨花板品质参差不齐。劣质的刨花板通常由含有毒危害物质的废料进行加工制造而成。这些产品危害性极大，业主一旦因监工不力而使用了劣质假冒的刨花板，不但会遭受经济损失，严重的还会损害健康。

失败案例

高先生的新居装修时，橱柜、鞋柜等都是找木工师傅制作的。而制作柜子的板材来自于一位朋友家亲戚所开的建材店。哪承想入住一年的时间里，高

先生一家人莫名其妙地总是生病。要知道高先生一家都喜欢运动健身，平时个个体质都不错，现在怎么都变得弱不禁风了呢？有时一个小感冒都拖延好多时间才好，好了没几天又感冒了。家人频繁地生病，这让高先生怀疑起家里是不是甲醛超标了。经过一系列的检测，高先生家的甲醛果然严重超标。经检测人员分析释放甲醛最多的是橱柜和鞋柜。原来板材送货上门时，高先生正忙于工作，想到商家是朋友的亲戚，应该不会“坑”自己的，就没有验货直接让木工师傅开工。现在看来，高先生是被对方“宰熟”了。

现场监工

本案例中高先生的遭遇在现实生活中并不是个例。多数业主购买家居建材时，都喜欢去熟人开的店里选购，认为都是朋友、“自己人”，肯定不会被宰的。结果受骗后也只能自认倒霉。

购买和检验刨花板时要注意以下五个方面：

（1）选择大厂家的产品。不论是选择刨花板材还是由刨花板制成的家具，尽量购买大厂家的产品，慎选小厂家产品。尤其是成品家具，因为刨花板加工对机械要求很高，大厂家往往具备更好的技术和设备，同时比较重视市场信誉，所以出问题的较少。

（2）看含水率。北方地区（包括华北、西北、东北）板材的含水率一般要控制在6%～8%为宜；南方地区包括沿海地区要控制在8%～10%，否则板材容易吸湿变形。

（3）闻气味。刨花板的优劣可以通过闻来分辨，好板材散发的是木材自然的气味；而劣质板材甲醛含量高，会刺激鼻子和眼睛，长时间还会造成头晕。

（4）看断面。首先看横断面中心部位木屑颗粒的大小和形状，长度一般在5～10mm为宜，太长结构疏松，太短抗变形力差。其次，看板材里木颗粒的铺张。优质板材的木屑木颗粒铺张规则均匀；而劣质的板材木屑木颗粒铺张呈现出不规则和不均匀，两边是细木屑，中间是大木屑，颗粒空隙较大，含有杂质。这样的板材密度低，握钉力差，在承重和抗弯曲变形方面差。

（5）看色差。优质板材没有色差，表面平整、光滑；劣质板材表面有透

底、色差，摸上去凹凸不平，表面的贴面材质发脆，受外力后容易脱落。

8. 购买优质铝扣板，五个方面来判断

监工档案

选购要点：品牌　厚度合理　工艺到位　严防掺铁　辅料价格

存在隐患：扣板变形　下塌　掉落

是否必须现场监工：有条件务必要现场监工购买

问题与隐患

铝扣板是现代家装市场最常用的吊顶材料之一，其材质主要是铝合金。常见的铝扣板有钛铝合金、铝镁合金、铝锰合金和普通铝合金等类型。其中，钛铝合金和铝镁合金最常用。钛铝合金在强度和硬度上非常好，抗氧化能力也非常出色，但价格昂贵。铝镁合金抗氧化能力好，同时因为加入适量的镁，在强度和硬度上有所提高，但比钛铝合金要稍逊一些。铝锰合金的板材强度与刚度略优于铝镁合金，但抗氧化能力略有不足。至于普通铝合金材料，由于其中镁、锰的含量较少，强度、刚度以及抗氧化能力均比较弱。因此，综合考虑价格和材质条件，钛铝合金和铝镁合金的综合性能更优，是厨房、卫生间吊顶的最佳材料。

由于市场上的铝扣板产品种类繁多，加工工艺不同，质量也参差不齐，因此很考验业主的辨别能力。一旦使用了劣质的铝扣板，不仅容易变形影响美观，严重的还会造成吊顶下塌、掉落，危及人身安全。

失败案例

沈先生家的厨卫吊顶用的是铝扣板，一直以为铝扣板美观又实用，没承想自己却因此住进了医院。当天，沈先生正在淋浴，突然头顶上的扣板“哗啦”

一声掉了下来，正好砸在自己头上。幸好家中有人，沈先生被及时送到了医院。后来一检查，这吊顶用的铝扣板和龙骨质量不合格。原来，新房吊顶时，沈先生正值在外地出差，这些吊顶材料是老父亲去建材市场购买的。老人也不懂扣板，觉得都是一层“铁皮”，就买了一款便宜的回来。吊顶时，沈先生也没有仔细验货，这些劣质的铝扣板就被安装在了头顶上，成了一颗随时会引爆的“炸弹”。

现场监工

装修市场上，铝扣板的质量良莠不齐，价格也有高有低，不少小厂家以次充好，生产劣质扣板，使业主们深受其害。业主可以参照以下方法选购一款优质的铝扣板：

（1）选品牌产品。铝扣板是半成品，需要专业的安装才能使用。选择信誉好的品牌产品，既能保证产品的质量，又能保证健全的售前售后服务。大品牌的扣板都会在产品的侧面打上钢印，业主在购买时可以察看一下钢印是不是正品品牌的标志，钢印是否清晰。

（2）量厚度。家装使用的铝扣板厚度是0.6mm，太厚了不实用，太薄了容易造成下塌的现象。业主在选购时可以测量一下。提醒业主观察一下铝扣板切割处的烤漆厚度，一些厂家会通过多喷一层涂料来加厚扣板的厚度。遇到这种铝扣板最好不要购买。

（3）磁铁吸。无论何种合金的铝扣板都不应该含有铁元素，业主在选购时可以随身携带一小块磁铁，能吸磁的必然是次质铝材或假铝材。

（4）看韧性和强度。韧性和强度是铝扣板优劣的另一个重要指标。业主可以用以下两个方法进行检验：

方法一：选取一块样板，用手把它折弯。劣质铝材很容易被折弯且不会恢复原来的形状，质地好的铝材被折弯之后会有一定程度上反弹。

方法二：手拿铝扣板一角，然后稍用力上下左右晃动几次，查看铝扣板是否变形。没变形的，一般能达到日后家庭使用的要求。

（5）看表面工艺。根据制作工艺的不同，铝扣板吊顶又可分为覆膜板、拉

丝板、阳极氧化板、纳米板等。无论采用哪种处理方式，铝扣板的表面都应该平整光洁，没有斑点、划痕等。铝扣板的平整度不光要检验单片铝扣板，还可以适当拼接几片看看平整度和契合度如何。

选购覆膜板时，可以用手揭一下铝扣板边缘的覆膜，如果能揭下来，可以断定是胶黏的，不宜购买。

（6）看铝扣板底漆。底漆的作用是保护铝扣板不会被厨房或卫生间产生的水汽腐蚀。优质铝扣板的底漆应该喷涂均匀，用肉眼仔细观察板底时，不会发现有喷涂不均匀所造成的银灰色小点。

9. 集成吊顶很方便，“六大要素”要齐全

监工档案

选购要点：扣板　辅材　电器　设计　安装　售后

存在隐患：吊顶变形　劣质电器

是否必须现场监工：一定要现场监工购买

问题与隐患

集成吊顶是现代家装中一个重要程序，所谓集成吊顶，就是将吊顶与电器组合在一起，将取暖、照明、换气模块化，业主可以根据自身需要调整电器的安装位置和使用数量。比起普通吊顶来说，集成吊顶具有安装简单、布置灵活、维修方便等诸多优点。从外观上看，集成吊顶也更加美观和整齐，不会出现电器突出吊顶的凌乱场面。更重要的是，集成吊顶是成套组装，后期服务也更方便、实惠。种种优势让集成吊顶日渐成为卫生间、厨房吊顶的主流。

然而，集成吊顶在购买安装时也存在着诸多陷阱与隐患。一旦业主购买使用不当，如只注重样式、花色，而忽略板材、辅材、电器的质量，会给生活带来不便，严重的会危及家人安全。如由于辅材锈蚀或无法承重而造成吊顶变

形、下沉甚至塌落等；东拼西凑的劣质电器导致取暖灯爆炸、换气扇轰鸣、风暖引起火灾等安全问题。

失败案例

王女士家安装的是某品牌集成吊顶。入住没多久，王女士就发现了很多问题。先是集成吊顶的浴霸噪声大，升温较慢，排风扇不出风；接着集成吊顶的吊顶竟变形。直到取暖灯爆炸伤到了家人，王女士将商家起诉了，对方才说出实情，原来所谓的品牌集成吊顶是一家假冒公司，产品也是东拼西凑出来的。之所以能蒙混过关，是因为王女士压根就没有监工验收。王女士对此也觉得委屈，自己根本就不懂集成吊顶，选购时就是奔着时尚好看去的，即使是验货也看不出好坏。

现场监工

目前，集成吊顶尚没有统一的标准，市场上有很多根本不具备电器生产能力的集成吊顶厂家，在集成的概念中拼凑劣质电器，形成“吊顶+电器”的低价打包战术销售。因此，业主在选购时一定要擦亮眼睛，精挑细选。如果不懂，在选购前一定要做足功课，避免上当受骗。上门安装时，业主一定要亲自验收，以免商家以次充好。

选购和验收集成吊顶时，业主可以从扣板、辅材、电器、设计、安装和售后等“六大要素”入手：

（1）看扣板。集成吊顶的面板通常用的是铝扣板，铝扣板的质量有高低之分，业主可以参照上一节内容。

（2）看辅材。集成吊顶辅材选择很关键，一些小厂商为增大利润，便在辅材上偷工减料。很多吊顶安装不到两年，就由于辅材锈蚀或无法承重而造成吊顶变形、下沉甚至塌落等现象。

辅材包括吊顶的主体框架和根基，主要包括三角龙骨、主龙骨、吊杆、吊件等。业主在购买集成吊顶时，首选面板和辅材都是原厂原配的。原厂原配的三角龙骨、边角线、吊件上都有品牌钢印，其边角线保护膜上也会有品牌商标。

铝扣板吊顶最好选择坚固耐用的镀锌轻钢龙骨。镀锌的作用是防潮，因此，镀锌工艺的好坏直接影响其防潮性。品质较好的镀锌轻钢龙骨表面呈清晰的雪花状，且手感较硬、缝隙较小。除了龙骨，其他辅件也要选用由优质钢材制作，并且涂刷抗腐蚀涂层的产品。

（3）看电器。

1）观察照明模块。有圆形和方形两种形式，而判断集成吊顶质量主要看它的光源、镇流器、面罩、灯圈等局部区域。如优质的灯圈用东西刮的话，留下的痕迹可以用手抹掉。劣质的灯圈用东西刮的话，则会发黑，无法清除。

2）看取暖模块。有风暖和灯暖两种。判断前者的优劣主要看每个单元间是否有一条硅胶绝缘层，没有的则是劣质产品。后者主要看灯泡壁厚是否均匀、灯泡壁有没有气泡，均匀且没有气泡的是优质产品。

3）看换气模块。主要是检查换气扇是否有减振结构或装置，如果没有减振结构一定会出现噪声和振动。还要检查一下换气扇的箱体，看其是否可以承载体重70kg以下的人，如果承受不了，则很可能是使用劣质原料生产的。

（4）看设计。集成吊顶的设计、安装是非常关键的环节，如果没有专业人士设计布局，那么吊顶的各功能模块的布局很难达到理想境界。因此在购买集成吊项时，商家会向业主索取平面图和上门测量，由专业人士进行设计布局。之后业主再对照设计图，查看照明、取暖、换气位置等是否合理，是否与整个房间的装修风格协调，最终确定吊顶的布局。

（5）看安装。在厂家来安装吊顶时，业主一定要仔细监工。监工时主要看电器安装是否安全，看扣板、边角线接缝是否紧密，看与墙砖的连接处有无翘边等。

（6）看售后。集成吊顶的售后服务很重要。一旦购买安装了质保条件不好的产品，以后出现问题时可能会找不到解决途径。

10. 石膏线讲究多，浮雕花纹藏玄机

监工档案

选购要点：花纹雕刻　横切面　厚度

存在隐患：断裂　掉落　影响美观　危及安全

是否必须现场监工：有条件最好现场监工选购

问题与隐患

石膏线是由石膏做成的装饰线条，它的可塑性很强，可以用来雕刻各种花纹和图案，制作各种浮雕造型，很好地提升空间美感和艺术感，因此成为业主们最喜欢的用来装修室内吊顶的材料。此外，它的“隐蔽性”也很强，能与实体基料完美而自然地融合在一起。然而，石膏线也不是完美的，一旦业主选购时疏忽大意，购买了劣质石膏线，就会出现暗淡无光，花纹模糊等，轻者影响美观，重者会出现断裂脱落等后果。

失败案例

张先生家装修时找的是亲戚的施工队，包工包料。因为是经常走动的亲戚，从用料到施工张先生都不闻不问，一切让亲戚看着办。谁知不到一年的时间，卧室吊顶用的石膏线就出现泛黄、断裂，还没等张先生找人来修，石膏线就脱落掉下来。时值半夜，张先生家人被突如其来的声音惊醒，开灯一看，地上一片狼藉。幸好是夜里，这要是有人来回走动，砸在头上就麻烦了。张先生给亲戚打电话，对方过来看了一下，说这是由于张先生家太干燥造成的，石膏

线的质量没问题。张先生不同意这种说法，一定要找当初购买石膏线的商家，亲戚不同意，彼此间关系弄得很是紧张。

现场监工

本案例的主要责任在于业主张先生没有尽其监工的责任。石膏线由于只是起到装饰作用，因此其质量常常被业主忽视，结果造成入住之后的诸多遗憾。业主可以从以下四方面识别石膏线的优劣：

（1）查看产品标志。如质量认证标志、产品名称、质量等级、制造商、生产日期、出厂日期、商标以及小心轻放、防潮等标记。

（2）通过观察辨别质量好坏。

1）看石膏线的花纹做工。石膏线的制作模具有硅胶模和钢模两种，前者比较常用，后者做工更精细，价格也更高。在购买石膏线时，要注意观察石膏线的花纹做工，选择整体光滑无毛边、线条清晰流畅、表面光亮整洁，方便再次刷漆的石膏线。观察方法是把石膏线对着光亮处，透光检查是否存在夹杂气孔，有无污痕或裂纹、上色不均匀、花纹图案不完整等问题。劣质的石膏线通常材质发暗、缺少光泽，线条较模糊、有毛刺。

2）看石膏线的花纹雕刻深浅。为了更好地发挥石膏线的装饰作用，展现它的美感，其表面通常会雕刻一些花纹，而花纹雕刻的深浅度很有讲究。雕刻过浅则花纹不明显，刷漆以后很可能完全看不见。一般而言，为了更好地体现它的立体感，石膏线花纹的雕刻深度应不少于10mm。

3）看石膏线的横切面（断面）。石膏线是由石膏和数层纤维网组成，附着于石膏之上的纤维网能够增加石膏强度，通常情况下，我们可以通过观察纤维网的层数和材质来判断石膏线的质量。纤维网层数越多，表明石膏线质量越好，而劣质石膏线的纤维网层数很少，有的干脆用草、布代替，很容易产生破损和断裂问题。另外，还可以从断面检查石膏线有无空鼓问题，越密实的石膏线才越耐用。

4）看石膏线的厚度。石膏线是一种气密性凝胶材料，厚度足够才能保证其在使用期限内结实、安全。如果厚度不达标，不但会缩短石膏线的寿命，还存在安全隐患。

（3）敲击听声响。用手敲击石膏线，通过发出的声音可以辨别石膏线的优劣。敲击时，如果石膏线发出的声响清脆，犹如陶瓷声，说明石膏线质量较好；劣质石膏线发出的声音通常比较沉闷。敲击的时候，还可以感觉石膏线发声是空还是实，发空则表明石膏线内有空鼓现象；声音较实则说明质量密实。

（4）不要被低价诱惑。一些小厂家会打着低价的幌子售卖劣质石膏线，因此建议业主在选购使用石膏线时，千万不要受低廉的价格诱惑而上当受骗，以免石膏线在日后出现泛黄、断裂等后果。

第2章 购买石材、瓷砖、地板等材料时需要监工的细节

11. 人造石材种类多，高中低档要分清

监工档案

选购要点：抗污力强、耐磨、耐磨蚀

亚克力板、树脂板、人造石英石

存在隐患：以次充好　裂缝　甲醛超标

是否必须现场监工：一定要现场监工购买

问题与隐患

人造石是室内装修的一种重要材料，由天然矿石粉、高性能树脂和天然颜料经过真空浇铸或模压成型，是一种高分子复合材料。主要用作台面、面板，也可用作地砖或墙砖，或者用在墙裙、窗台等处作装饰用。人造石材的优点很多，如抗污力强，耐磨、耐酸、抗冲击等。目前常见的用于橱柜台面的人造石有亚克力板、复合亚克力板、人造石英石以及普通树脂板四种。其中，亚克力板和树脂板可以任意长度无缝粘接，两块板粘接打磨后，浑然一体，而前者环保卫生性能最好，可以用来制作假牙，其韧性强，不容易开裂。人造石英石外观像天然石，不怕高温不怕划，抗渗性也很强，但无法无缝拼接，需要用胶粘合，而且硬度高，不易造型。复合亚克力板的性能介于树脂板和亚克力板之间，而且价格

适中，属中高层消费。目前国产的人造石大多都是复合亚克力板。

人造石台面的缺点有：一是不能承受太高的温度，二是表面容易划伤。但这丝毫不影响人造石台面成为最值得推荐的台面。

目前市场上的人造石品牌非常多，质量不等，价格差别也很大，一旦选购使用劣质人造石，轻者台面开裂，影响美观和使用；重者有害物质超标，危及家人的身体健康。

失败案例

王先生购买的是婚房，装修时，从设计到买材料，王先生都是自己上阵，购买的建材都是价格昂贵的品牌产品。等到装修厨房时，王先生临时被派到外地出差，于是他提前和商家订好了纯亚克力板的台面，交了全款。并嘱咐家人在安装时盯着点。出差回来，王先生到新家后发现橱柜台面的味道很大，感觉和自己选中的样品不一样。王先生找到商家，商家不同意更换新的台面，理由是王先生已经验过货且台面已经使用了。入住一段时间后，台面就开始变色，一些深颜色的调味品如酱油、醋等都渗透进去，怎么擦洗也不掉。过了一段时间，台面竟然裂了一条20cm长的缝。王先生气愤地去找商家理论，商家态度依旧很强硬，坚持认定是王先生使用不当造成的。王先生找到相关单位进行检测，发现其购买的亚克力板只是普通树脂板，而且质量也不合格。

现场监工

本案例中王先生遭遇了不良商家，对方趁其不在私下调包，以普通树脂板冒充亚克力板。业主可以从以下三点选购人造石：

（1）从四个方面鉴定人造石的优劣。

1）看光滑度。在充足的光线下以45° 角仔细看外观，优质产品颗粒均匀，无毛细孔，而劣质产品则颗粒不均匀，有毛细孔。

2）看色泽。在充足的光线下用肉眼观察，优质产品的颜色纯正、细腻、晶莹；劣质产品因掺有碳酸钙或重金属，看起来灰暗、不细腻，摸起来发涩。

3）看耐腐蚀性。用食醋滴到台面上，24小时后观察其变化，优质产品是不

受日用化学品、食用醋侵蚀影响的，而劣质产品则做不到。

4）看耐污性。在台面上滴一滴墨水，或者用口红、马克笔画一道，优质产品很容易除去，劣质产品则容易渗入，不易去除。

（2）辨别纯亚克力板材与普通树脂板材。人造石的主要成分是树脂、氢氧化铝粉和颜料，不含石灰粉。其中如果用于调和的树脂全是亚克力，而且总量约占总材料的40%，这样的板材就是纯亚克力板，亚克力树脂含量不到40%的都叫复合亚克力板。也就是说，在人造石中，亚克力的含量越高，质量越好，价格也越高。市面上有些厂家会宣称自己生产的价格低廉的人造石含40%的亚克力树脂，多数是用普通树脂板仿冒的。业主可以用下面的方法鉴别亚克力台面和普通树脂板：

1）将一小块人造石板浸泡在开水中，3分钟后取出，亚克力板无异味，树脂板则有异味。

2）树脂板里含有石灰粉，在水泥地上能像粉笔一样写出字，摩擦一会儿会有臭味。亚克力板则没有。

3）用砂纸把板材表面的蜡打磨掉，滴一滴酱油静置半小时后擦掉。亚克力板不会留下痕迹，而树脂板则有明显的污渍。

4）将样块盖住半边，在阳光下暴晒50分钟，亚克力板无明显变化，树脂板则变色。

5）用电锯加工板材时，亚克力板出现的是雪花状碎片，树脂板则是粉末扬尘，而且味道刺鼻。

（3）人造石英石台面的选购要点。

1）看硬度。硬度是人造石英石品质最直观的表现，大家在选购时可以用钢制钥匙等硬物在样品正反面用力划，如果人造石英石台面没有划痕，说明质量过关。

2）闻味道。好的人造石英石板不会有刺激性气味，如果有刺激性气味说明板材中用了含甲醛的胶水，不宜选购。

3）看表面质量。优质板材的颜色、颗粒均匀，表面不应该有气孔；加工面、切割面的上下沿不应该有切割崩裂口。

4）看耐磨性。用200目以下砂纸打磨台面表面，容易掉落石头粉末则为质量不好的材质。

5）看拼接缝隙。人造石英石台面无法无缝拼接，但是不应该有明显的缝隙，否则就是不好的产品。

12. 天然石材巧选购，谨防染色危害大

监工档案

选购要点：花岗石　大理石　拼接　吸附　着色石材

存在隐患：有害物质污染　危害健康

是否必须现场监工：一定要亲自监工购买

问题与隐患

天然石材是相对于人造石材说的，有大理石和花岗石两种，根据其放射性的大小决定其用途。大理石的放射性比较小，因此多用在室内装修；而花岗石的放射性比较大，多用在室外装修上。天然石材和人造石材一样，优点很多，如价格便宜，坚硬耐磨等。而且天然石材所具有的天然的纹理让它看起来更有自然朴实之美，基于以上多种优点，备受装修业主们的喜爱。

当然，天然石材的缺点也很明显，如不能随意拼接，拼接时需要用玻璃胶处理接缝；其表面有微小的细孔，长期使用容易吸附色素、油污等；自身比较重，需要结实的材料支撑；弹性不足，如遇重击会有裂缝，很难修补；本身所具有的一些看不见的裂纹，遇温度急剧变化也会开裂；还有天然石材比较硬，很难做造型。

为了增加天然石材的销量，市场上的一些不良商家通常采用染色的手段来改变石材的性质，提高石材的价格。业主一旦购买使用了染色的石材，轻者浪费钱财，重者会带来有害物质污染，影响家人的健康。

失败案例

李阿姨家装修时，为省事签订了某装修公司，包工包料。在约定橱柜台面、窗台等使用的材料时，李阿姨听人说过人造石材含有甲醛多，就选择了天然大理石材。装修过程中，石材厂家送来了一款颜色鲜艳的台面，李阿姨觉得颜色太艳丽了，不像是天然石材该有的。装修公司解释说这种石材绝对是天然的，尤其珍贵，只有像他们这样实力强的装修公司才能从石材厂家拿到货。如果是单一的白色，室内显得太单调冷清了。李阿姨觉得对方说得挺有道理就同意了。入住半年后，李阿姨和老伴就总是生病。儿女回来一看，猜测室内甲醛超标。经过一番检测，甲醛严重超标。而最大的挥发源就是那块艳丽的石材台面。这块台面是经过染色的，含有多种有害物质。李阿姨找到装修公司，对方说是经过李阿姨同意的。更关键的是合同上对于天然石材一项没有详细的注解。李阿姨这才意识到自己被骗了。

现场监工

购买天然大理石时，业主可以从以下三点进行选购：

（1）一观二听三试。一观，即肉眼观察天然石材的表面结构。优质的天然石材结构均匀，具有细腻的质感，没有细微裂缝、缺棱角现象。二听，敲击石材，质量好的天然石材其声音清脆悦耳；若敲击声粗哑，说明天然石材内部存在细小裂隙或因风化导致颗粒间接触变松，不是好石材。三试，在天然石材的背面滴一小滴墨水，如墨水很快四处分散浸入，表明天然石材内部颗粒松动或存在缝隙，石材质量不好；若墨水滴在原地不动，则说明石材紧密，质地好（这一点和瓷砖很相似）。

（2）选择低价大理石。天然大理石本身放射性极小，价格也低廉。但一些厂商为了提高石材的身价，加入了染色工艺，结果也增加了石材的甲醛污染。那些颜色鲜艳的石材，多数都是被染色的。因此，业主在购买天然大理石时不妨选择低价石材，不但省钱还有利于健康。

（3）学会辨别染色石材。人工染色是一些商家提高天然石材售价的重要手段，染色后的石材不仅辐射更强，材质也变差了，有的甚至过一段时间后还会掉色。业主可以通过以下方式加以辨别：

一看色彩。染色石材颜色艳丽，但不自然，没有色差。

二看断面。染色石材因为经过浸泡，所以整个断面都是有颜色的，在板材的切口处可明显看到有染色渗透的层次，即表面染色深，中间浅。

三看色泽。染色石材的光泽度一般都低于天然石材。一些石材厂家为了让染色石材看起来有光泽，会在石材表面涂机油、涂膜或者涂蜡，可以用下面的方法辨别：涂机油的染色石材背面有油渍感；涂膜的则因为膜的强度不够，易磨损，对着光看有划痕；涂蜡的可以用火烘烤，表面即失去光泽现出原面目。

四看孔隙。染色石材的石质一般非常松散、孔隙大、吸水率高，用硬物敲击时，声音发闷。

13. 釉面瓷砖看横断口，颜色一致是首选

瓷砖是家庭装修中重要的材料之一，也是家装预算中的一项大开支。瓷砖的种类很多，按工艺及特色大致分为釉面砖、通体砖、抛光砖、仿古砖、玻化砖、马赛克等。在这里，我们将选取家装中最常用的四种瓷砖一一进行详细介绍，分别是釉面砖、抛光砖、马赛克以及新产品微晶石砖。

监工档案

选购要点：吸水率要低　釉面厚度要大　瓷化度要高

存在隐患：易磨花　影响美观

是否必须现场监工：务必要现场监工购买

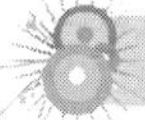

问题与隐患

在所有瓷砖种类中，釉面砖最便宜，使用最为广泛，适用于室内装修的

各种场所，厨房和卫生间的墙面砖通常都是釉面砖。釉面砖由釉面和坯体两部分组成，砖的表面经过烧釉处理，坯体则有陶土和瓷土两种，陶土烧制出来的背面呈砖红色，瓷土烧制的背面呈灰白色。釉面砖的优点很多，如色彩图案丰富，防滑，可以做到很小，如马赛克瓷砖。其缺点也很明显，由于其表面是釉料，耐磨性要差一些。

釉面砖分为普通釉面砖和通体釉面砖两种，两种砖都是由釉面和坯体组成，前者的坯体和釉面颜色不同，一旦釉面磨花了，就会露出坯体，影响美观；后者的坯体颜色和釉面颜色比较接近，不怕磨花、磨破。因此，后者比前者的价格要高一些。业主在选购釉面砖时，一定要分清楚普通釉面砖和通体釉面砖，以免花了高价购买了普通釉面砖。

失败案例

拿到新房钥匙后，陈小姐就找了朋友开的装修公司，包工包料，双方在合同里约定好所有材料的品牌、数量等。因为装修公司是好朋友开的，材料入场的验收都一一省略了。装修结束后，陈小姐表示很满意。然而入住一年后，陈小姐就遇到了闹心事。厨房、客厅的地面多处被磨花，露出了颜色不一的坯体。当初装修时明明说好用的是通体釉面砖，怎么会变成这样呢？陈小姐委婉地告诉了朋友，朋友听到很快来到陈小姐家要查清楚，最后确定地面铺的是普通釉面砖。原来，装修公司没有自己的施工队，即使朋友明确告诉施工队要保质保量，但施工队还是私下购买了普通釉面砖，代替通体釉面砖，赚取了中间的差价。

现场监工

陈小姐的遭遇让人同情，但也提醒业主们，不论是何种情况，一定要在材料进场时亲自验收，以免被他人以次充好，造成后续不必要的麻烦。选购釉面砖时，业主可以从以下七点入手：

（1）看断口判断是普通釉面砖还是通体釉面砖。业主可以向商家索要一块样砖，从中间敲碎，看看横断口的颜色是否是一样的。如果颜色一致说明是通体釉面砖，否则就是普通釉面砖。

通体釉面砖比普通的釉面砖贵一些，如果想节省费用，可以选择在经常活动的场所，如客厅、走廊等地面，使用通体釉面砖，避免长期磨损露出坯体，影响美观。

（2）看釉面质量。釉面砖的质量主要由釉面的质量来决定。优质瓷砖的釉面均匀、平整、光洁，色彩亮丽、一致，次品的表面则会存在颗粒突出、粗糙、颜色深浅不一、厚薄不均等缺陷。另外，釉面砖有光泽釉和亚光釉之分，光泽釉应晶莹亮泽，亚光釉则应柔和、舒适。如果釉面看着不舒服，这种砖就不是上品。

（3）看釉面厚度和坯体瓷化程度。釉面砖的釉面越厚，砖底瓷化度越高，质量越好。釉面的厚度可以从砖的侧面看到。坯体的瓷化程度可以从砖的背面来判断。用手轻轻敲打砖体，瓷砖发出的声音越清脆悦耳，说明瓷化程度越好，质量越优。也可以看坯体的颜色，坯体的颜色越接近泥土的颜色，说明砖的品质越差。

（4）试水，看吸水率。吸水率是鉴别釉面砖优劣的一个重要指标，如果吸水率高，说明其烧制温度低，砖体密度低，砖的强度自然也低。

吸水率过高的砖存在以下两个缺点：①液体容易渗入砖体，甚至在贴砖的时候，水泥的脏水能从砖体背面吸入并且进入釉面；②吸水率过高，釉面和坯体之间容易开裂，由于吸水率高的釉面砖的坯体烧制温度低，因此，釉面和坯体对温度和湿度的反应不一致，使用一段时间后，砖的边脚处就会开裂、脱落。

业主在选购瓷砖时，由于无法用专业工具测试瓷砖的吸水率，只能测试瓷砖是不是渗水。让瓷砖底面朝上，往底面不断地浇水，看看是否有水从下面渗出来，如果渗水，最好不要选购。

（5）检查砖的平整度。将两块砖叠放起来，如果二者能够完全重合，并且贴合度好，说明砖的质量不错。否则，就是劣质砖，翘曲不平的瓷砖会影响整体铺贴效果。

（6）看有无色差。将同一种色号的砖多拿几块出来，排在光线充足的地方，观察它们之间是否有色差。如果肉眼能够看出色差，建议业主不要购买，以免影响整体美观。

（7）用残片互划，检查瓷砖的硬度和韧性。用瓷砖的残片棱角互相划，查

看碎片断痕处是留下划痕还是散落粉末。如果只留下划痕，表示砖体致密、脆硬、质量好。如果呈粉末状，说明砖体疏松、软，质量较差。这个方法同样适用于鉴定抛光砖等其他瓷砖。

14. 抛光瓷砖优点多，防污效果是关键

监工档案

选购要点：表面光洁度好　耐污度好　玻化度要高　硬度和韧性好

存在隐患：易脏　不防滑　断裂

是否必须现场监工：务必要现场监工购买

问题与隐患

除了釉面砖，抛光砖也是室内地面装修常用的瓷砖。抛光砖是将通体坯体的表面打磨而成的一种光亮的砖种。抛光砖的优点很多，如表面光洁，吸水率低，耐磨性、耐腐蚀性都很好；硬度可与天然石材相比，几乎没有放射性元素，抗弯曲强度很高；基本可控制同批产品花色一致、无色差；砖体薄、质量轻；防滑性很强，如果砖上有水会更涩，有土则会滑，因此需要做好日常清洁。此外，抛光砖可以做出各种仿石、仿木效果。基于以上种种优点，抛光砖逐渐成为现代陶瓷行业中的主流产品，被称为“地砖之王”。

虽然抛光砖优点很多，却有一个致命的缺点：易脏。这是由于抛光砖上面的凹凸气孔会藏污纳垢，甚至茶水倒在抛光砖上都会留下擦不掉的痕迹。因此，抛光砖不适用于洗手间、厨房装修，其他房间可以使用。也有一些业主会用仿木纹或仿石纹的抛光砖装饰阳台墙面。

目前，随着技术的发展，大的品牌厂家开始研究防污技术，如在抛光砖表面加一层防污层。因此，防污处理技术成为评判抛光砖质量好坏的一个必备条件。业主在选购抛光砖时要注意这一点。一旦选购使用了劣质的抛光砖，不仅

容易脏，影响美观；还可能出现不防滑、断裂等后果。

失败案例

新居交工后，米米找了一家装修公司签订了合同，自己出料，对方施工。米米给新家的地面选购了抛光砖，商家一再承诺有防污层，为此米米心甘情愿地多掏了一大笔钱。谁料还没来得及验收，米米就被公司派到外地出差。米米只得将收货验收的任务交给了父母。待米米出差回来，地面已经铺好，米米看着光亮的地面心中很满意。然而，入住后的一天，米米无意中打翻了茶几上的茶杯，茶水洒了一地。米米也没在意。谁知第二天，洒在地上的茶水渍却怎么也擦不掉。这些瓷砖是经过防污处理的，怎么这么不经脏呢？米米打电话给商家，对方说当时送货时已经验过货，还反咬米米一口，说是米米调包后讹诈他们。米米非常生气。经商家一提醒，米米才想起肯定是商家趁自己出差私下里调包了。

现场监工

选用抛光砖时，建议业主去品牌代理商或专卖店选购大品牌，质量有保障。最好不要去同时出售几个牌子的建材店选购，以免上当受骗，购买了杂牌或假冒产品。

（1）看坯体上的标识。品牌产品通常会在砖底印上该品牌的LOGO和铺贴箭头。

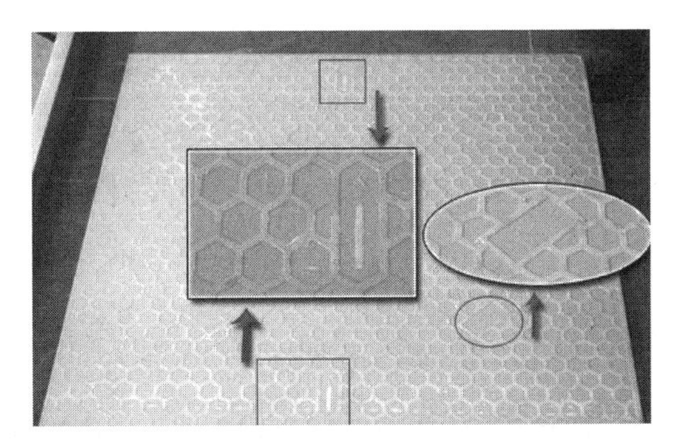

大厂家生产的瓷砖底部都会印有LOGO和铺贴箭头

（2）看砖的色泽和光洁度。从一箱中抽出四五块砖，摆放在光亮处，查看有无色差、变形、缺棱少角等缺陷。同时查验瓷砖的边沿是否修直，查看瓷砖的背面即坯体是否洁净。

（3）听声音。轻击砖体，声音越清脆，则玻化度越高，质量越好。

（4）检查耐污性。将墨水等有色液体滴在瓷砖正面，静放一分钟后用湿布

擦拭。如果砖面仍光亮如镜，则表示瓷砖不吸污、易清洁，质量不错。反之，表面留下痕迹，说明砖的耐污性不好。

（5）量瓷砖尺寸是否一致。随意抽出几片瓷砖，用卷尺测量每片瓷砖的周边尺寸是否一致，精确度高者为上品，铺贴后的效果也会很好。所有抛光砖的边长偏差不超过1mm为宜，对角线为500mm×500mm的产品偏差最好不超过1.5mm，600mm×600mm的产品不超过2mm，800 mm×800 mm的产品不超过2.2mm，超出这个标准的就属于次品。

（6）用残片互划，检查瓷砖的硬度和韧性（详见上一节）。

（7）试铺。同一型号且同一色号范围内随机抽取不同包装箱中的产品若干，放在地上试铺，站在3m之外仔细观察，检查产品色差是否明显，砖与砖之间缝隙是否平直。此外，还可以在砖上走一走，测试一下防滑效果。

15. 微晶石瓷砖易磨花，通体、复合要分清

监工档案

选购要点：镜面效果要好　平整度要好　瓷化度要好　防滑性要好

存在隐患：镜面易磨花　断裂

是否必须现场监工：务必现场监工购买

问题与隐患

微晶石瓷砖作为一种新型瓷砖产品，目前在市场上的占有率不断提升。微晶石瓷砖由天然有机材料粉粒经高温玻化而成，属于高档消费品，其价格堪比天然石材或者实木地板。微晶石瓷砖的价格比肩天然石材是有原因的，因为它具有天然石材不可比拟的优点。它的辐射性远低于天然石材，表面吸水率几乎为零，抗污力超强。手感平滑舒适。同时，它还具有色调均匀一致、纹理清晰雅致、耐酸碱、抗变形等优点。因而微晶石瓷砖广泛用于建筑的内外装饰，而

且尤为适宜家庭的高级装修。一些业主不喜欢在公共空间铺实木地板，又追求档次和环保性，微晶石瓷砖是不错的选择。

当然，微晶石瓷砖也有不可避免的缺点，由于微晶石的表面是玻璃质的东西居多，相对容易磨花，所以不适合铺在人流大的地面，但对于家装来说其实影响不大。此外，由于微晶石瓷砖的“零吸水”特性，清洁后难以干燥，加之表面光洁，所以容易打滑，因此在清洁后要注意防滑。

此外，微晶石瓷砖有通体微晶石瓷砖和复合微晶石瓷砖之分，通体微晶石瓷砖坯体全瓷，而复合微晶石瓷砖则是将微晶玻璃复合在陶瓷玻化砖的表面。通体微晶石瓷砖要比复合微晶石瓷砖贵很多，因而为了赚取差价，一些导购员或者建材商会把复合微晶石瓷砖当通体微晶石瓷砖出售。还有一些不良商家为了追求利益，往往以次充好，生产出不合格或者假冒伪劣的产品。这些产品含有大量的有害物质，具有一定的辐射性。长期处在这种产品的环境下，会对家人健康造成严重危害。

因此，业主们在选购微晶石瓷砖时，一定要擦亮眼睛，精心挑选，以免花钱当了冤大头。

失败案例

装修时，赵先生在本市最大的建材市场购买了某品牌微晶石瓷砖，花了近六万块钱。送货上门时，赵先生没在现场，就打电话给施工工人签收一下。结果铺贴时出现很多问题。原本说好的一等品，结果近20%是次品，有些玻璃面都是碎的。赵先生打电话给经销商，对方说出货的时候检查过都是优品，肯定是铺贴过程中搬来搬去造成的。后来几经周折，对方做出了让步，同意更换有残次的瓷砖。赵先生也就没再深究。入住后，这些瓷砖开始出现更多问题。先是好多瓷砖的表面都划花了，样子很难看；然后是那些铺在地面拐角处经由商家切割过的瓷砖，现在都从中间一条线开裂。六万块钱的瓷砖就是这样的质量！赵先生痛心极了。因为之前更换过一批，商家拒绝任何的调解方法。一次赵先生所在的公司安排员工去参观一家生产瓷砖的大厂家，赵先生才对微晶石瓷砖有了详细的认识。终于明白自己家铺的原来是复合微晶石瓷砖，是微晶石家族

中的低档产品。六万块钱算是交了一次学费！

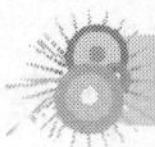

现场监工

由于微晶石瓷砖还没有普及，许多刚接触到微晶石瓷砖的业主难免会上当受骗。业主可以从以下四方面辨别微晶石瓷砖的真假优劣：

（1）购买品牌瓷砖。微晶石瓷砖是高技术产品，只有那些大品牌厂家才有充足的资金、一流的技术生产出合格的产品来。

（2）看底胎。如果底胎与砖面的颜色完全一致就是通体微晶石瓷砖，否则就是复合微晶石瓷砖。装修时最好选择通体微晶石瓷砖。

（3）看瓷砖的镜面效果、花纹以及触感。微晶石瓷砖之所以能够成为抛光砖中的贵族，关键在于其具有聚晶玻璃镜面层和立体感很强的花纹。完美的微晶石瓷砖能达到100%反射成像的效果，光亮度可以和镜子媲美，特别是深色的微晶石瓷砖，镜面效果更加明显。

此外，好的微晶石瓷砖，其表面纹理自然逼真，用手触摸起来会有玉石的温润感，不像其他抛光砖一样生硬冰冷。

（4）看尺寸比价格。微晶石瓷砖的尺寸越大越贵，原因在于尺寸越大的瓷砖平整度、翘曲度越不好把握，制作工艺越复杂。业主在选购时要酌情考虑这一点，以规划资金投入。

此外，前面几种砖的选购窍门也可以运用在微晶石瓷砖上。

16. 马赛克很小巧，色差尺寸要细选

监工档案

选购要点：颜色　规格尺寸　表面　硬度

存在隐患：有色差　影响美观

是否必须现场监工：有条件务必亲自现场监工购买

问题与隐患

马赛克是一种小型的装饰材料，外形多为正方形，通过镶嵌拼接进行装饰。外身小巧玲珑，颜色种类多样，材质主要有玻璃、陶瓷、石材和金属等，规格一般有20mm×20mm、25mm×25mm 、30mm×30mm 。不同的材质，其厚度也不一样。玻璃马赛克的厚度最薄，在3～4mm范围内，石材马赛克最厚，达8mm。马赛克适合用来小面积的造型，拼成各种图案或把多种颜色组合来调节氛围和点缀空间，进行一些普通瓷砖不适合的弧面和转角的装饰。

马赛克优点很明显，同时也存在着使用上的缺点：一是使用成本与瓷砖相比要高些；二是由于勾缝比较多，在使用中容易藏污纳垢，清洁费劲，尤其不适合于厨房；三是由于面积小，即使同一批次出来的产品也容易出现色差，小面积铺贴看不出来，面积大了就很明显。因此，业主在购买使用马赛克时一定要仔细挑选、验收，以免铺贴后出现色差，影响装饰效果。

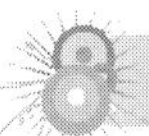

失败案例

王女士家的卫生间装修时用了马赛克作装饰。铺完后，王女士发现了一个大问题——有色差。明明是一次买回来的马赛克，怎么有这么明显的色差呢？王女士打电话给商家，商家告诉她同一批生产出来的马赛克都会有色差，这是正常的。而且送货上门时王女士已经验收过，这说明王女士已经接受了有色差的后果。王女士不同意这种说法。她认为同一型号的马赛克不能保证生产出来的颜色相同，这是质量问题，商家应该承担责任。而且送货上门时，自己正忙于其他事情，只是让工人核实了一下数量，并没有开箱检查色差。最后，王女士要求将后铺的有色差的马赛克重新换一批，商家不同意，理由是已经使用过的马赛克，敲下来就不能再用了。最后双方闹僵。

现场监工

本案例中王女士的遭遇究其原因是由于验收不仔细造成的。马赛克容易出现色差，这是行业内众所周知的事情。因此，业主在购买马赛克时，一定要拆

箱仔细验收，以免出现色差影响美观。

（1）查看产品包装。在购买产品时，可通过查看内、外包装来判断是否是正规产品。正规产品的外包装箱上通常会标明以下信息：商标、规格、生产日期和生产商等；内包装又码放整齐，并做了防潮处理。非正规产品则在内、外包装上都有欠缺。

（2）观察马赛克颜色。马赛克是一种主要通过颜色拼接来装饰空间的装饰材料，它的色彩种类非常多，因而在挑选马赛克时，务必保证同种颜色的马赛克没有色差，否则会影响拼接图案的整体效果。此外，对于带有花纹装饰的马赛克，花纹面积不能小于整个面积的20%，且分布均匀；而对于带有衔接性纹理图案的马赛克，纹理要清晰，无错位或断线，以保证衔接的连贯性。

（3）测量规格尺寸。马赛克是一种小型装饰材料，每块仅有2～3cm^2大小，镶嵌或者拼接一个空间或者图案往往需要大量的马赛克。为了保证线条的整齐，装饰效果完美，业主在选购马赛克时务必保证其规格和尺寸都达到标准，避免因为马赛克尺寸不标准或者贴歪而做返工处理。那么在选购过程中，是否要对所需的大量马赛克的尺寸逐一测量呢？不可能也没必要。业主完全可以采取随机抽样的方法进行检测。多包装中随机抽取几块，查看其尺寸是否标准、大小是否一致、边线是否整齐无毛刺、是否有缺角。

（4）查看表面和硬度。为了获得更好的装饰效果，陶瓷马赛克的表面往往要涂上一层釉来增加色彩的亮度，因而在辨别陶瓷马赛克的质量时，除了检查尺寸，还要注意查看釉面，主要包括釉面是否光滑平整、上色是否均匀；另外也要听声音，听两块马赛克撞击时的声音如何。如果陶瓷马赛克色彩鲜亮、表面光滑平整、上色均匀，撞击时声音清脆，则表明质量很好，反之则说明质量不够好。另外对于单片的玻璃马赛克，还要翻过来检查其背面是否有锯齿状或阶梯状的条纹，这些条纹可以增强铺贴时的牢固性。具体查看方法是把玻璃马赛克对光举起，透光检查马赛克的晶透感，看其是否有污点、瑕疵和孔洞等缺陷。

17. 实木地板价格高，树种、等级很重要

和瓷砖一样，地板也是家装中重要的材料之一，而且因其高价格，成为家装预算中的一项大头。接下来的三节内容我们将选取实木地板、复合地板和竹地板三大种类分别进行详细的介绍，帮助业主很好地辨别地板的真假优劣。

监工档案

选购要点：树种　等级　含水率　色差　环保

存在隐患：以次充好

是否必须现场监工：一定要现场监工购买

问题与隐患

现代装修中，越来越多的业主选择用实木地板装饰地面。实木地板是用天然木材加工而成，冬暖夏凉，脚感舒适，是卧室、客厅、书房等地面装修的理想材料。

实木地板价格昂贵，市面上的产品良莠不齐，其中暗藏的猫腻也很多，主要有：

（1）用普通木材冒充名贵树种。一些销售商会给普通的木材起一个高大上的名称，误导消费者，如富贵木、象牙木、巴西红檀等。

（2）劣质木材进行刷漆处理。对于有虫眼、开裂的木材，不良商家会用底漆掩盖缺陷，再用有色面漆涂刷表面，达到以次充好的目的。这种地板不仅有害健康，而且在安装一到两年后，脱色现象严重。

（3）用合格品冒充优等品，赚取差价。实木地板可分为优等品、一等品、合格品三个等级。一些商家私下会将实木地板一等品、合格品掺入到优等品中售卖。

（4）尺寸上偷工减料。市面上实木地板的主流尺寸是18mm厚度，一些

不良商家往往会在厚度上做手脚，如用厚度17mm的板当18mm卖，赚取中间差价。

（5）空口保障售后服务。如商家随口吹嘘自己产品有五年甚至十年的保质期。以超长保质期骗取消费者的信赖。因为关于实木地板的保质期，国家的质保标准是一年，能做两年质保的品牌已经是相当不错。

因此，业主在选购实木地板时，一定要选择自己信任的大品牌，避免陷入花样繁多的骗局。一旦误选了不适合本地气候的树种，或者购买了劣质实木地板，被商家以次充好等，不仅损失上万块钱，还会造成地板在短期内磨损、变形、开裂等现象。

失败案例

徐先生家装修时铺的是实木地板。装修公司承诺使用的是上等金丝柚木，绝对是一等品。然而实木地板刚铺上没有多久，有几块就裂了一条缝。这么昂贵的地板，怎么说裂就裂了呢？徐先生找到装修公司，对方很快联系了经销商，给徐先生更换了地板。入住不久，徐先生就发现地板很容易磨损。装修公司不承认是质量问题。给出的理由是徐先生家人多，使用频率高，建议徐先生定期给地板做保养。为了拿到证据，徐先生跑遍了市里的大品牌实木地板代理商，终于弄明白金丝柚木纯属是代理商为了提高售价而编造的名字。最后徐先生将装修公司起诉，经过检测，徐先生家铺贴的地板根本不是柚木的，只是最普通的材质，而其所谓的某大品牌，也是假冒的。而这其中的差价高达十几万元。虽然最后徐先生收到了装修公司的退款，但想到被骗的过程，还是很心痛。

现场监工

本案例中徐先生的遭遇就是被装修公司以普通木材冒充名贵树种欺骗。柚木是世界公认的著名珍贵木材，其中以泰国、缅甸为最佳。市场上很多商家为了提高价格，刻意命名“金丝柚”“金柚木”等名字误导业主。实木地板因木材种类不同价格也千差万别，所以在选购的时候根据预算锁定地板品牌、木材种类。通常来说，价格越高，实木地板也越娇贵，后期维护也就需要投入更多的人力、财力。

（1）根据树种和等级选择实木地板。按照国家有关规定，实木地板销售时必须标注俗称、学名和规格，如俗称“红檀”，还要标其学名“香脂木豆”。以下是实木地板常用树种种类：

香脂木豆——俗称红檀香

拉帕乔——俗称紫檀

乔木树参——俗称玉檀香

紫心木——俗称酸枝

木荚豆——俗称品卡多

印茄——俗称菠萝格

香茶茱萸——俗称芸香

水青冈——俗称山毛榉

槲栎——俗称柞木

铁苏木——俗称金檀

还有胡桃木、鸡翅木、香二翅豆、柚木、水曲柳、桦木、加枫、红橡、亚花梨、甘巴豆等。

地板的等级也要标注明白，因为相同材质的地板因为木材纹理、色差、颜色、虫蛀、裂痕等不同，其等级是不一样的，价格自然也不同。国家标准《实木地板　第1部分：技术要求》（GB/T 15036.1—2018）中规定：“根据产品的外观质量、物理力学性能分为优等品和合格品。”其他分等形式均不符合我国实木地板标准，如一些厂家标识等级为“AAA”，是属于企业行为。业主在购买实木地板时，一定要看国家标准规定的等级。如果实木地板不按规定标注木材学名和等级，基本可以判断它是杂牌或小品牌，购买时要小心。

（2）根据居住地的气候进行选购。气候偏干燥地区的房屋以及高层房屋，应该选择木质细密、耐干缩性能好的实木地板，如柞木地板，以免气候过于干燥而导致地板开裂变形。相反，湿润多雨地区以及低楼层的住户应该选择耐潮湿的实木地板，如柚木、海棠木、铁苏木、黄胆木等。

最好选择常用的树种，慎选那些不常用的树种。因为那些树种因其不常用，所以其耐变形度无法掌握，铺装后变形的可能性较大。

（3）定好树种和等级后，具体挑选时，要注意以下六点：

1）看花纹和颜色。优质的实木地板应有自然的色调，清晰的木纹，材质肉眼可见。如果地板表面颜色深重，漆层较厚，则可能是为掩饰地板的表面缺陷而有意为之，这样的地板尽量不要购买。

2）看色差。色差是实木地板的自然特性，它的存在是难以避免的。如果经销商告诉你他们的产品没有色差、没有疤节，那你就要留心了。事实上，正是色差、天然的纹理、富有变化的肌理结构，才更加印证了实木地板的自然特点。

3）选择合适的含水率。由于全国各地所处地理位置不同，当地的平衡含水率各不相同。大家在购买时应先向专业销售人员咨询，以便购买到含水率与当地平衡含水率相均衡的地板。

可以取两块地板互相敲打，判断其含水率。如果声音清脆，说明含水率低；如果声音发闷，则说明含水率高。

4）看硬度。用手指划一下地板表面，如果印痕深就说明木质太软，质量不太好。

5）试铺，看加工精度是否合格。无论选购何种地板，都要在购买时进行现场试铺，方法如下：将10块地板在平地上拼装，用手摸、眼看其表面是否平整、光滑，看榫槽配合、抗变形槽等拼装是否严丝合缝。优质地板做工精密，尺寸准确，边角平整，拼装后不会高低不平。有的地板由于加工尺寸不精确，拼接后有的缝隙宽，有的缝隙窄，非常难看，而且以后也容易变形，不宜选购。

此外，还应该看一下地板的槽口尺寸是否达标。国家标准规定，实木复合地板槽口尺寸要达到3.5～4mm，实木地板变形槽深度要达到地板厚度的1／3以上。

6）看油漆质量。挑选地板要观察其表面漆膜是否均匀、丰满、光洁，无漏漆、鼓泡、孔眼。油漆分PU和UV两种，一般来说，PU漆优于UV漆，因为UV漆会出现脱漆起壳现象。同时，PU漆面色彩真实，纹理清晰，如有破损也易于修复。由于PU漆干燥时间和加工周期都比较长，所以PU漆地板的价格会比UV漆地板的价格稍高些。购买前应向销售人员询问地板的油漆类型。

（4）计算使用量。由于木地板价格昂贵，所以购买前要尽量精确地计算使用量。一些业主直接以居室面积去购买地板，这种算法是错误的，因为地板有一定的损耗率。如果第一次买少了，再补货时可能会出现颜色差异。

复合木地板的损耗率一般不应大于5%，实木地板的损耗率要高一些，在5%～8%。

地板的使用量计算如下：

房间地面面积+房间地面面积×5%=地板面积（其中5%为损耗量）

例如：房间实际面积为$20m^2$，则需要$20m^2+20m^2\times5\%=21m^2$的地板。再以地板面积/单块木板的面积=木板的块数。

注意，此计算方法适用于所有木地板。

（5）选购地板板块宜短不宜长，宜窄不宜宽，尺寸越小抗变形能力越强。虽然地板的尺寸规格有国家标准，但是有些地板因为材料的问题，会做得比标准小一点。并非按照国家标准生产的地板质量就更好，只要每块地板的大小一致即可。从省钱的角度看，这些非标板往往更便宜。而且地板的尺寸越小，抗变形能力越强，铺起来也比宽板要好看。因此，如果遇到质量不错的非标板，业主不妨考虑一下。

18. 复合地板种类多，实木、强化巧选择

监工档案

选购要点：实木复合地板　强化复合地板　耐磨度　环保

存在隐患：甲醛超标、危害健康

是否必须现场监工：一定要现场监工

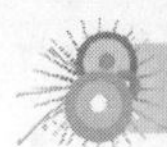

问题与隐患

复合地板分为实木复合地板和强化复合地板两种。实木复合地板是内部用天然木材粘接，表面贴一层名贵实木而成。实木复合地板是从实木地板家族中衍生出来的，可以算作新型实木地板，价格却更加便宜，是实木地板的换代产品。

实木复合地板有三层和多层之分，三层实木复合地板用三层天然实木粘接而成，首层是3～5mm厚的名贵实木，中层和底层是廉价木材。多层实木复合地板是用很多层薄片天然木材粘接而成，表层是0.6mm（极少数可达1.2mm）厚的名贵天然实木皮。从中可以看出，多层的实木复合地板表面贴的名贵实木比三层的要薄很多，但多层地板的抗变形能力要强于三层地板。

与实木地板相比，实木复合地板的优势如下：

首先，由于其表面经过了特殊的耐磨油漆处理，所以，实木复合地板不但继承了实木地板自然、脚感舒适、保温性能好的特点，还克服了实木的诸多缺点，变得更加耐磨、防虫、不助燃，非常好打理，抗变形能力也好于实木地板。

其次，由于其表层是名贵实木制作，在使用几年以后可以和实木地板一样做表层打磨翻新，可以刷不同的颜色油漆从而改变地板的颜色。

当然，复合实木地板也有不如实木地板的地方。实木复合地板因为用胶水粘合，环保性比实木地板要差，但好于其他地板产品。其中，三层实木复合地板由于用胶量较少，所以比多层的环保性更好。

强化复合木地板是将原木粉碎后，添加胶、防腐剂以及其他添加剂后，经高温高压压制处理而成，其结构从上到下一般分为四层：耐磨层、装饰层、人造板基材和底层。

由于强化地板所用的原料非常便宜，如基材所用的原木都是杂木、边角废料、锯末等，装饰层是经过处理的印刷纸，所以强化复合木地板的价格很低，甚至不到实木复合地板的一半。

复合地板的最大优点是耐磨、花色多。最大的缺点有两个，一是大量用胶导致的环保性差；二是非常怕水泡，遇水会膨胀。

综合以上两种复合地板的优缺点，建议业主在购买复合地板时，最好综合自家情况仔细选择，尽量减少危害。

失败案例

崔先生家的房子重装修时，选择了实木复合地板。一年后，地板的味道仍旧没有散尽，期间家人也经常头晕恶心。后经检测，崔先生家铺装的地板一小半是实木复合地板，一多半是强化复合地板，而且后者质量很差。原来，崔先生在购买这款实木复合地板后，为了让厂家尽快发货选择一次性付清全款。第二天，商家送货上门时，崔先生草草检查了一下就让工人开始施工。等地板铺装结束后，崔先生看到颜色、花纹没有差别，就放心地入住了。哪承想会遭遇不良商家，产品严重危害家人的健康。

现场监工

实木复合地板和强化复合地板从品质和环保等方面都有很大的差别，业主在选购复合地板时一定要仔细辨别，以免商家用强化地板冒充实木复合地板。

在挑选复合地板时，业主可以从品质、耐磨、环保性能以及售后服务等六个方面入手：

（1）首选大品牌。

1）去专卖店购买。查看相关证书和质量检验报告。如地板产地证书、ISO9001国际质量认证证书、ISO14001国际环保认证证书，以及其他一些相关质量证书。目前国家对木地板出台了生产质量标准和安全使用标准，只有达到这两个标准的地板才是健康安全的木地板。

2）检查包装。检查地板包装上的标识应印有生产厂名、厂址、联系电话、树种名称、等级、规格、数量、执行标准等，包装箱内应有检验合格证，包装应完好无破损。

（2）看环保等级。我国对复合地板的环保等级规定很严格，主要为E0和E1两个等级。E0、E1都是指一个甲醛释放限量等级的环保标准。E0、E1级标准是欧洲国家根据人造板中游离甲醛含量来划分的，也是中国家居业中人造板材生产使用的标准，即：E1级规定游离甲醛含量≤9mg/100g，E0级甲醛含量≤3mg/100g（另一种计算标准：E1级甲醛含量≤1.5mg/L，E0级甲醛含量≤0.5mg/L）。

建议业主在选购强化复合地板时，首选E0等级。

此外，需要提醒业主的是，虽然实木复合地板的环保等级也分为E0和E1两个等级，但由于做到E0级成本就会接近实木地板的价格，所以市场以环保E1等级为主。

查看有无相关的绿色环保证书，看保证书上的各项目是否与所购地板相符合。然后闻气味。将地板靠近闻一下，看是否有刺激性气味挥发。还可以将小块地板浸泡在水中，一段时间后闻一下是否有刺激性气味散发。如果有，说明甲醛含量高，不宜购买。此外，如果有专业的检测工具，选购时不妨带上，能更加专业准确地检查出地板的环保指标。

（3）耐磨转数。这是衡量复合地板质量的一项重要指标。客观来讲，耐磨转数越高，地板使用的时间应该越长，但耐磨值的高低并不是衡量地板使用年限的唯一标准。一般情况下，复合地板的耐磨转数达到1万转为优等品，不足1万转的产品，在使用1～3年后就可能出现不同程度的磨损现象。

（4）吸水后膨胀率。此项指标在3%以内可视为合格，否则，地板在遇到潮湿，或在湿度相对较高、周边密封不严的情况下，就会出现变形现象，影响正常使用。

（5）地板厚度和重量。市场上地板的厚度一般在6～12mm，选择时应以厚度厚些为好。厚度越厚，使用寿命也就相对越长，但同时要考虑家庭的实际需要。

地板重量主要取决于其基材的密度。基材决定着地板的稳定性，以及抗冲击性等诸项指标，因此基材越好，密度越高，地板也就越重。

（6）实木复合地板的选购要点。

1）看清楚是三层板还是多层板。市场上三层复合实木地板比多层的要贵一些，因此，业主在购买时要看清楚自己买的是哪一种。特别是多层实木复合地板，一般由七层或者九层组成，购买时需要仔细查看地板的层数。查看时，看侧面即可，三层地板由面板、芯板、底板组成，而多层地板则以多层胶合板胶合而成。

2）检查各层木材的质量。

①观察表层木材的色泽、纹理是否清晰、流畅、和谐；板面是否有开裂、腐朽、夹皮、死节、虫眼等材质缺陷。值得一提的是，存在一定的色差、活节、纹理等是木材天然属性，不必过于苛求，只要不太突兀即可。特别要注意，多层实木复合地板的表层实木不能太薄。

②检查表层以外的其他层的材料。最好拿一块地板从中间锯开观察，有些劣质仿冒复合地板中间夹的都是烂木渣，这样的地板不能买。

3）试拼装，检查平整度、紧密度、防水性以及耐磨度。重点检查四点：

①测量实木复合地板槽口尺寸是否为国家标准规定的3.5～4mm。

②多拿几块实木复合地板在地面上进行拼装，看拼接是否平整，缝隙是否有大量光线透过，如果不平或透过光线较多，表示地板拼接不够严密，不宜选购。

③检查防水性，在拼接好的地板上洒上半杯水，一分钟后擦拭浮水，查看拼接处有无渗水。

④看油漆质量。地板表面的油漆最好选择UV漆等耐磨的油漆，这一点可以通过产品介绍和询问销售人员加以验证。同时还要检查地板的六面封漆的防水性和防掉漆的情况。

4）根据家人的生活习惯和居室空间情况选择板材。

首先，三层地板的环保性要比多层地板好；而多层地板的耐热性、抗变形能力强。

其次，实木复合地板适合卧室、客厅和书房的使用，不适合厨房、卫生间等经常沾水的地方。一般来说，如果只铺卧室可选择浅色的三层实木复合地板，如果整个房子铺装，耐磨性和硬度较好的多层实木复合地板更合适。

最后，如果家里有小孩或老人，建议选择脚感更好的三层实木复合地板；如果主人日常没时间保养，表面有涂饰的多层实木复合地板更合适，因为其耐脏耐磨损性能较好。

此外，如果家里安装地暖，并且决定装实木地板，应该选择耐热的多层实木复合地板。当然，装地暖最好不要用木地板，无论是实木地板还是强化地板，都有较大的膨胀系数，长期受热容易变形，其中的有害物质受热后更容易释放出来。

（7）强化复合地板的选购要点。

1）耐磨性越高越好。强化复合地板的耐磨层主要化学成分是三氧化二铝，因为是金属，造就了强化复合地板良好的耐磨性。合格的强化复合地板，其表面耐磨系数达到6000转以上，还有一些超耐磨的，即使在上面拖动重家具都不会对地板造成影响。

耐磨性是选择强化复合地板的重要指标，检验这一指标的最简单方法就是带块砂纸去买地板。选好地板后，请商家给你一个地板样块，用砂纸在其表面来回打磨50下，劣质产品的耐磨层很快就被磨损，优质产品可能连一丝划痕都没有留下。你可以用一样的力道多试几块地板，优劣一目了然。

2）看尺寸以及花色精度。先观察地板榫槽部位的光滑程度、纤维精细均匀程度，以此来辨别基材的好坏。

接着从一包地板中随机抽出10块左右在地面上拼装，如果舌槽吻合，板之间无明显间隙，相邻板之间没有高度差，说明地板的尺寸精度合格。

最后再看地板表面的薄膜和花色，合格地板的表面花色应该均匀、颜色饱满，无明显色差。表面漆层应光滑、无气泡、无漏漆和孔隙。

3）看售后服务。强化复合地板一般需要专业安装人员使用专门工具进行安装，因此消费者一定要问清商家是否有专业安装队伍，以及能否提供正规保修证明书和保修卡。

19. 竹地板质量好，漆膜作用不能少

监工档案

选购要点：自然环保　表面漆膜要牢固

竹板与基板胶合要牢固　平整度要好

存在隐患：容易变形　漆膜脱落

是否必须现场监工：一定要现场监工购买

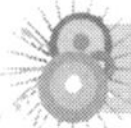

问题与隐患

竹地板是一种新型建筑装饰材料，以天然竹子为原料，经高温高压，烘干而成。成品呈现出竹子的外观，拥有原生态环保性。因此广受业主们尤其是南方家庭的喜爱。

竹地板通常选用4～6年以上的毛竹制成，分为室内及室外竹地板，具有耐磨、防蛀、抗振的优点。此外竹地板具有适度弹性，可减少噪声且容易清洁。竹地板的缺点也很明显，容易变形、开裂，特别是在北方干燥地区；竹子表面的漆膜容易脱落。

失败案例

何女士两年前购买了新房，由某装修公司负责装修。入住一年后，家里铺的竹地板开始变形，严重的地方都开裂了。何女士家住南方，气候并不干燥，地板怎么会开裂了呢？何女士想到竹地板是装修公司选购的，当初对方承诺安装的是大品牌，质量有保障，当然，其价格也比建材市场出售的贵不少。虽然支付了高于市场的金额，但质量却没有保障，想来其中肯定有猫腻。何女士找到装修公司，对方声称是何女士使用不当造成开裂的。由于拿不出可靠的证据，何女士只能认倒霉。

现场监工

本案例中何女士的遭遇给购买竹地板的业主们提了一个醒，不论是自己购买还是委托他人，一定要保留好购买票据。如果是装修公司包工包料，要在合同中约定好所使用产品的品牌、数量，以便日后出现问题时有据可查。此外，除了看中样品外，还应在验货时开箱抽样检查，看实物是否和样品是同一质量水平。

在购买竹地板时，业主可以从以下九方面入手：

（1）看含水率。含水率影响竹地板的使用寿命，竹片其含水率一般应控制在8%～10%，含水率不均匀或含水率过高，遇到环境（如温度及干湿度等）的

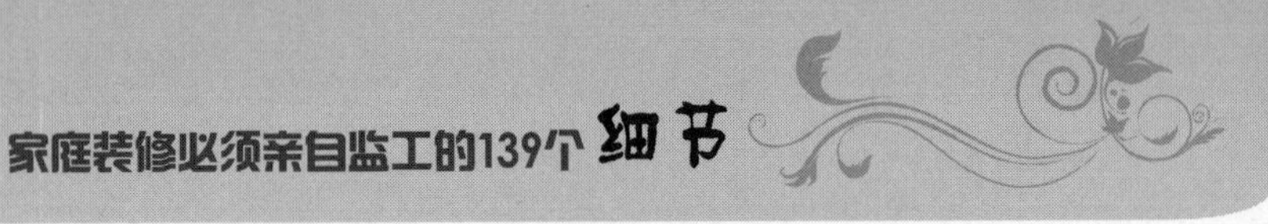

变化时，地板可能会出现变形或开裂。但由于各地湿度不同，选购竹地板含水率标准也有一定差异，必须注意含水率对当地的适应性。业主最好选择建在林区的、能生产竹坯板的和有信誉的竹地板厂家。

（2）耐磨度。好的竹地板表面耐磨程度比较高。竹地板通常都是使用亚光的耐磨漆，挑选竹地板时，可用砂土在竹地板表面来回打磨十几下，如果竹地板没有明显变化，表示其耐磨性较好。大多竹地板的耐磨度虽不及可达上万转的强化木地板，但仍优于实木地板。

（3）甲醛释放量。竹地板的板材虽然是天然环保材料，但需要大量的胶粘合多层竹片，这势必会存在甲醛的释放。因此，选购竹地板时检查其甲醛释放量指标是否合格，也成为购买竹地板的一个重要指标。国家标准E1级产品的甲醛释放限量不超过1.5mg/L，业主在购买时一定要注意这个数字。

（4）掂重量。优质的竹地板都是由三年以上生的竹材精制而成，密度大、稳定性好，更加结实耐用，且重量较沉。因此，挑选竹地板时，业主可以用手掂掂所选地板的重量。重量较轻的竹地板通常都是用一到两年生的嫩竹制作的，嫩竹没成材、密度小、竹质较嫩，稳定性和抗弯抗压强度都不是很好。

（5）看表面。观察竹地板表面的纹理，如果纹理模糊不清，说明此竹地板的竹材不新鲜，是较陈旧的竹材。同时还要避免竹子层有虫眼、纹裂、腐斑、死节等缺陷。虽然这属于竹材的天然属性，但缺陷太多也说明其质量一般。

（6）检查漆膜。竹地板的面漆有涂滚和淋涂之分，通常情况下，淋涂面漆比涂滚面漆质量要好，淋涂因为用漆量大而饱满会让竹地板更美观更耐磨。拿一块竹地板到光亮下，仔细观察其表面的漆膜，看是否有气泡、起鼓等现象。最好用指甲在漆面上划一划，看是否留下很深的划痕。抠一下漆膜，看其是否容易脱落。

竹地板表面的漆膜上得好不好，严重影响竹地板的质量。如果漆没有上好，不但漆膜容易脱落，还会让竹子表面暴露在空气中，从而会因空气温度、湿度变化而开裂。

（7）检查板层间的粘合度。竹地板是由多块竹片胶合压制而成，胶的质量、用量以及胶合的温度、压力及压合的时间，都会影响到胶合的质量。胶合质量好的竹地板，竹地板强度高，水分不容易渗进竹地板中，造成竹地板变形，甚至脱胶。反之，竹地板很容易被水分渗透导致变形、脱胶。检验胶合强度的方法非常简单：拿起一块竹地板，用力掰一下，使其弯曲，看竹层和木层之间会不会发生脱层开裂现象。如果有松动现象，说明质量不太好。如果难以确定，业主可以向商家索取一小块竹地板，放入水中浸泡或蒸煮，比较其变形和开胶程度以及所需的时间。

（8）看尺寸。市场上的竹地板，规格尺寸均偏长。常见规格主要有15mm×90mm×909mm、15mm×96mm×960mm、15mm×96mm×1850mm（1920mm）、15mm×190mm×1900mm等。业主在选购时不要盲目追求大规格、大尺寸，一般来说，竹地板尺寸越小抗变形能力越好。

（9）试拼。将10块左右的竹地板拼接在一起，放在平整的地面上，观察吻合度和平整度。业主最好站到拼好的竹地板上踩一踩，感觉一下有没有翘曲或者吱吱的声音，如果有，说明质量不太好。

20. 乳胶漆用量大，看品牌更要看指标

监工档案

选购要点：选购名牌产品　环保　耐擦洗　覆盖力

存在隐患：泛黄　起泡　有害物质超标

是否必须现场监工：务必要现场监工购买

问题与隐患

乳胶漆目前是家庭装修使用最广泛的墙壁装饰材料之一。其又称为合成树脂乳液涂料，是有机涂料的一种，是以合成树脂乳液为基料加入颜料、填料及各种助剂配制而成的一类水性涂料。由于采用水作为涂料的溶剂，乳胶漆因此成为众多涂料中最具安全性的材料。根据产品适用环境的不同，分为内墙乳胶

漆和外墙乳胶漆两种。根据装饰的光泽效果又可分为无光、亚光、半光、丝光和有光等类型。

乳胶漆有很多优点:安全无毒无味；涂层干燥迅速；施工方便；保色性、耐气候性好，大多数外墙乳胶白漆，不容易泛黄，耐候性可达10年以上；透气性好、耐碱性强，不易起泡，再加上花色品种多，色彩鲜艳、质轻、环保等特点，广受业主们的喜爱。

然而，乳胶漆也不是绝对安全环保的，其含有的有害物质主要是“挥发性有机化合物（VOC）”和“游离甲醛”，二者都会刺激人的皮肤和眼睛，损害神经、造血等系统，严重危害人体健康，甲醛更是被国际癌症研究机构确定为可疑致癌物。品牌乳胶漆的大厂家会严格控制有害物质的含量，保证其在人体可接受的安全范围之内。但一些不良厂家生产的劣质甚至是假冒乳胶漆，其中的有害物质会超标；还有些小厂家回收品牌乳胶漆桶，再灌入自己生产的劣质乳胶漆。他们通常采用低价，或者以和装修公司、施工队等合作拿回扣的方式诱惑、蒙骗业主。业主一旦上当购买了这种乳胶漆，后果可想而知。

失败案例

谭先生购买的是二手房，房子的装修还不错，谭先生只要重新粉刷一下墙面就可以入住。正好谭先生有熟人在经营一家品牌乳胶漆，于是谭先生在那里订了四桶乳胶漆。很快谭先生一家就搬进了新居。然而，入住不多时，墙面就开始掉粉开裂。谭先生以为被熟人“杀熟”了，怒气冲冲地找对方索赔。朋友见了非常生气，自己做的是良心生意，别说谭先生是朋友，就是普通客户也都是正品，绝不会私下偷梁换柱，以次充好。朋友下决心要查清真相。过了一段时间，朋友主动联系了谭先生，告诉了事情的真相——原来是店里的送货员工私下调包了乳胶漆。该店员在随后的一次作案过程中被发现。随后朋友主动提出免费为谭先生重新粉刷一遍墙壁。考虑到朋友也是受害者，谭先生拒绝了朋友的好意。

现场监工

送货过程中避免被调包的最好办法就是亲自验收货物，一般以假乱真都是用相当廉价的乳胶漆，业主只需要抱起桶晃一下就能感觉到内部不均匀，很容易晃动出声音的则证明乳胶漆黏度不足。正规品牌乳胶漆晃动时一般听不到声音。当然，最安全的做法是现场开桶检查。需要提醒业主的是，乳胶漆开桶后再更换就很困难。

为了购买到正规的品牌乳胶漆，业主可以从以下七方面入手：

（1）看外包装和环保检测报告。一般乳胶漆的正面都会标注名称、商标、净含量、成分、使用方法和注意事项。注意生产日期和保质期，各品牌乳胶漆标注的保质期1～5年不等。一般的品牌乳胶漆都有环保检测报告或检测单。检测报告对VOC、游离甲醛以及重金属含量的检测结果都有标准。

最好去大型建材商场或品牌专卖店购买乳胶漆。大商家的调色设备比较先进，质量也有保证。

（2）看成分。选择乳胶漆除了关心其耐擦洗或者覆盖力外，一定要关注它的VOC和甲醛含量。

那些因覆盖力强而定高价的乳胶漆，不但不是更环保的产品，其有害物质反而更多。所以，大家不要只看价格，还要看有害物质，也就是VOC和甲醛的含量。国家标准VOC每升不能超过200g；游离甲醛每公斤不能超过0.1g。

（3）看具体的产品指标而不仅只看品牌。相同品牌的乳胶漆往往有很多系列产品，它们的各项指标不同，价格也有所不同。如立邦漆就有美得丽系列、永得丽系列、五合一系列、二代五合一系列等，它们的环保指标各不相同，业主在选购时应仔细对比产品的各项环保指标，选择合适的产品。

（4）建议买在市场销售了很长时间的主流产品。乳胶漆厂家更新产品种类很快，相比于旧产品，新品在质量上只有少量改进，但价格却会高很多。而销售了很长时间的主流产品，质量通常已经经过市场的检验，而且由于已经挣回了销售利润，价格也比较低，更划算。

此外，不要迷信广告宣传的特殊性能。商品宣传时往往会强力突出某种性能，其实这些性能只是相对而言的，如“耐擦洗”只是一种宣传用语，假如乳胶漆墙面脏了，除非你马上用布擦掉，否则时间长了，该产品再“耐擦洗”也很难擦干净了。

（5）动手开罐检测。优质的乳胶漆比较黏稠，呈乳白色的液体，无硬块，搅拌后呈均匀状态，没有异味。

1）闻气味。打开乳胶漆桶盖，将头靠近桶的上方，用眼睛感受一下，眼睛的刺激感越小，说明甲醛等有害物质含量越低，质量也就越好。接着再闻一下，如果味道是臭的，或者有刺激性气味和工业香精味，那它们都不是理想的选择。

2）看胶体。用木棍搅拌一下乳胶漆后将漆挑起来，优质乳胶漆往下流时会成扇面形，轻轻摸一下，手感光滑、细腻。正品乳胶漆在放置一段时间后，其表面会形成很厚的有弹性的氧化膜，而次品则会形成一层很薄且易碎的膜。

3）看擦涂效果。将少许乳胶漆刷到水泥墙上，正品的颜色光亮，涂层干后可以用湿抹布擦洗，擦一二百次对涂层外观不会产生明显影响。低档产品擦十几次就会发生掉粉、露底等褪色现象。

（6）大小桶搭配着买。乳胶漆一般有18L装和5L装两种规格，两者的产品质量相同，但相同质量的大桶装比小桶装便宜。商家往往给个人销售小桶装，给工程商家销售大桶装。业主在购买时要主动询问有没有大桶装，如果大桶、小桶装都能买到，尽量搭配着买——事先计算好乳胶漆用量，以大桶装为主，不足的量可以买小桶乳胶漆补足，这样既不会买多了，还可以省钱。

乳胶漆使用量的计算方法非常简单：

第一步，将家中每一处要刷漆的墙面面积相加，算出需要涂刷的面积。

第二步，乳胶漆桶上一般都写有建议涂刷面积，通过这个数据可以换算出每升乳胶漆的 理论涂刷面积。

第三步，需涂刷面积/每升乳胶漆的理论涂刷面积×需涂刷的遍数=所需乳胶漆的升数。乳胶漆刷墙一般要求一遍底漆两遍面漆。

因在施工过程中涂料会有一定的损耗，所以实际购买时应在以上精算的数量上留有余地。

（7）选择好乳胶漆的颜色以后，要记住色号。因为每个品牌都有成百上千种颜色，光黄色就有数十种。如果你家需要补漆却忘记色号，补漆和原漆颜色就可能不一样。

21. 腻子粉是墙基，附着力是关键

监工档案

选购要点：出厂时间　附着力强　水溶性　延伸性

存在隐患：墙面出现空鼓、粉化、龟裂、脱落

是否必须现场监工：有条件务必亲自监工购买

问题与隐患

在给墙面刷乳胶漆之前，通常需要对墙面进行找平等预处理，抹腻子是填充墙面孔隙和墙面找平的重要步骤之一。抹腻子的作用就像女士化妆前打的粉底，这层基础做好了，妆容才能持久、美观。腻子层如果处理得好，乳胶漆即使是中档产品，也可以获得近似高档材料的效果。

不过，市场上的腻子粉质量参差不齐，一些小厂家没有生产资质。因此生产出来的腻子粉附着力差、材质疏松、不防潮不防霉，受潮后容易空鼓、粉化、龟裂、脱落，严重影响装修效果。如果业主购买使用了这样的腻子粉，墙面很快就会出现起皮、开裂和脱落等现象，即使面层是高档材料，呈现出来的效果可能只有中档乃至以下。

失败案例

吕先生家装修时，签约了某装修公司，包工包料。基础材料进场时，吕先生因忙于工作，只是让父亲去看了看。一直到墙面开始施工，吕先生才抽出时间去了趟现场。墙面找平已经完工。工人们聚在一起聊天，谁也没注意到吕先生来了。吕先生站在一边听工人正在议论公司购买的腻子粉质量太差，用不了多长时间就得粉化。涂再好的面漆也固定不住，很快都得龟裂、脱落。吕先生在房间找到了腻子粉的包装袋，上面连厂家厂址都没有，只粗糙地印了“腻子粉”三个字。吕先生很气愤，找到装修公司要求重新施工。

对方不同意，认为吕先生是无理取闹。最后，吕先生找了相关检测部门，对方才同意重新施工。

现场监工

在装修界，包工包料的合作方式往往暗藏更多的猫腻。一旦业主不加以监工，装修材料以次充好的事便会经常发生。腻子粉是墙面基础材料，只有底面打好了，妆容才服帖。因此，业主们一定要严格把控其质量。

（1）要从装修环保的思想意识上重视与关注，尽量不要去选购价格低廉的腻子粉。

（2）看包装，识别品牌产品。与乳胶漆一样，腻子粉也要选购大厂家的产品，最好去大的建材超市购买。检验是否是合格产品首先要看包装。正规厂家生产的产品都要通过相关检测，包装上会有“达标”标志以及产品标准号，并且有检验报告。如果腻子粉的包装简陋，上面没有各种检测标志，则说明是小企业生产的产品，最好不要选购。

（3）看出厂日期。就算是合格产品，也要仔细查看产品的出厂日期和质量检测报告的发放日期。一般情况下，出厂超过一年的产品质量会下降很多，因此，不宜购买出厂时间太久的产品，更不要买过期产品。

（4）看样板。优质的腻子粉应该具有很强的附着力，这样才能保证日后不脱落。商家都会有刷了腻子粉的样板，业主只要用手擦一擦、拉一拉，用水冲一下样板，即可判断腻子粉的优劣。具体方法为：

1）用手指轻轻擦过样板表面，劣质腻子粉会掉粉，优质腻子粉则不会。

2）将水淋在样板表面，然后用手轻轻摩擦。如果是优质腻子粉，即使用手反复摩擦，手上都是干干净净的；反之，劣质腻子粉则很容易被擦掉。

3）用水冲洗样板表面，劣质腻子粉样板表面很快会出现起泡、掉皮现象，优质腻子粉样板表面则不会有任何异常。

4）稍用力向两边拉伸样板，劣质腻子粉很容易断裂，优质腻子粉则有一定的延伸性，就像橡胶一样，可以拉伸一段距离。

22. 木器漆有危害，最好选择水性漆

监工档案

选购要点：油性漆　水性漆　调和剂

存在隐患：环保性差 假冒伪劣

是否必须现场监工：务必要现场监工购买

问题与隐患

木器漆是涂刷在家具板材、地板等表面的一类漆。虽然现代装修中，许多家庭喜欢购买成品家具，但仍然有部分家具需要现场打造，所以木器漆仍旧有一定的市场。

木器漆有油性漆和水性漆之分。油性漆也叫聚酯漆，是以有机溶剂为介质的漆，硝基漆、聚酯氨漆、防锈漆等属于油性漆。油性漆中含有大量挥发性有机化合物和甲醛，还可能含有大量的苯类物质，毒性较大。有调查显示，在接触油漆的工人中，早老性痴呆病发病率以及再生障碍性贫血罹患率明显很高。

目前，油性漆正逐渐被水性漆所取代，在欧美等发达国家，水性漆的普及率达90%以上。

木器漆类水性漆与传统油性漆的最大区别在于，水性漆在使用时只需用水进行调和即可，不需要添加任何固化剂、稀释剂，因此不含甲醛、苯、二甲苯等有害物质，从而杜绝了产生空气污染的可能。

因此，业主在涂刷家具时，最好选择水性漆，如果条件允许，尽量选择高档的水性漆。即使选择油性漆，也要仔细比较，尽可能减少危害。

失败案例

张女士家装修时，做了不少木工活，一个榻榻米床、一个连着计算机桌的

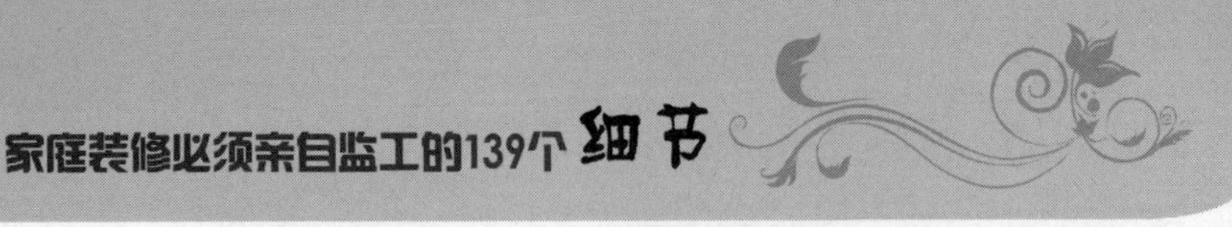

书柜，一个大鞋柜。完工后，木工师傅给张女士推荐了一位油漆工，说是他的搭档，刷漆技术很好。张女士一听就联系了该油漆工。聊天中，油漆工流露出对市面上油漆产品质量混乱的担忧。张女士本来就对油漆产品不了解，听油漆工这么说更加一头雾水，就让油漆工推荐几家油漆店。油漆工也不含糊就推荐了三家。随后，张女士在其中一家购买了品牌水性漆。因为是油漆工推荐，张女士对产品也没多加检查，就带回了家。一直到结算工钱，张女士才到装修现场。看到眼前油亮的家具，张女士很满意，只是觉得漆味特别大。油漆工对此解释是因为油漆用量大，施工时关闭门窗，导致漆味没有散尽。随后，负责清洁卫生的家政人员在一个柜子里找到了一个油漆桶，张女士拿起来仔细看了一遍，发现使用说明上竟然写着加入“硬化剂”或“漆膜剂”溶剂进行调和。张女士这才明白家具上刷的根本不是水性漆。她气愤地找商家讨说法，可商家不承认卖给张女士油漆。此时张女士也联系不上油漆工了。

现场监工

张女士的遭遇让人同情，但也给业主们提了个醒：不要轻易相信施工师傅推荐的门店，这里面往往潜藏着吃回扣的把戏。如果你需要施工师傅的经验帮你判断，只让他们推荐产品的品牌就足以了。

（1）选择品牌产品。由于油漆的真假很难用肉眼分辨，所以无论是购买油性漆还是水性漆，最好都去正规场所购买品牌产品，并且要求商家提供产品的检验报告。

（2）选购水性漆时，提防买到假货。由于水性漆在市场上还是新产品，所以假冒伪劣产品很多，业主需要仔细鉴别。最关键的一点就是水性漆使用时只要用水调和即可，如果不具备这个特点就是假货，如有的“水性漆”在使用时必须加“硬化剂”“漆膜剂”之类的含有大量毒害物质的溶剂，显然是假的。

在购买水性漆的时候，最好开盖闻一下，优质水性漆在开盖的时候几乎没有什么异味。

（3）购买油性漆时要注意以下五点。

1）闻起来有特殊香味的油漆最好别买。这种香味可能来自无色且具有特殊芳香味的苯，苯有致癌的危害，素有“芳香杀手”之称。

2）查看生产日期和保质期，从外包装上将劣质油漆剔除。选购油漆时应仔细查看外包装，一来防止买到过期产品，二来检查包装的密封性。金属包装产品不应出现锈蚀，否则说明密封性不好或时间过长。此外，由于油性漆有一定的挥发性，大家可以靠近包装闻一下，如果有明显的气味，则说明产品密封不好，有泄漏现象。

3）检查分量是否充足。将每罐漆都拿起来摇一摇，若摇起来有“哗哗”声响，则表明分量不足或有所挥发。

4）看内容物。购买油漆时一般不允许打开容器，但拆封使用前应仔细查看油漆内容物。首先，主漆表面不能出现硬皮现象，漆液要透明、色泽均匀、无杂质，并应具有良好的流动性；其次，固化剂应为水白或淡黄透明液体，无分层无凝聚、清晰透明、无杂质；第三，稀释剂（学名“天那水”，俗称“香蕉水”）外观应清澈、透明、无杂质，稀释性良好。

5）看施工效果。优质的油漆严格按要求配比后，应手感细腻、光泽均匀、色彩统一、黏度适中，具有良好的施工宽容度。

（4）不要带着油漆工开的单子去指定的商店拿货。当你拿着油漆工的开单去某家油漆店买完货后，油漆工随后就会去店里拿“回扣”，品牌油漆也不例外，可以说这是这一行业的潜规则。正确的做法是，业主事先把材料的种类、数量记在脑子里，购买时货比三家，选择你认为最满意的那一家。

（5）选择适合自己的水性漆。常见的水性漆有三种，按质量和价格由低到高依次如下：

1）第一种是以丙烯酸为主要成分，附着力好，但耐磨耐用性能差，是水性木器漆中的初级产品。

2）第二种是以丙烯酸与聚氨酯的合成物为主要成分，比丙烯酸的耐磨和耐化学性强，漆膜硬度好，其综合性能已经接近油漆。

3）第三种是聚氨酯水性木器漆，这种漆是水性漆中的极品，各方面性能都非常好，耐磨性能甚至超过了油性漆，但目前以进口产品为主，价格较高。

23. 硅藻泥很环保，重点测试吸附性

监工档案

选购要点：大品牌　测量吸附性和防火性　看颜色

存在隐患：真假混淆

是否必须现场监工：一定要现场监工购买

问题与隐患

硅藻泥的主要成分为硅藻土，一种由海底的海藻类植物形成的硅藻矿物质，这种天然的硅藻材料，具有除甲醛除臭味、隔声保温、防火阻燃、净化空气、寿命长等特点。这种强吸附性、健康环保的优点，让硅藻泥一面市就受到广泛喜爱，成为家装材料的新生力军。

硅藻泥虽然性能优越，但也有其缺点，如色彩少，表面粗糙，手感不佳，变脏后不易清理。

由于硅藻泥是新型产品，目前市场混乱，市面上的硅藻泥真假混淆，一些不良企业竟然用腻子粉、白水泥、化学助剂、无机溶液等作为原料，只加入少量硅藻土成分，甚至根本没有硅藻土，制作号称是零排放的硅藻泥。一旦业主买到这样的硅藻泥，不但不能吸收甲醛，还会释放有害物质，成为主要污染源，进而危害家人的健康。

失败案例

李先生装修房子时，就是冲着硅藻泥的功效选择的。他把房子委托给某装修公司进行装修。装修公司声称硅藻泥能吸附地板、细木工板、家具等散发的有害物质，还可以调节室内湿度，具有隔热保温的作用。这样装修的房子，不用通风，随时即可入住。经装修公司这么宣扬，李先生动心了，多交了一大笔装修费用。房子装修好，搞完卫生后，李先生一家就入住了。然后入住没多久，李先生的女儿就患上了咽喉炎，医生告诉他孩子可能是由于长期处于游离甲醛等有害物质的环境中而诱发的病症。李先生找来室内空气质量检测单位进行检测，结果显示李先生的新居内甲醛严重超标。而那个号称是甲醛净化器的硅藻泥，竟然是假冒硅藻泥！非但不除甲醛，还是释放甲醛的元凶。

现场监工

由于目前硅藻泥市场秩序比较混乱，业主在选购硅藻泥时尽量选购大品牌产品，在质量和价格上都有保证。首选去实体店购买品牌产品，尽量避免网购，因其难以当场辨别质量，缺乏保障，而且一旦发生争议也常常申诉无门。最后，要货比三家，综合比较产品质量、价格、服务等众多因素，选择一款性价比最高的品牌。

（1）测试吸附性。硅藻泥的优点之一是具有超强的吸附功能，可以吸收空气中的水分、灰尘和有害物质。因而在购买硅藻泥时，我们可以通过测试其吸附性来辨别硅藻泥的质量。具体方法如下：准备一杯开水，把硅藻泥样品挡在杯口，然后查看样品对水蒸气的吸收能力。除此以外，我们还可以把硅藻泥样品放入能够密封的容器内（最方便的就是矿泉水瓶），再向里面吹入烟气，密封十分钟左右，打开瓶子闻一闻，就可以判断硅藻泥的吸附能力了。不过上述方法只能辨别硅藻泥质量的好坏，并不能判断产品的真假。

（2）测试防火性。硅藻泥具有防火阻燃的特性，通常可以耐受1000℃的高温，我们也可以凭此特性判断硅藻泥质量的好坏。具体方法是：用喷火枪或其他打火工具烧一下硅藻泥样品，如果很难燃烧且无烧烤气味，则表明是合格的硅藻泥。

（3）看密度和颜色。正宗的硅藻泥质量较轻，如果手中的硅藻泥很重，则很有可能被掺入了石料等填充材料，硅藻土含量少。此外，业主还可根据硅藻泥与水的调和比例来辨别硅藻泥的质量，合格的硅藻泥中，硅藻泥与水的调配比例是1∶1，因而水的比例越小，证明硅藻泥的含量越少。

另外，业主也可通过观察颜色辨别硅藻泥的质量，硅藻泥是一种天然材料，一般为泥土颜色，也可加入颜料调色，且调出来的色彩比较柔和舒适，毫

无刺目感；反之，则说明此硅藻泥质量不佳，甚至可能是假冒产品。

（4）喷水辨别硅藻泥的真假。

1）喷水原理：由于真正的硅藻泥墙面具有多孔性、“分子筛”结构的特性，可以通过向硅藻泥墙面喷水来证明其具有丰富的孔隙。

2）选定一个大喷壶，距离硅藻泥墙面10cm左右，对墙面直接喷射清水。注意不要选小容积的喷壶，只有大喷壶才能喷射出更有力量的水流，才能更好地检验出产品的真假。

3）如果出现以下情况：①喷射到硅藻泥墙上的水被迅速吸收，同时用手掌触摸墙面，手上无任何水渍；②同一位置在反复喷水30次以上，并迅速吸收水分，表面无任何水渍，墙体表面无脱落、无花色、不开裂；③用拇指轻轻按压，墙面会变成“泥”，但外观不会有任何变化；④待4小时后，硅藻泥表面干燥恢复如初，则说明是真的硅藻泥。

4）如果出现不能吸水、吸水少或吸水后形成流泥、掉渣、掉色、脱色、花色，无法还原成泥等现象都是假硅藻泥。此外，如果是干燥的墙面，向假冒硅藻泥墙面喷水也可以吸收一点水，但是喷水次数不超过5次，用手掌摸，手掌上有水渍；在被喷射清水30次以上后，墙面出现颜色扩散，用手去触摸，墙面颜色脱色；喷水后用拇指按压墙面，墙面就像水泥墙面或乳胶漆墙面一样仍然坚硬，并且耐擦洗，则说明是假的硅藻泥。出现这种现象是因为其含有胶黏剂形成结板固化的原因。

24. 壁纸好看花样多，覆膜壁纸更实用

监工档案

选购要点：选择高档产品　批号一致　基层材料　纯纸与覆膜壁纸

存在隐患：开裂　甲醛危害

是否必须现场监工：务必现场监工购买

问题与隐患

壁纸是家庭装修室内墙壁常用的一种材料。因其色彩、花样繁多，具有防裂、耐擦洗、覆盖力强、颜色持久、不易损伤、更换容易、装饰效果强等优点，越来越受到业主的喜爱，逐渐成为家庭装修中的宠儿。

当然，壁纸也不是完美的，其缺点一是零售价格高。因为壁纸的花色多，实际销售量小，成品库存成本大，所以壁纸的成本虽然低于乳胶漆，但在零售情况下，壁纸单位面积的花费要高于乳胶漆，高级壁纸售价可以是高档乳胶漆的10倍以上；二是总体环保性不如乳胶漆。壁纸自身的环保性主要取决于底纸，也就是原纸本身。现在很多大企业都采用进口原纸或天然植物纤维作底纸。然而一些小厂家为了减少成本会采用PVC合成壁纸，其环保性自然就差。

此外，粘贴壁纸的过程中需要使用壁纸胶。虽然目前一些大型厂家主要选用以优质植物纤维素为主要原料的专业壁纸胶粉，如糯米胶、玉米胶、淀粉胶等，这种胶粉大部分由植物提取，绿色环保，味道比较小。但一些小厂家配制的劣质胶主要还是以化学合成为主，刺激性强。

选择壁纸装饰存在的问题在于，由于壁纸行业门槛低，没有统一的标准，各种假冒伪劣产品充斥着市场，让普通消费者防不胜防，一旦选择这些劣质壁纸，不仅花了冤枉钱，还面临着甲醛的危害。因此，在购买壁纸时，仔细挑选和验收他人所购产品，两者都不能疏忽。

失败案例

赵女士的房子住了十多年了，家里的装修、墙壁都很陈旧，可是重新装修一下太耗时耗力，于是赵女士决定听从朋友的建议给所有房间都贴上壁纸。在建材市场里，赵女士和一家壁纸店的老板相谈甚欢，赵女士选定了一款进口壁纸，店家表示自己是这家壁纸的代理商，绝对保质保量。赵女士就把贴壁纸的所有事宜放心地交给了对方。工人带着壁纸上门施工时，赵女士只是简单地检查了一下花色没错就离开了。谁知，壁纸贴完后，房间里充满了刺鼻的味道。当时老板可是说壁纸没有任何味道，贴完即可入住的。现在怎么这么大味儿

呢？赵女士在网上查到了这个品牌真正的代理商，拿着剩余的壁纸去品牌店里鉴定。对方说这是最低档PVC合成壁纸，而且赵女士家所用的壁纸胶也不是植物胶粉，是劣质的胶水。赵女士听完气愤极了，随后找到商家。没想到商家却说赵女士拿假货恶意索赔，自己店里根本没有这个品牌的壁纸。由于拿不出交易证据，赵女士索赔失败。

现场监工

（1）首选知名品牌产品，质量和环保性有保证。

（2）选择纸基乙烯膜壁纸比纯纸壁纸更具优势。纸基乙烯膜壁纸是在纸基上覆上一层非常薄的纸基乙烯膜。目前国内市场上销售的大部分高档进口壁纸都是纸基乙烯膜壁纸。为什么说有一层乙烯膜更好呢？首先，纯纸覆膜后，不但防水还耐擦洗。其次，纯纸壁纸很容易被撕破，覆膜的壁纸就结实多了，其强度比用来处理墙面裂缝的牛皮纸带还大。所以，贴纸基乙烯膜壁纸基本上不会有墙面裂纹的担忧。最后，纯纸壁纸上印刷的图案直接暴露在空气中，很容易氧化褪色，而覆膜的壁纸几乎可以历久弥新。总之，只要施工铺贴技术过关，纸基乙烯膜壁纸用十年以上还可以保持如新。

有人误以为纸基乙烯膜壁纸就是塑料壁纸，其实二者毫无关系。

（3）检查壁纸的质量。

1）用眼看。优质的壁纸，其表面不会存在色差、皱褶和气泡等问题，壁纸的图案清晰，色彩均匀。可以裁一块壁纸小样，用湿布擦拭纸面，看看是否有脱色现象。

2）用手摸。手感较好、薄厚一致、凸凹感强的产品是首选对象。

3）闻一闻。越是环保的壁纸气味越小，甚至闻不到任何气味。注意：是无味的产品，而不是无刺激性气味的产品。还有一些商家会宣称自己的产品带有芳香的气味，建议业主慎重选购，因为这类产品也有可能是环保不达标的产品

4）擦一擦。找一小块样品，故意弄上点污垢。用干湿抹布可以轻易去除脏污痕迹的壁纸，就是好壁纸。那些不能清理干净或者容易划伤表面的壁纸，则是劣质的壁纸。

5）浸一浸。在壁纸表面滴几滴水，或将壁纸完全浸泡于水中，可以测试壁纸的透水性能，好的壁纸在日后的使用过程中不会因为透水而发霉。而且防水性能好的壁纸也不会出现遇水收缩的情况。

（4）选择同一批次的壁纸。同一编号的壁纸，如果生产日期不同，颜色上便可能存在细微差异。这种差异在购买时难以察觉，贴上墙后却很明显。因此，大家选购壁纸时，不但要看编号，还要买批号相同的，批号相同就说明是同一批的产品。

（5）根据装修风格、预算选壁纸。壁纸的种类、花色都很多，如果漫无目的地去选购，会花费很长时间和精力，最后也不一定满意而归。业主可以试一下以下办法：

1）根据自己家的装修风格、所能接受的价位等，有针对性地进行选购。具体做法是把自己的预算和想要的大致风格告诉销售员，让销售员有针对性地带你去看产品。

2）随身携带相机和纸笔进行拍照和记录。可以让销售员进行试铺，碰到喜欢的就用相机拍下来，想象一下把它铺满整张墙壁的效果图。最后把所有的待选方案放在一起，仔细选择。拍照、记录的好处还在于，在选择与壁纸相关的搭配材料时，可以拿出照片做直观对比。

3）货比三家，择优选择。

（6）购买壁纸时，最好由商家到家测量尺寸，并由商家的人员上门施工，同时，在购买合同中应该约定整卷未开封的壁纸可以退货。壁纸施工人员施工时，业主应该在现场监督，避免工人浪费壁纸。

第3章 购买门、窗、钢化玻璃等材料时需要监工的细节

25. 防盗门要防盗，安全级别有讲究

监工档案

选购要点：品牌　身份标记　钢板厚度　锁芯

存在隐患：不防盗，人身和财产安全受威胁

是否必须现场监工：务必现场监工购买

问题与隐患

作为居家安全的第一道防线，防盗门的重要性不言而喻。防盗门的全称为“防盗安全门”，是指配有防盗锁，在一定时间内可以抵抗一定条件下非正常开启，具有一定安全防护性能并符合相应防盗安全级别的门，兼备防盗和安全的性能。

防盗门上使用的锁具必须是经过公安部检测中心检测合格的带有防钻功能的防盗门专用锁。防盗门可以用不同的材料制作，但只有达到标准检测合格，领取安全防范产品准产证的门才能称为防盗门。

虽然购买新房时开发商已经安装好了防盗门，不过，仍有一些业主在装修结束后会更换新的防盗门。业主在选购防盗门时，一定要慎重选购，以防花高价买了假的防盗门，不仅浪费钱，更关键的是不防盗，给家人的生命财产带来危害。

失败案例

齐先生购买的新房是新建小区，在装修结束后，齐先生就更换了新的防盗门。防盗门是父母在建材市场购买的，当时店里正在低价处理一批品牌存货，以便回收货款进一批新式防盗门。齐先生父母便以低于市场的价格购买了某品牌防盗门。防盗门安装好后，齐先生虽然感觉门板不是很厚，而且走廊有风吹过就会发出响动，但也没往心里去。然而，入住没多久，齐先生家就被盗了。所幸损失不大，但突发的遭遇也把家人吓坏了。齐先生就找专业换锁公司更换一把新锁。没承想，换锁工人一番检查后告诉齐先生这防盗门是假冒的，质量差，锁芯更差，就是反锁两道锁，小偷能很轻松地打开。齐先生这才把前段时间发生的被盗事件和防盗门联系起来。他拨打防盗门上的售后电话，竟然是空号。齐先生又在网上搜了一下品牌防伪标识、防盗级别等一一对照，发现自己家防盗门上一个都没有。齐先生一气之下跑到建材市场找到商家，然而店铺早已转租他人，变成了另外一个品牌的专卖店。

现场监工

判断防盗门的真假，最直观的办法就是看价格。合格的防盗门，价格都在千元以上。如果你看到“名牌”产品远低于市场价格，只要几百元或者远低于市场价格，多是伪劣产品。

（1）尽量在知名品牌中选择。知名品牌往往代表着不错的口碑和售后服务，质量相对更有保障。有些大品牌还提供终身维修服务。现在网上都有“十大品牌”之类的排行榜，业主可以多比较价格，多看看买家的反馈，从中选到合适的产品。

（2）去正规市场购买防盗门。防盗门不同于一般的门，其销售必须得到公安局特行科批准，正规装饰材料市场一般都有相关证明。此外，正规市场也要求进驻商家提供销售防盗门的相关证明，这等于提供了双保险。知名品牌通常都在正规市场中设有专卖店，价格基本不会有太大出入。

有一个简单的办法区分游击商和正规厂家，就是看它的售后服务电话。如果其售后服务电话是手机号码，一般不太可靠。因为正规的厂家都有全国通用的固定服务电话。

（3）有“身份标记”。

1）合格的防盗门必须有法定检测机构出具的合格证，并有生产企业所在省级公安厅（局）安全技术防范部门发放的安全技术防范产品准产证。而且，防盗门必须有“FAM”铭牌，一般在门的右上方，此外还应有企业名称、执行标准等内容。

2）门上要有安全等级记号。按照国家标准，我国防盗门由高到低分为甲、乙、丙、丁四个安全级别，且规定厂家必须在防盗门内侧铰链上角、距地面高度160cm左右的显著地方，用中文代号（甲、乙、丙、丁）和平面圆标明其安全级别，中文代号是宋体凹印，位于平面圆中。如果没有这个标记，就不是真正的防盗门。

判断防盗门的等级还有一个办法，就是数门框与门扇间的锁闭点数，即门框与门扇的连接点。甲、乙、丙、丁四个级别的锁闭点数应分别不少于12个、10个、8个和6个。

防盗门的安全等级越高，价格也越贵。对于一般家庭来说，乙级和丙级防盗门就足够了，大家可以根据自身需求进行选择，不要盲目迷信等级。

（4）看钢板厚度和填充材质。目前防盗门的门板普遍采用不锈钢板，门扇内部有骨架和加强板以及填充物。按国家标准规定，甲级防盗门门框架钢板厚度一般是依据合同约定，乙级为2mm，丙级为1.8mm，丁级为1.5mm，门扇前后面钢板厚度一般在0.8～1 mm之间。

有一个小窍门可以鉴定防盗门的钢板厚度和填充物材质：拆下猫眼、门铃盒或锁把手等往里看，门体的钢板厚度和加强钢筋都可以一览无余，可以拿尺子大致量一下。

门扇板之间的填充物最好是石棉等具有防火、保温、隔声功能的材料，如果填充物是蜂窝纸或发泡纸之类的则坚决不能买。

（5）看门锁安装。

1）合格的防盗专用锁，在锁具处应有3mm以上厚度的钢板进行保护。锁具合格的防盗门一般采用三方位锁具，不仅门锁锁定，上下横杆都可插入锁定。劣质防盗门则不具备三点锁定或自选三点锁定结构。

2）重点是锁芯。国家公安部颁发的《机械防盗锁》(GA/T 73—2015)中明确规定，机械盗贼防盗门锁分为普通防护级别和高级级别，以A级、B级和C级来表示。A级锁防破坏性开启时间不能少于10分钟，防技术性开启时间不能少于1分钟；B级锁防破坏性开启时间不能少于15分钟，防技术性开启时间不能少于5分钟；C级锁防破坏性开启时间不能少于30分钟，防技术开启时间不能少于10分钟。防盗门常用的是C级锁。此外，一些企业还会使用超B级锁芯，这个级别不是国家标准而是企业标准。这种锁芯应用了轿车钥匙中的“蛇形槽”技术，技术无法开启或者技术开启超过270分钟。

3）挑选锁芯的方法：

看齿痕。钥匙上齿痕多且深，则说明门锁排列越复杂，开启难度越大。

看颜色。质量好的门锁都经过电镀处理，光泽和光滑度都很好。如果呈现深黄色，则说明锁芯的材质是铜芯，不仅坚固，防护性也较好。

掂重量。锁芯越重，说明其材质好，锁芯里的珠子比较多，质量上乘。

4）新型智能锁。主要体现在其关键部件（锁具）的智能化，其中包括已经开始广泛使用的各类电子防盗锁，如指纹锁、密码锁、IC卡锁等。比起传统机械锁，防盗性能更强。

（6）看工艺质量。注意看门板有无开焊、未焊、漏焊等缺陷；看表面油漆层是否均匀牢固、有无气泡、是否光滑；检查防盗门有无划痕，门边是否变形，门与框的密封是否严密；同时检查门和锁开关是否灵活，开关时是否发出刺耳的金属撞击声。

（7）越重越好。级别相同的防盗门，重量越大、锁点越多、钢质骨架越密、锁具保护越多，质量相对越好。

26. 实木门水分大，全实木、复合实木要分清

监工档案

选购要点：全实木门　实木复合门　油漆水平

存在隐患：用复合实木冒充全实木

是否必须现场监工：务必现场亲自监工购买

问题与隐患

在现代家装中，实木门成为家装首选，安全环保，实用耐看。实木门分为全实木门和实木复合门。全实木门完全由实木加工而成，根据加工工艺不同，全实木门又分为原木门和指接木门。原木门由整块天然实木制作，不同部位以榫连接，其表层不贴任何材料，芯材是什么纹理，表层就是什么纹理，真正的"表里如一"；指接木门则是将原木锯切成要求的规格尺寸和形状后，拼接而成的实木门。相比于原木门，指接木门要便宜很多，稳定性却优于原木门。

实木门所选用的多是名贵木材，如樱桃木、胡桃木、柚木等，具有隔声、环保、耐腐蚀、无裂纹以及隔热保温的优点。缺点也很明显，一旦实木脱水处理不到位，门体易变形、开裂，阻燃性也比较差。

实木复合门是市场上最常见也是最畅销的木门，它的门框是实木的，但门芯可以是各种材料（包括中密度板、刨花板、小实木块或者指接集成材木块），表层再热压一层实木皮而成的。分为清油门和混油门两种，前者是指外面刷清漆能直接通过肉眼看到各种实木皮的纹理。后者是直接在平衡层上做造型后直接喷漆，没有实木纹理。实木复合门的造型多样，款式丰富。优点是不易开裂变形、隔声、环保，耐久性、耐撞击性好，易修复，有很强的实木感。其缺点是怕磕碰，怕水浸泡。相比于全实木门，实木复合门价格低，性价比高。

购买实木门和实木复合门的陷阱有：

（1）用实木复合门充当全实木门。全实木门成本高，价格昂贵，因此，一些不良商家常常用实木复合木门充当全实木门，以赚取差价。当业主前去问“有没有实木门”时，商家往往会推荐实木复合门。一样的价格，不一样的产品，业主由于没有分辨力，很容易被骗上当。

（2）实木复合门会用劣质木料填充。常见的手法是在木门靠近门锁和安装合页的地方填充整块木料，其他地方使用劣质木料。一旦购买了这种偷工减料的门，其使用年限会大大缩短。

失败案例

李先生给儿子装修的是婚房，装修公司从设计到包料再到施工一条龙服务。入住一年来，家里一直散发着浓重的刺鼻气味，刚开始时李先生还想着随着通风时间延长气味会慢慢变淡，谁知随着夏季的来临，家中的气味更重了。家人怀疑是装修公司提供的材料出现质量问题，经过质监部门的检验，家中的甲醛严重超标。尤其是装修公司号称是全实木门，竟然是劣质的实木复合门，里面填充的是刺鼻气味的高密度板。一年里，这些家具不断散发出异味，使得一家人的鼻子发痒、嗓子疼痛、头疼，给身体造成了很大的伤害。当初为了这些全实木门、窗套、门套等，李先生多花了将近两万块钱。没想到自己一时疏忽大意信任了对方，到头来却被骗了个扎扎实实。

现场监工

对于普通消费者来说，全实木门和中高档的实木复合门在外观上确实难以辨认，很容易上当受骗。由于国家并没有出台实木门的标准，只是行业内约定俗成的规定，所以更增加了识辨难度。

（1）不论是全实木门还是实木复合门，首选品牌产品。

1）选择一些行业品牌、知名品牌或具有“中国××强”称号的产品。

2）在正规的专业性的商城选购，可以双重保障，一是店面的保证，二是商城的监管保证，一旦出现问题商城会协助解决，妥善处理。 在这里还

可以选择工商所推荐的星级店面，不论是产品还是售后服务都会获得更好的保障。

3）去专卖店购买，注意是只经营一个品牌的店铺，它在售前、售中、售后相对做得比较好一点。如果是同时经营多个牌子，建议业主慎重考虑。

4）查看证件。一查看商家的营业执照，二查看生产厂家要具备营业执照、税务登记证、商标注册证等的资质报告，三查看产品的说明书、质检书等，查看产品是否有环保认证。有这些资质报告才能说明销售的产品是一个合格产品。

（2）识辨全实木门还是实木复合门。

1）判断是全实木门还是实木复合门最直观的就是价格。全实木门的价格比较昂贵，像柞木、水曲柳实木门的价格大多在三千元左右，如果选用名贵的木材，那么它的价格会更贵。低端的实木复合门的价格一般在一千到两千元，中高端的实木复合门价格大多在两千到五千元。

2）从细节看材质。全实木门从内到外是一种材质，而实木复合门的门芯和内部结构是由其他木材和密度板制成，只有表面是高档木板并喷涂油漆。

①观察木门的上、下方，门扇的门边与门扇的横档头连接处，一般不会热压厚木皮，可以看到集成材剖面。如果门的四周包括底部全部封漆，往往是商家为了掩盖材质。

②从锁孔、合页等细节处观察该木门是否由两种材质组成。

在此需要提醒业主的是，如果购买的是实木复合门，要提防厂家在锁孔和合页处用整块木料填充，而在其他处用劣质木料填充。识辨的办法是掂一下样板门和实际要买的门的重量。如果填充物不一样，很容易从重量上分辨出来。

（3）检查木门的质量。

1）看油漆质量。除了免漆门，所有的木门都需要在表面刷一层油漆。油漆的效果好坏直接决定木门好看与否，同时，油漆效果也最能说明木门厂家的水平。因此，鉴定门的油漆工艺非常重要。

①看、摸漆膜的丰满程度。漆膜丰满说明油漆的质量好，对木材的封闭好，同时说明喷漆工序比较完善，不会有偷工减料的嫌疑。要鉴定这一条主要

靠多看、多摸，多比较。

②看漆膜是否平整。从门的斜侧方观察漆膜，看是否有明显的橘皮现象，是否有突起的细小颗粒。如果橘皮现象比较明显，说明漆膜烘烤工艺不过关；如果有比较明显的细小颗粒，说明这家工厂的涂装设备比较简陋。

③花式造型门要看造型的线条的边缘，尤其是阴角（就是看得到却摸不到的角）的材料是否有异，有没有漆膜开裂的现象。

对于表面不是平面的实木复合门，如果要想将表面木皮贴得服帖，需要真空异型复贴机。没有这些设备的厂家就只好用实木线条代替，这样做的弊端是，一方面外观上不大可能与其他部分的木皮纹理相同（木皮多为名贵木材）；更重要的是，实木线条在湿度变化巨大的地区，经膨胀收缩后，极易造成阴角的漆膜开裂，严重影响美观。

2）问清楚油漆的种类。现在木门最常用的是PU漆（聚氨酯漆）。PU漆容易打磨，加工过程省时省力，缺点是漆膜软，轻微磕碰极易产生白影凹痕。如果在漆层中至少加一层PE漆（聚酯漆），就会大大降低这种可能。PE漆的漆膜硬，遮盖力强，透明度好，能更好地表现木皮纹理。但是由于难以打磨，加工过程费时费力，绝大多数厂家不愿意采用PE涂层。而恰恰是这一点能表现厂家对待产品的态度。因此，在购买木门时，业主不妨问一下油漆的种类。一般促销员的培训不会涉及到这方面，所以他们在这点上不太会欺骗消费者。

3）看门表面的平整度。对着光从侧面看木门表面是否平整，如果明显不平整，说明板材比较廉价，环保性能也很难达标。表面皮的复合门要看木皮是否起泡，如果有起泡现象，说明木皮在贴附过程中受热不均，或者涂胶不均匀，属于工艺不到位。

4）检查结构是否结实。木门是成品，我们无法查看它的内部结构，可以用一个简单的方法检查其结构的结实度：在展厅找一个安装好的门，拉住把手使劲关门，如果门上部和中部不是同时到达门框，门上部有细微的颤动，就说明结实度不好。这个差别非常细小，需要多试几次，仔细观察。

5）不能忽视的五金配件，可以试用一下产品，感受使用时是否顺畅、舒适。

27. 套装门藏猫腻，门套、门扇材质要相同

监工档案

选购要点：品牌产品　款式匹配　材料一致　整体搭配要和谐

存在隐患：劣质材料　污染环境

是否必须现场监工：务必现场监工购买

问题与隐患

套装门，也称整装门或成套门，是指门与门套合起来生产销售的一整套的门。其优点是门套和门扇的生产（尤其是表面的油漆等环节）都是在工厂里完成的，整体搭配效果很好。再加上安装简单、价格实惠，在市场上很受业主们的喜欢。

由于涉及材料、油漆、人工、加工工艺、企业利润等的影响，市场上的套装门价格悬殊较大，从一套几百元到一套几千元都有。当然，质量也参差不齐，很考验消费者的鉴别能力。一旦花高价购买了假冒伪劣的套装门，不仅影响到美观和使用，更严重的是一些劣质材料会给室内环境带来污染，危及家人的健康。

失败案例

王女士装修新房时，在某店铺订了四套套装门，物美价廉。送货上门安装时，王女士正忙于手头的活儿，粗略地看了一眼就让施工人员开始安装。第二天朋友来参观新居时，才发现门套和门扇颜色不一样，再细看两者材质都不一样。门扇是木质的，可门套竟然掺和着塑料材质。王女士当即给商家打电话，商家称这套门现在已经停产了，店里的存货已经没有门套了。最后同意返还门套的钱。过了一段时间，这几套门就陆续出现了问题，漆面脱落，面板开裂，拉手掉落。王女士拆下拉手，这才注意到里面的材质竟然是劣质的压碎板材，用手一扣就掉下碎木屑，还充斥着一股刺鼻的味儿。王女士找到商家要求退货。对方不同意，称王女士当初看的就是这套门，还声称价格这么低能买到好质量的门吗？况且王女士已经使用了很长时间。虽然经过相关部门的调解，但双方仍没达成协议。

8 现场监工

“一分价钱一分货”，正常情况下，产品的质量是与其价格呈正比的，如果价格过于低廉，产品的质量就很可疑，建议业主慎重选购。

（1）选品牌产品。认准国家认可的品牌，这样可以保证产品质量和良好的售后服务。因为很多装修工序都是在套装门门套安装完成后才能进行，所以在选择套装门时一定要对厂家的综合服务能力做好调查，包括技术和解决问题的能力，以免在日后使用中带来不必要的麻烦。

（2）选款式。套装门的款式直接影响到整个房间的装修效果，业主一定要多看多选，最后选择最适合自己家装修的套装门。

色彩方面，门套最好和门的颜色一致，甚至可以与踢脚板的颜色统一起来，这样在视觉上才不显得乱。

门套及垭口脸线的厚度，最好和踢脚板的厚度一样，这样在相交的时候会好看很多。另外，脸线的宽度应该与装修风格相匹配，如果家中是欧式或古典装修风格，那么脸线可以选宽一些的，一般10～12cm；其他装修风格的则可以选窄一些的，6～8cm就可以了。

（3）看质量。要使套装门耐用不变形，必须选用经过严格烘干处理的材料，内部结构也要合理。选购时仔细观察套装门的外表，质量好的套装门使用的应是优质木材，表面平整，结构牢固，外形美观，且选用环保胶和油漆，产品要有环保标识，这很重要。具体鉴定方法可参考上节提到的木门的相关内容。

（4）看门套的细节。许多业主在选择套装门的时候，往往把注意力放在门扇上，而忽略了门套和门边线，这就给一些不良厂家提供了造假的机会。

1）防止没有进行基层板处理。门套的正规做法是，将木料制成框架后，表

面要覆盖基层板和饰面板。但是，一些劣质门套不做基层板处理，直接在表面贴一层很薄的饰面板，这样的门套很难与墙体完全黏合。检验方法是，验收包门项目时，可以用手敲击门套侧面板，如果发出空鼓声，就说明底层没有垫细木工板等基层板材，应拆除重做。

2）防止门套和门扇使用不一样的材质。一些商贩在出售商品时号称使用的是实木边线，实际上用的是普通的木塑材料。普通的木塑材料和实木边线材料外貌几乎差不多，价格差别却很大。在选购时，要问清商家门套、门边线是什么材质，让他们觉得你是内行。

（5）谨慎购买隐形合页的套装门。有些商家打着美观的名义将合页隐藏在门扇内部，事实上，这种隐形合页一旦在使用中断裂是很难被发现的，等到发现时，或许整张门板都快扑倒在地了。而且这种合页业主无法自己修理，只能返厂维修，且修理的时间也会比一般门长很多。

28. 推拉门占地小，选好轨道增寿命

监工档案

选购要点：滑轮和轨道　板材和漆面　厚度　密封性

存在隐患：脱离轨道，毁物伤人

是否必须现场监工：务必现场监工购买

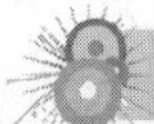

问题与隐患

推拉门是一种可以推动拉动的门，常用来作为衣柜、阳台、厨房等空间的门板装饰，既节约空间，又起到密封、隔断的作用。尤其适合于小空间隔断，如果安装套装门会阻隔光线，使空间变得更加狭小和压抑，不安装门使用起来又不方便，影响私密性，推拉门则正好解决此类问题，既保持原有空间大小，还保护了私密性。推拉门的材质有玻璃、板材、布艺、藤编、铝合金型材等，

适合多种装修风格。

推拉门很少有成品，因为不同家庭需要的尺寸不一样，属于典型的私人定制。鉴于此，建材市场上的推拉门订制大多都是小型作坊，制作的推拉门质量也参差不齐，这就考验业主要具备很好的辨别能力。一旦选购使用了劣质推拉门，尤其是劣质滑轮、轨道，会导致在使用中推拉不动的后果。还有一些作坊一味追求大方美观的效果，而忽略了安全问题，结果造成推拉门经碰撞后脱离轨道，毁物伤人的严重后果。

失败案例

李女士的新居装修时签订的是全屋定制，为了节省空间，卧室里的衣柜全部用的是推拉门。尤其是主卧室的衣柜，居室空间大，衣柜占据了整整一面墙，两扇推拉柜门显得超级有气势。烤漆面板柜门，白底加彩色抽象大花纹设计，和欧式风格的卧室很相衬，很合李女士的心意。然而，使用了不长时间，李女士就不敢轻易推拉衣柜门了。原来，偌大的衣柜门只在下方安装了防撞条，面板和边框的粘合性也很差，用手轻轻一推，二者就分了家。每次推拉柜门，整扇门就哗啦响，吓得李女士都不敢使大劲推到头，生怕柜门脱轨掉下来，把自己砸在下面。李女士找到装饰公司，要求重新制作推拉门。对方不同意。双方一直僵持着。直到某天李女士整理衣柜时，推拉门突然出轨狠狠地拍在了床上。李女士很幸运地躲开了。发生这次事件，装饰公司才同意拆除推拉门，给李女士更换传统的对开门。

现场监工

家装中如果安装推拉门，业主除了看重其实用性和装饰性外，还要确保安全性。不要让推拉门成为家中隐藏的一颗危险炸弹。

（1）选好厂家和售后服务。一定要选择有实力、有信誉、售后服务到位的正规厂家。购买前要仔细核实产品的保修期、维修等售后服务事宜，并尽量选择有保修卡和质保卡的产品，不能轻信商家的口头承诺，以免售后出现争议时没有相关凭证。

（2）滑轮和门轨的质量决定使用寿命。轨道是推拉门的核心部件之一，它的好坏直接影响推拉门的使用寿命。推拉门轨道包括双向推拉轨道、单向推拉轨道和可折叠推拉轨道，业主可根据需要自行选择。在选购推拉门轨道时，要尽量选择品牌产品，业主可从以下三个方面辨别轨道的质量：①看轨道与滑轮的磨合度，滑轮与轨道结合得越完美，推拉门使用就越顺畅；②看轨道上是否安装了停止块和定位系统，它们可以更好地控制门的推拉和停止；③看轨道是否有防撞胶条和门高调节设置，以便增加推拉门的稳定性和调节门的高度。

滑轮是轨道上的重要五金配件，也是决定推拉门使用寿命的另一核心部件。购买滑轮时首先要看材质。目前市面上常见的材质有金属、玻璃和塑料，它们各有优缺点。金属材质的滑轮坚韧性和耐磨性都很好，唯一不足的是推拉时会产生较大的噪声。玻璃滑轮的坚韧性和耐磨性也不错，而且避免了金属滑轮的噪声问题，是业主的最佳选择。塑料滑轮耐磨性较差，门板较轻时使用尚可，一旦门板过重，长期推拉会造成滑轮磨损，进而影响门板平衡，使两端高矮不一，开关不顺。其次，要看滑轮的承重力，一般内部装有轴承的滑轮承重力更强。最后，还要看滑轮是否安有防跳、防振等装置，它们可以防止推拉门脱轨，使其更具稳定性。其中有两个防跳装置可以确保柜门滑行时可靠安全，只有一个防跳装置或没有防跳装置的滑轮使用时门容易出轨。

（3）看好板材和漆面。木质的推拉门多为刨花板、纤维板一类的人造板，在选购木质的推拉门时要格外把好质量关，因为人造板有优质和劣质之分，劣质的人造板甲醛超标，会成为环境和健康的一个隐形杀手，因而在挑选时务必检查木质推拉门的甲醛含量。另外，推拉门表面如果有漆面装饰，选购时既要检查漆面是否光滑均匀细腻、纹理是否清晰，还要检查上漆工艺，漆面是否经过烙化，因为只有经过烙化才能增强附着力，推拉的过程中才不容易掉漆，否则很容易出现漆皮掉落的问题。总之，业主在购买推拉门时要货比三家，尽量选择有保障的品牌产品。

（4）确定门板厚度和密封性。推拉门的厚度决定其在使用过程中的稳定性，如果门板过薄，推拉起来会轻飘、晃动，时间久了门板就会翘曲和变形，影响使用。材质不同，推拉门的厚度也不同，如果用玻璃作门芯，厚度一般在5mm左右；木板则要重一些，厚度以10mm左右为宜。业主在购买时最好亲自测量一下，避免商家为节约成本而偷工减料。

购买推拉门还要检查其密封性，看看两块门板间是否有较大的缝隙。对于滑轮安装在轨道外面的推拉门，门板与轨道之间通常要留有缝隙，这种推拉门的密封性相对较差，难以阻挡气味和油烟，不适用于厨房等需要密封的空间。

29. 塑钢或铝合金门窗，不同地域细选择

监工档案

选购要点：购买有资质厂家的产品　耐用性、保温性、密封性　五金配件　服务质量

存在隐患：密封性差　漏风漏雨

是否必须现场监工：有条件务必现场监工

问题与隐患

塑钢、铝合金门窗一般用于阳光房、窗户、推拉门等，也是近年来家装中常用的材料。

塑钢简单讲就是“塑料框架+钢衬”。钢衬的作用是增加塑料腔体的承重能力。塑钢型材的主要化学成分是UPVC（也称硬PVC），因此也叫PVC型材。是近年来被广泛应用的一种新型的建筑材料。

铝合金门窗是指采用铝合金为框、梃、扇料制作的门窗，简称铝门窗。市面上常见的铝门窗通常以铝合金为基材，和木材、塑料复合成门窗，简称铝木复合门窗或铝塑复合门窗。

以上两种门窗不是每家都要自己购买的，有些商品房配有很好的门窗，业主就不必更换了。如果业主准备安装阳光房或者改造二手房，塑钢门窗或铝合

金门窗就必须要投入，而且往往是很大的一笔支出。

这两类门窗的市场和其他门窗的市场很不同，似乎没有什么名牌，在大的家装材料市场里也很少见到大型店面。为什么会这样呢？原因有二：①由于每家的门窗尺寸各不相同，往往需要商家上门测量以后再到工厂加工生产，属于典型的来料加工的个性化服务，并不需要大型生产流水线；②好一点的商品房往往不需要购买门窗，这就意味着，门窗的销售市场并不大，没有足够高的利润来支撑大商家，只有一些小商家，而且很少进驻家装材料市场，只是随便在路边开个小店，采取前店后厂的经营模式。

小本经营的直接后果就是质量和信誉都不太可靠，因此，业主在选择门窗时，要付出更多的精力。一旦选择劣质门窗，会出现密封性差、漏风漏雨的问题，长期使用会导致室内墙面发霉、老化等，影响生活质量。

失败案例

白先生的新居装修时，对阳台进行了封装处理，安装了铝合金门窗，改成了一个家用的健身房。然而，使用没多长时间，家人就发现了门窗不好用。遇到刮风天，窗户会出现响动，从窗户缝里吹冷风。外面下大雨，里面漏小雨。白先生找到商家，要求维修。刚开始商家还派施工人员上门检查了一下，但没做任何修补。之后白先生再找上门，对方干脆不理睬，还说铝合金门窗都是这样的。白先生很气愤，但也无可奈何。当初找上这家门窗店，是自己的父母在遛弯时定下来的。没有合同，没有收据，只是口头说好了价格，支付了现金。现在想维权根本不可能。

现场监工

（1）门窗商家的服务质量很重要。制作、安装门窗是个精细活，一旦门窗做小了或者做大了，都会安装不上。服务好的商家在测量尺寸时会非常仔细，服务不好的则可能出现问题，甚至还会野蛮施工。杜绝商家的服务出现问题的核心是准确测量。在商家的工作人员测量尺寸时，业主要在一边监督，避免施工人员玩忽职守。

（2）选铝合金门窗还是塑钢门窗，视具体情况而定。无论是铝合金还是塑钢，两种材料都具备同样的抗压能力，不分胜负。但两种材料各有自己的优势，业主选购时可以针对自家情况进行选购。

1）在耐用性上，铝合金门窗要略胜一筹。因为铝合金门窗是真正的铝合金制品，抗风雨的强度自然更强；而塑钢材质受热容易老化破裂，使用寿命比较短。虽然中间会填充钢筋来增加硬度，但在耐用上也相对差一些。

2）在密封上，塑钢门窗要胜于铝合金门窗。南方雨多，一旦门窗密封性太差，特别容易造成墙面、地面发霉。因此生活在南方的业主建议选用塑钢门窗。

3）在保温上，二者各有优势。首先，塑钢门窗有着良好的散热功能以及保温功能，所以在这一点塑钢门窗是比铝合金门窗好的。其次，铝合金门窗中的断桥铝合金门窗隔热性还是不错的，它采用的是具有隔热效果的断桥铝，而且是双层玻璃，隔热性能显著提高。生活在北方寒冷地带的业主建议选塑钢门窗或者断桥铝合金门窗。

4）在价格上，普通铝合金门窗的价格是塑钢门窗的两倍。如果是高端铝合金，中间加隔热芯的，价格更高。建议生活在沿海大风地区的业主，首选铝合金门窗，更结实安全。

（3）铝合金门窗的选购应该注意以下五点：

1）购买品牌产品。断桥铝合金型材必须选择能够经常见到的品牌厂家的产品，如凤铝、亚铝、西风等。

2）五金配件要优质。好的五金配件能够保证顺滑地开关门窗几十年，目前情况下，进口五金配件的质量相对比国产五金配件好一些。

3）断桥型材有不同型号，如55系列、60系列，65系列等，这个数字指的是型材的宽度。一般家里的窗户框架都应选用55系列以上的型材，常用的是60系列的。

4）断桥铝合金门窗的玻璃必须选择中空的，为达到保温效果，一般选择12mm的中空，单层玻璃的厚度应该达到4～5mm。

5）除了材料外，安装的水平对门窗的最终效果也有很大影响。门窗一般

由商家负责安装，大家应该事先考察商家的安装水平再决定是否买这一家的产品，最好的办法就是到其已经安装完成的工地去看看。

（4）塑钢门窗的选购要点。

1）看厂家有无建委颁发的生产许可证，千万不要贪便宜买三无的作坊产品。塑钢门窗均应在工厂车间用专业设备加工制作，而不应该在施工现场制作。

2）看UPVC型材。UPVC型材是塑钢门窗的质量与档次的决定性因素，高档UPVC型材配方中含抗老化、防紫外线助剂，抗老化性能好，在室外风吹日晒三五十年都不会老化、变色、变形。从外表上看，高档UPVC型材应该是表面光洁，白中泛青，而不是单纯的白色。中低档型材的颜色白中泛黄，由于配方中含钙太多，使用几年后便会越晒越黄直至老化变形脆裂。选购时，可向厂家索要不同的型材断面放在一起比较，孰优孰劣便可一目了然。

3）看玻璃和五金配件。首先，玻璃应平整、无水纹。安装好的玻璃不应该与塑料型材直接接触，不能使用玻璃胶，而是由密封压条贴紧缝隙。其次，高档门窗的五金配件都是金属的，数量齐全、位置正确、安装牢固、使用灵活；中低档塑钢门窗则多数选用塑料五金配件，其质量存在着极大的隐患，寿命也不长。

4）看门窗的组装质量。优质塑钢门窗的表面应光滑平整，无开焊断裂；密封条应平整、无卷边、无脱槽，胶条无异味；开合门窗时应滑动自如，声音柔和，无粉尘脱落；关闭门窗后，扇与框之间无缝隙；玻璃应安装牢固，若是双层玻璃，夹层内应没有灰尘和水汽。

5）看内腔和钢衬。首先，优质的塑钢型材应该是合理设计的多腔体壁厚，一般情况下，UPVC型材的壁厚要大于2.5mm，内腔为三腔结构（具有封闭的排水腔和隔离腔、增强腔）。其次，门窗框、扇型材内均嵌有专用钢衬，钢衬不能太薄，这样才能确保门窗不变形。一些不良商家会用较薄的薄钢板代替钢衬，以次充好。选购时可以透过锁孔看一下整个门的内部结构。

提示：在安装塑钢门的时候，一定要提前算好塑钢门门框凸出墙壁的尺寸，以保证安装完成后，门框和贴完瓷砖的墙壁是平的。

30. 门锁拉手和合页，实用装饰两不误

监工档案

选购要点：材质　防火防盗　承重能力　高档

存在隐患：拉手脱落　柜门开合不畅　影响家具使用寿命

是否必须现场监工：有条件务必亲自监工购买

问题与隐患

门锁、拉手和合页合称五金配件，是门窗、柜子上的“辅件”，看似不起眼，却起着重要的作用。门锁从功能上分为防盗门锁和室内门锁。防盗门锁，我们在讲防盗门时已有详细介绍。作为室内门锁，其防盗功能降低，更多的是装饰作用。

拉手是用于安装在门窗上，方便开关门窗的部件，通常用在门窗、抽屉或柜子上。拉手的世界可谓丰富多彩，从材质分有单一金属、合金、塑料、陶瓷、玻璃等；从外形分有管形、条形、球形等各种形状；从式样分有单头式、双头式、外露式、封闭式等；从审美的角度来看，有前卫、休闲的也有怀旧的。

合页也叫合叶，学名叫铰链。常组成两折式，是连接物体两个部分并能使之活动的部件。其材质有铁质、铜质和不锈钢质。普通合页用于橱柜门、窗等；烟斗合页主要用于家具门板的连接，它一般要求板厚度为16～20mm。别看合页个头小，在一定程度上却可以决定家具的功能和使用寿命。

由于拉手和合页缺乏国家标准，市场中充斥着超低价格的低档货，再加上多数消费者只关注样式和价格，容易忽略材质，因此，最后受害的是使用者。一旦购买安装了劣质拉手和合页，很容易给日后使用造成一系列麻烦，如拉手脱落，柜门开合不流畅，甚至柜门和柜体分家等。如果反复脱落安装，还会影响家具的使用寿命。

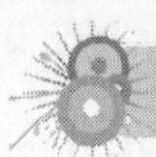

失败案例

赵女士家厨房重新装修时，订购了整体橱柜。上门安装时，赵女士验收了柜体和柜门后就去做其他事了。安装结束后，赵女士对橱柜很满意，柜门的拉手亮晶晶的，看上去很高档。然而，使用了没多久，橱柜两个柜门的开关就变得不流畅了，开始时是关不严实，再后来有的合页掉了下来，赵女士用螺钉旋具拧紧没两天又掉了下来。再用螺钉旋具拧就拧不上了。仔细看螺钉都把门板穿透了。赵女士联系商家，商家却说是赵女士使用过度造成的。过一段时间，常用柜门的拉手开始松动，有几个干脆掉了下来。赵女士这才发现拉手的材质竟然是塑料的，只是表面刷了一层亮漆。当初商家承诺用的是不锈钢的啊。赵女士认定商家是欺骗，要求免费更换不锈钢的。商家不同意，理由是这些拉手赵女士已经用坏了，如果换不锈钢的就得重新付钱购买。

现场监工

（1）门锁的选购。

1）购买品牌产品。历史悠久的知名厂家的产品经过了长时间的市场考验，质量有保障，有稳定的服务系统，网点也多，售后服务也更有保障。这些是小厂家无法比拟的。

2）看功能设计和尺寸。首先，门锁的分类很多，如通道锁、浴室锁、储藏室锁、大门锁等，业主要根据自己的需要进行选购。其次，在选购前要事先测量好门的厚度和门框宽度，以便工作人员配置锁芯的长度和锁体宽度。同时，门锁应力求与门上的其他配套五金配件保持协调。

3）看方向是否匹配。门有单开、双开、左右开之分，合页装在门左边的为左开，合页装在门右边的为右开，双开即两边都能开。配锁时需要了解门的开向，以便于工作人员配置门锁的开向。

4）注意保持进户门锁与防盗门的距离。选择进户门锁时，应注意防盗门与进户门的间距不能小于80mm，否则进户门锁上后，防盗门就关不上了。

5）看材质，判断防盗、防火性能。目前市面上的锁有不锈钢、铜、铝合金、锌合金。不同的锁具是针对不同的房屋和门而设计的，一般对防盗要求较高的入户门应该选择不锈钢、铜或者有加厚设计的高品质锌合金锁，室内房门锁用高品质锌合金即可，既美观又经济。不建议购买普通铝合金和锌合金锁，它们价格低廉，但防火、防锈、防撬、防变形等各种性能都较差。一旦发生火灾，锁体会在高温下发生变形，导致房门无法打开，耽误逃生时机。

6）掂重量，比手感，听声音。门锁市场的鱼目混珠情况比较严重，同样是号称不锈钢、纯铜或者锌合金的锁，一些小品牌会偷工减料，用空心材料和劣质材料来制造，这样的材料掂起来很轻，敲击起来声音很闷，手感很差，表面通常有很明显的瑕疵，而且表面镀层极易褪色或脱落。好锁具则不会有这些缺陷。

（2）拉手的选购。

1）选品牌。正规产品的包装上都有合格证、检验号码、厂家地址、电话等信息。

2）选材质。拉手的材质有很多种，常见的有铜、不锈钢、锌合金、铝合金，其他还有天然石、天然木、塑料类等。全铜、全不锈钢材质的强度、抗腐蚀性和抗菌性都很好，几乎适用于所有重要部位，包括厨房、卫生间这些经常接触水、油污等房间。其中铜质拉手的抗菌能力更强，但价格很贵，性价比不高。对一般家庭来说，不锈钢拉手的性价比更高。此外，陶瓷或有机玻璃拉手也有防水防锈性能，但承重能力稍弱，是厨房、卫浴间柜门的良好选择。

优质锌合金可以制造中档拉手，价格也比不锈钢的低，可用于一般部位。

特别需要强调的是，普通铝合金拉手的承重能力较弱，最好不要用在对承重要求高的门上，尤其不要用于防盗门上。如果一定要用，铝合金不能太薄，否则用不了几年就会从脚座处断开。

至于玻璃、陶瓷、石制、木制等其他材料，通常用于装饰性的小拉手，视业主的喜好和具体情况而定即可。

3）看配件。一般要将拉手拆开后才能鉴别内部配件的优劣，我们不可能一一拆开检查。但还是可以用简单的方法进行间接鉴定：①优质拉手配件主要采用数控设备加工，尺寸精确，装上后拉手不容易松动，经久耐用。劣质拉手则因为加工粗糙、尺寸有偏差，安装后会有歪斜或者摇几下就松动的情

况。②优质拉手往往有备用螺钉，避免因为一个螺钉而无法安装拉手，否则将会花费很多时间和金钱去找这么一个合用的螺钉。③优质拉手的螺钉等标准配件多用不锈钢或铜质，防腐蚀功能强。劣质拉手的配件用材往往是较差的合金等，时间长了内部会严重锈蚀，有时想把拉手从门上拆下来都费劲。

4）选样式。一般来说，拉手与家具的关系要么醒目，要么隐蔽。如玄关柜的拉手可强调装饰性，对称装饰门可安装两个豪华漂亮的拉手，鞋柜则应选色泽与板面接近的单头拉手等。当然，选什么样的样式，最终还要看主人的喜好。

5）看表面工艺。拉手的表面工艺可反映出室内装修的档次，有时候，拉手表面工艺的制造成本可能比原材料成本还高。由此反推，表面工艺好的拉手，原材料不会太差。

6）看安装方式。拉手有螺钉和胶粘两种固定方式，相比较而言，螺钉固定的拉手结实，胶粘的拉手很容易脱落。

7）提防不锈钢拉手造假。在所有的材质中，不锈钢材质的拉手因为最受欢迎，所以也最容易被冒充。首先，不锈钢的分级很多，价格相差很远，有些不良厂家会以次充好，以镀不锈钢冒充全不锈钢，甚至以内灌水泥的方式来欺骗顾客。业主可以用以下方法进行选购：一是选用正规厂家生产的产品；二是用一块磁铁吸一下，高档的不锈钢拉手不会被吸住。

需要说明的是，本书在不同章节多次提到不锈钢的鉴别方法，或许侧重点不同，但是都相互通用。

（3）合页的选购。

1）选择合适的尺寸和材质。首先，根据门的重量和合页的承重，确定需要安装的合页数量以及尺寸；其次，合页要选择静音轴承的，使用过程中如果发出噪声会影响业主的日常生活；最后，合页多数是铜或不锈钢的，铜的质量比较好，但价格较高，相对来说，不锈钢的性价比更高。

合页的尺寸有标准尺寸和非标准尺寸之分，一般来说，正规厂家生产的标准尺寸的合页要贵一些，非标准尺寸的便宜一些。大家购买时不必刻意强求尺寸是否标准，只要与门匹配、质量过关即可。

2）动手检查合页的质量。

①转一下合页，质量好的合页转动很顺畅。用手扳一下，好合页会有种气压存在的感觉，绝对不是松松垮垮的，也不会不顺畅。

②将合页平放打开到一个不大的钝角或锐角，拿着一边，让合页一点点打开到最大或者自动合拢。优质合页打开或合拢的速度缓慢、流畅，如果合页打开或合拢的速度太快或根本开不了、闭不上都说明它不是好合页。

3）辨别进口的还是国产的，不要花了冤枉钱。进口合页比国产合页价格高，整体质量也相对较好。业主可以通过以下三个方法判断合页是进口还是国产的：

①进口的合页用料讲究，普遍比国产合页重20%～30%。此外进口合页表面电镀细腻光滑，弹簧片边部处理得光滑规整，优质的合页还专门加了尼龙保护装置。而许多国产合页弹簧片边部没有打磨处理，有毛刺。

②进口合页弹簧片处使用的是淡黄色或乳白色的顶级润滑油，有很长的使用寿命；而大部分国产合页使用黑黄色或纯白颜色的便宜润滑油，很容易就干了，而且在天热的时候，劣质润滑油的黏度非常低，拿过合页后会感觉抓了一手油。

③进口合页开合起来比较轻松，头一次使用时，只有用螺钉旋具才能拧动上面的螺钉。国产合页开合起来比较硬一些，许多合页上的调整螺钉用手就能转动。

31. 开关插座关联广，便宜劣质伤人命

监工档案

选购要点：主流品牌　阻燃　负荷功率　铜材

存在隐患：电路不通　断电、漏电

是否必须现场监工：有条件务必亲自监工购买

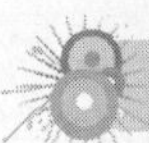

问题与隐患

开关插座是安装在墙壁上用来接通和断开电路使用的家用电器，除了实用，还兼具装饰的功能。开关插座虽属小件，但是与电有关的部件都不是小事。要知道，每个家庭至少都会购买十几乃至几十个开关面板，它们数量众多，关联甚广。因此，开关插座的选购容不得一丝疏忽。优质的开关插座可以保证业主用电方便安全，使用时间长。而劣质的开关插座会给业主的生活带来很多麻烦，如电路不通、断电、漏电，严重时还会发生人身触电事件。

失败案例

王先生家改电时，缺几个开关插座，电工师傅主动提出下次来时帮他去店里购买。王先生就列了几个品牌。果然电工师傅带来的都是其中某品牌的产品，王先生拿在手里看了看就让电工装好了。入住后，家里的开关插座总有几个不好使。有时开关失灵，明明是按的开键，可电器没有反应；有时按了关键，电器却还在工作。插座也一样，插上电器没反应，王先生修了几次都不见好。一天，王先生从冰箱里拿东西，竟然被冰箱电了一下。王先生拿电笔测试后确认冰箱带电，就赶紧联系售后服务。经过专业人士检查，冰箱带电竟然是插座引起的。原来连接冰箱的插座是假冒伪劣产品。插座的地线和火线有碰触，导致地线带电，地线和冰箱外壳相连，结果把电引向了冰箱外壳。王先生这才想起来家里的开关插座除了自己在专卖店购买的外，还有几个是电工师傅买来的，而且那几个开关插座自己并没有仔细验货。毫无疑问出问题的那几个开关插座肯定就是电工师傅买的假冒伪劣货。

现场监工

用电无小事，业主在选购开关插座时，可以从以下九点入手：

（1）选主流品牌。目前市场上的开关、插座品牌众多，不同品牌的产品有明显的质量差异，建议大家买主流品牌。选对品牌就等于做对了一半，好品牌可以保证开关四万次以上，近十年不用更换。目前市场上的主流品牌有公牛、飞利浦、西门子、施耐德（梅兰日兰）、奇胜、ABB、西蒙、松下、天基、松本、鸿雁、飞雕、雷士、欧普等，其产品质量都不错，业主可以酌情购买。

（2）学会辨别假货。

1）最好去正规商场、家装材料超市或专卖店购买开关和插座，这样可以减少买到假货的风险。购买时要看清产品标识是否齐全，有无3C认证标志，也可以上国家认监委官网查询这个品牌是否是合格的。

2）防止专卖店调包。通常有两种手段：一种是某一品牌的正品假货混着卖；另一种是真品牌和假品牌混着卖，即专卖店的自家产品是正品，但是私下兼卖其他假品牌。由于这些商家往往是国际知名品牌的经销商，所以消费者很容易上当。

在专卖店购物时，遇到以下两种情况一定要多加小心：①对方降价很多，且要去隐蔽的仓库取货，那你就要小心了，店家拿来的可能是假货。这也提醒大家，在选购重要部件时，千万不要贪小便宜，讲价也要适可而止，免得商家为了赚钱用次品糊弄你。②如果你发现某品牌的专卖店还兼卖其他品牌，也要小心。如西门子专卖店里还兼卖其他品牌的产品，而且价格便宜，这些“其他知名品牌”基本都是假货。

3）通过价格差辨别真假。如果你能用几元钱买到专卖店里卖十几或几十元的插座，必是假货无疑。

4）验明身份。可以要求店家出示有关检验部门出具的检验合格报告。尤其是在包工包料的装修中，业主一定要对承包方选购的开关、插座逐个验货，防止用买正品的钱买了假货。

5）看包装辨别假货。为了防止买到假货，选购时要注意看包装，正品的包装喷码和圆形打孔是一次成形，简洁利索，字迹清晰；假冒产品包装上圆形打孔看起来很粗糙，上面的文字很容易擦掉。

（3）外壳材料要用阻燃的PC材料。开关、插座面板由外边框、内边框和功能件组成，优质开关面板的内、外边框都是PC材料的。PC材料学名聚碳酸酯，俗称防弹胶，具有阻燃、抗扭曲、抗冲击、不易染色、外观光滑的特点。

一般开关、插座面板会前面用PC材料，底座上则用黑色的尼龙料，从而降

低成本。较差的开关可能根本不用PC材料，而是用混合料或ABS替代。这些材料不仅抗冲击和耐热性差，还容易变色，表面摸多了就显得很毛糙，这样的面板不能买。

从外观上来说，好的材料一般质地坚硬，很难划伤，成型后结构严密，手感较重。如果商家允许，你可以将样品的外边框卸下来，用手对角握一下，好的开关外边框可以弯折90° 而不坏。也可以用打火机烧一下边框，好材料不会烧起来。

（4）看内部接线端子的接线方式。开关的接线方式影响用电安全性，业主不可轻视。常见的接线方式有传统的螺钉端子、双孔压板和卡接线方式（速接端子）三种。把开关翻过来，如果接线柱上只有螺钉，这个就是传统的螺钉端子；如果接线的部位有两块带螺钉的小铜片，电线插入后，用螺钉旋具拧铜片上的螺钉，两块小铜片越夹越紧，这种接线方式就是双孔压板结构；如果接线方式是电线直接插到开关后面的接线孔中，这就是卡接线方式。

三种接线方式中，卡接线方式最安全，也最贵，但其性价比不高。一般情况下，选普通的双孔压板结构的就可以了，最好不要用传统的螺钉端子，其安全性太差。需要注意的是，电线一定要拧紧，拧得越紧电阻越小越安全。

（5）开关触点要好。触点就是开关过程中导电零件的接触点。触点一看大小，越大越好；二看材质。好的开关触点有纯银和银合金两种，银合金的安全性能更好一些。因为纯银熔点低而且质地偏软，在反复使用中容易出现高温熔化或变形等问题，银合金的硬度和熔点都比纯银高，克服了纯银的弱点。关于触点的材质，业主可以询问经销商。

（6）看制作工艺。开关、插座经常被触摸，如果选用的是不合格的劣质产品，时间久了，就会老化变色。另外，优质开关、插座的面板必须借助一定的工具才能取下来，而中低档产品的面板则轻易就能用手取下来，如果不小心弄掉了，则会影响室容。选购开关时，可以用食指、拇指分别按住面盖的两个对角，一端不动，另一端用力按压，如果面盖松动、下陷，说明产品质量较差，反之则质量可信。

（7）负荷功率越大越好。现在家用电器的功率越来越大，对开关、插座的通电负荷要求也越来越高。好的开关、插座应该能通过16A以上的电流，普通的最多能通10A电流，无法满足特殊电器的需求，如电炉、空调必须配16A的开关插座。

（8）特殊情况要配特殊开关插座。有的电器插上电源就耗电，而经常插拔又比较麻烦并影响插座的使用寿命，如空调插座，这种情况下，最好买带开关的插座。购买具有特殊功能的开关时，一定要看清楚它的使用限制，防止买回来不能用。如调光开关只能调节白炽灯的亮度，不能调节节能灯和荧光灯，如果不准备用白炽灯就不要买了。

（9）开关、插座的种类很多，每种型号都有一个复杂的编号，业主自己购买的时候，很难分清楚。可以让电工列一个单子，写清楚需要5孔面板几个、单开几个、双开几个、单开双控几个等，然后拿着这个单子去市场上找相应的商家，照此购买就行了。

32. 钢化玻璃难辨别，重点观察应力斑

监工档案

选购要点：质检报告和3C认证　表面凹凸不平　偏光下产生应力斑

存在隐患：普通玻璃冒充　爆炸

是否必须现场监工：有条件尽可能亲自现场监工购买

问题与隐患

钢化玻璃是一种经过深加工的安全玻璃，经过热化到急剧冷却的特殊处理，在玻璃表面形成应压力，增强了玻璃的强度和耐冲击力，比普通玻璃更结实安全。其最大的优点在于对外承受力更强，不易破碎，破碎时碎片为钝角的细小碎块，无尖锐的棱角，减少了对人体的伤害。它还具有抗热耐寒的特性，能承受上百度的温差变化，稳定性好。目前，钢化玻璃已逐渐取代普通玻璃成

为重要的家装材料，主要应用于家具台面、隔断、屏风、玻璃门、采光顶棚等位置。但市面上的钢化玻璃质量参差不齐，甚至有商家用普通玻璃冒充钢化玻璃欺骗消费者，在购买过程中要学会识别真伪，从中挑选质量可靠的产品。一旦选购了假冒劣质的钢化玻璃，浪费钱是小事，遇到突然爆炸则会伤及人命。

失败案例

装修结束后，徐女士在家具市场选中了一台玻璃茶几。店家介绍这是纯正的钢化玻璃，结实耐用，即使破碎了，碎片也是钝角的细小碎块，不会伤到家人，还现场出示了一块碎裂后的钢化玻璃样品。徐女士一听当场决定购买。一天晚饭后，一家人坐在沙发上看电视，徐女士的右手掌无意中碰了一下茶几玻璃，茶几玻璃突然爆裂，锋利的碎片瞬间割破了徐女士的手腕，鲜血直流。紧急送医后，确诊徐女士的手被玻璃切断了肌腱、神经和血管。经过几个小时的手术，徐女士的手保住了，但手的功能却无法完全恢复，可能会留下终生的遗憾。钢化的茶几玻璃怎么会突然破碎了？经过鉴定，徐女士家的茶几根本不是钢化玻璃，就是普通玻璃，只不过是厚了一些。而徐女士的家人一直把它当钢化玻璃使用，有时候还会把刚烧开的热水壶放在上面，在连续使用一段时间后，又遇到近期连日的低温刺激，从而发生爆裂。

现场监工

近年来，假冒钢化玻璃制品爆裂事件逐年增多，最常见的是落地窗、淋浴房、推拉门、餐桌、茶几等。事实上，根据相关行业标准，即便是真正的钢化玻璃，也会有千分之一的自爆率。钢化玻璃发生爆裂的原因有很多，如温差、受力不均匀都有可能导致炸裂情况的发生。

因此，建议业主们最好不要在家装时大面积使用玻璃制品，如果确实需要使用，在安装好玻璃制品后，最好在玻璃表面贴一层防爆膜，可以有效防止玻璃爆炸时碎片飞溅伤人。

在选购钢化玻璃产品时，业主可以从下面三点入手：

（1）查看质检报告和相应认证。在购买钢化玻璃时，除了要挑选合适的规格，更要仔细查看产品是否合格。从2003年开始，玻璃必须进行安全认证，成功通过认证的产品在玻璃本体或最外一层包装以及产品合格证书上都要标出“CCC”标志。因此，业主在购买钢化玻璃时，首先要查看其是否带有“CCC”标志。其次，业主还可根据包装上的企业信息、工厂编号等，在网络上查看所购产品是否属于已通过认证的型号，即查看证书的有效性。最后，业主在购买钢化玻璃时要查看产品的质检报告。玻璃属影响人身安全的危险产品，为确保产品质量没问题，安全有保障，商家在出售玻璃时必须向买家出具质检部门颁发的检验报告。除了可作为安全凭证，质检报告中还会标出产品各项质检结果，这些也是需要买家重点核实的信息，如质检报告中所标明的产品是否经过均质处理一项。钢化玻璃具有自爆特性，即一种没有机械外力即可发生自身炸裂的特性。这是因为玻璃中通常含有微小的硫化镍结晶物，这种物质经过钢化处理后，会慢慢发生晶态变化，体积渐渐膨胀，从而使玻璃内部应力增加，慢慢产生裂纹，直至炸裂。钢化玻璃的这种无法完全避免的自爆只能通过均质处理来降低其发生的可能性和频率。

（2）看外观辨质量。看外观是辨别钢化玻璃好坏的最直接方式，首先观察其是否有缺角、裂纹等，因为这些会使钢化玻璃的自爆风险成倍增加。其次，还要查看钢化玻璃的边角废料。国家质量技术标准规定：每块钢化玻璃在50mm×50mm的碎裂区域内，其碎片不能少于40块，且要多为钝角碎片，不能有尖锐棱角；允许有少量条形碎片，但长度不可超过75 mm，也不能成刀刃状；玻璃边缘的长条形碎片与边缘的角度不可超过45°。合格钢化玻璃产品的以上性能必须全部达标。业主在选购钢化玻璃时可根据上述指标来判断所选产品是否合格。最后，业主还可通过感受钢化玻璃的平整度来辨别其质量。钢化玻璃的平整度不如普通玻璃，摸起来会有凹凸感且较长的边看起来有一定的弧度，业主选购时可把两块钢化玻璃靠在一起观察，弧度会更明显。另外需要注意的是，钢化玻璃的切割都是在钢化处理之前，成品的钢化玻璃不可切割，因而业主在购买钢化玻璃之前务必先量好所需尺寸。

（3）观察反射光下的应力斑。应力斑是钢化玻璃反射光线时，玻璃表面出现的明暗相间的条纹。根据这一特点，业主可在特殊的自然光或偏光太阳镜下

观察钢化玻璃反光时的样子，如果它的表面出现亮度不一致的条纹，则证明其确为钢化玻璃。应力斑除了可证明钢化玻璃的真假，业主还可根据其不可消除但有轻重的特性，来判断钢化玻璃质量的好坏，通常加工技术越先进的钢化玻璃，应力斑越轻。

33. 玻璃砖要求高，透光隔热是关键

监工档案

选购要点：外观质量和规格尺寸　检查透光率　连接水平

存在隐患：变形　破损　爆炸

是否必须现场监工：有条件尽量亲自监工购买

问题与隐患

玻璃砖是一种玻璃材质的饰面材料，是用透明或颜色玻璃制成的块状、空心的玻璃制品或块状表面施釉的制品。可用在墙面、隔断、屏风上，具有透光、隔声、隔热、防水、防火的优良性能，在家庭装修中被越来越广泛地应用。尤其适合一些采光不好的房间，使用适合的玻璃砖可以调节光线，延展空间，给家装带来画龙点睛的效果。

目前，市面上流行的玻璃砖主要有玻璃饰面砖、玻璃马赛克和玻璃空心砖。其中玻璃空心砖应用最广，它由两块凹形玻璃半坯在高温下熔接或胶接而成，边隙用白乳胶混合水泥密封。其中间是中空的密封空间，可以透光却不透明，有良好的隔声效果。玻璃空心砖可以独立成墙体，不用依赖墙面完成装修。因此，许多业主喜欢用它制作墙体、屏风、隔断等。

玻璃砖虽然实用美观，但市面上的玻璃砖质量参差不齐。业主一旦购买使用了假冒伪劣的玻璃砖，相当于埋下了一个很大的安全隐患。轻者玻璃砖出现变形、破损，重者会发生炸裂，危及家人的生命安全。

失败案例

王先生的新居在装修时，签订了市区某装修公司，包工包料。由于厨房的面积很小，装修公司把隔断设计成一面玻璃砖墙，王先生对此很满意。入住一段时间后，玻璃砖的结构胶变得老化、松动，最上层的玻璃砖开始坠落。王先生联系装修公司，对方解释说是由于厨房油烟造成结构胶老化。重新修理后，玻璃砖又恢复了原先的样子。谁也想不到，一次王先生在厨房做饭时，玻璃砖竟然爆炸了。事后，王先生托朋友找了建筑玻璃方面的专业人士，对其进行检查后确认是假冒伪劣品，和正品在颜色、规整度等方面都大相径庭。这些玻璃砖应该是商家低价购进市场淘汰的劣质玻璃砖后自行加工而成。虽然价格低，但其质量很难保证。

现场监工

在家装中，如果采用玻璃砖成墙，在设计时应尽量采用明框或者半隐框玻璃砖，因为即使结构胶失效，也会有框架的支撑和约束，从而大大降低玻璃砖坠落的概率。

（1）检查外观质量和规格。玻璃材料具有透明性，通过观察其外观，其质量往往也能一目了然。对玻璃砖的外观检查主要包括查看玻璃砖的表面平整度，表面是否有划痕、缺损、裂纹等缺陷，还要透过光线查看玻璃砖内部是否含有杂质、气泡等，这些微小的气泡、杂物、斑痕等虽然并不影响透光性，但却容易使玻璃砖慢慢变形、破损。有这种瑕疵的玻璃砖，即便商家抛出降价销售的诱饵，业主也坚决不要买，因为这样的玻璃砖存在很大的安全隐患。

另外，玻璃砖的尺寸规格也会影响使用，选购玻璃砖时也要查看其规格是否标准，尺寸大小是否精确，对于带有图案的玻璃砖，还要看其图案是否清晰。

玻璃砖的尺寸规格很多，常见规格有：190mm×190mm×80mm，小砖规格为145mm×145mm×80mm，厚砖规格为190mm×190mm×95mm、145mm×145mm×95mm，特殊砖规格为240mm×240mm×80mm、

190mm×90mm×80mm等。其中190mm×90mm×80mm规格玻璃砖适用范围最广，可以迎合一般的需要，是各种墙体、隔断及其他建筑物的常用玻璃砖，是花色比较全的常规玻璃砖，被国内外广泛采用。

（2）检查玻璃砖透光率。在购买玻璃砖时也需要查看玻璃砖的透光率，透光性越好的玻璃砖质量越好，空间光线也越好。检查玻璃砖的透光性不但要查看其有无杂质、做工是否细致外，还要将其放在灯光下，通过感受光线的投射情况来判断其透光性。测试时要注意灯光对玻璃砖透光性的影响，如玻璃砖在黄色灯光和白色灯光下会给人不同的感觉。为避免灯光的误导，业主在检查时可更换光源或者在自然光下检查玻璃砖的颜色、透光性和光线折射度等。

（3）空心玻璃砖的检验。空心玻璃砖的检验要注意以下事项：两块玻璃的连接处处理得如何，连接位置有无裂纹，玻璃坯体中有无杂物，接口处有无未熔物，两块玻璃体间的熔接或胶接是否良好、稳定，砖体是否有波纹、气泡和玻璃坯体等不均质产生的层状条纹。

（4）看玻璃砖的连接水平。玻璃砖的连接水平决定着装饰面板的稳定性，尤其是空心玻璃砖，砖块之间的连接影响着墙面的稳固性。在选购玻璃砖时，业主可以把几块玻璃砖拼在一起，查看拼接是否严密、完好；水平和垂直方向是否呈标准直线，四周有无翘边；角度是否方正等。另外，为保持重心，确保连接稳固，玻璃砖外面的内凹应小于1mm，外凸应小于2mm。

第4章 购买厨卫用品等材料时需要监工的细节

34. 整体橱柜价格高，八个方面细考察

监工档案

选购要点：检测报告　标价　设计风格　板材　台面　密封性　做工和配件　保修期

存在隐患：以次充好　使用不长久　甲醛超标

是否必须现场监工：务必要亲自监工购买

问题与隐患

整体橱柜是指由柜体、电器、燃气灶具、厨房功能用具四位一体组成的橱柜组合。其特点是将橱柜与操作台以及厨房电器和各种功能部件有机结合在一起，通过整体配置、设计、施工，最后形成一套完整的产品，实现厨房的整体协调。整体橱柜是私人定制化产品，每一套产品都不同，最大程度地满足了业主的生活需求，逐渐成为家装中的主流趋势。

整体橱柜是家庭装修中的支出大项，一套设计合理、做工优良的橱柜价格在几万元到十几万元甚至几十万元。与其他的商品不同，整体橱柜选购时问题更加复杂多变，因为它是不同行业、不同种类的大的集合体，关系到台面、柜体、五金配件、电器等，涉及物品采购、生产制造、物流多个环节，从销售员

介绍产品、设计师量房开始，中间有采购、生产、总装，最后到送货、安装，是一个漫长的过程。任何一个环节出现了问题，整体橱柜就会面临着很多瑕疵，暗藏各种隐患。

由于市场上的整体橱柜没有统一标准，一些小厂家将普通橱柜和电器随意组合就宣称是整体橱柜，在设计、质量上都有很大缺陷。一旦业主不知情购买了这种整体橱柜，不仅花高价充当了冤大头，还会因劣质板材含有甲醛等给家人带来危及人身安全的隐患。

失败案例

吕先生的新居装修时，订购了价值三万多元的某品牌整体橱柜。没多久，吕先生就发现自己被商家蒙骗了，买到的是假冒伪劣货。原来，吕先生的一位朋友也安装了该品牌同款橱柜，两家一对比，吕先生发现自己家橱柜有好多问题。朋友家的橱柜门板和柜身都有防伪标志，而自己家的只有两个门板上有，其余的门板上都没有。柜体板材也和朋友家的不一样，质量相差甚远。至于五金配件如铰链、气撑等，只有正面地柜安装的几个铰链是商家所说的进口牌子，其他的都是杂牌子。尤其是拉篮使用的轨道，用了没多长时间就出现了问题，不是拉不动就是拉出来推不进去。吕先生找到商家要求赔偿，对方却说以吕先生支付的价格只能买到这样的橱柜。

现场监工

选择整体橱柜不能一味追求低价，最好是选择有实力、讲信誉的橱柜公司，这样会更有保障。签合同时必须注明是原厂生产的橱柜，安装前的橱柜装箱清单一定要仔细查看，装箱清单的内容应该包含橱柜的门板、柜身、五金配件。

购买整体橱柜的流程如下：①选风格，谈价钱。②公司派人去现场测量尺寸，并且根据房屋的水电情况，完成初步设计图，注意，此时业主如果有其他想法，要在这个时候充分提出来。③待厨房的水电改造、贴砖、吊顶等基础施工完成后，橱柜设计师会再次上门精确测量，做出最后的施工图。④付款，橱柜公司下料生产。整个生产周期通常在15～30天。

（1）查看检测报告。作为家具产品，橱柜也必须拥有国家质检部门出具的成品检测报告，并明确标示甲醛含量。有的厂家只能提供原材料检验报告，却没有成品检测报告，这样的产品很难保证环保性，因为只有成品合格才能保证其产品的环保性合格。为了防止商家造假，业主在向商家索要质检报告后，可以根据报告上的编号打电话到质检部门核查真伪。

此外，在购买橱柜时要核实商家的资质，考察厂家是否有自己的专业安装队伍，是否有专门的服务部门等。

（2）看标价方法。国产高档橱柜和进口橱柜通常是按柜体计价的，就是吊柜和地柜分别标价，这种方法比较科学，对消费者来说更有利。

多数普通品牌的国产橱柜都采用延米计算法。延米即延长米，一延米就是一定宽度的材料的1m。购买时，商家会告诉你具体计算方法。目前常用的是报延米总价，吊柜和地柜占不同的比例，如4∶6就是吊柜占报价的40%，地柜占60%。如果不做吊柜，就会按相应的比例折算后减去吊柜的长度。一般来说，吊柜占的比例越大对消费者越有利，如4∶6比3∶7或2∶8更划算。

需要注意的是，不少商家采用“买地柜送吊柜”的方式，如买2m地柜送1m吊柜，但前提是吊柜的尺寸不能超过地柜的一半，超过部分要额外加钱。这种方法是商家惯用的促销方式，很不合理，尽量不要选择。

（3）看设计，设计要因人而异。

1）充分与商家沟通自己的想法。整体橱柜有许多风格，中式、欧式、美式等，不一而足，不同的风格对应不同的门板材质和颜色。想知道各种风格是什么样的，去橱柜展示厅就可以全部看到。

2）橱柜造型、尺寸设计要因人施材，主要是依据下厨者的身高、使用习惯等定制。不要迷信所谓的台面标准高度，因为标准高度可能并不适合你。最科学的办法就是事先找一个标准高度的橱柜台面，在上面架锅模拟炒菜，然后不断地调整台面高度，找到最舒服的高度，用这个高度减去露出台面的炉灶的高度，就是最适合的橱柜高度。再如吊柜的高度也要因人而异，以方便拿取为标准。

3）方便实用最重要。橱柜厂家为了吸引消费者，会不断推出新奇的设计方案和配件，价格也会随着提升。事实上，这些新设计不见得实用，反而是只有基本功能和传统配件的橱柜不但好用还省钱。所以，业主在选购橱柜时，要本着方便实用的原则，不实用的功能不要。例如，米箱可以不要，侧封（就是吊柜侧面板）可以不用昂贵的门板，吊柜选择侧开门更划算，比上翻门能省几百块钱。

（4）看板材的材质和厚度。用于橱柜的板材很多，如刨花板、密度板、防火板等。目前欧美几乎所有的家具、橱柜厂会使用刨花板，国内的一些家具、橱柜大厂也大多以饰面刨花板为主要板材。因此，建议业主首选刨花板。此外，在同一材质下，板材越厚质量越好，价格自然也越贵。如用18mm厚的板材制造的橱柜比用16mm厚的板材做的橱柜寿命可以长一倍，但成本也大约高出7%。

（5）看台面。适合做厨房台面的材料有防火板、人造石、天然大理石、花岗石、不锈钢等，其中以人造石台面的性价比最高。在挑选台面时不能光考虑价格和外观，更要关注实用性。

（6）查看密封性、防火性等特殊功能。首先，厨房设备要有抗污染的能力，所以橱柜的台面、面板、门板、箱体和密封条、防撞条等处的封闭性一定要好，否则会造成油烟、灰尘、昆虫进入的后果。其次，建议选择有防蟑静音封边的柜体，可以防止蟑螂、老鼠、蚂蚁等进入橱柜，更加安全卫生。再次，看防火性能和环保性能。厨房是家中唯一使用明火的区域，所以橱柜表层的防火能力是选择橱柜的重要标准。正规厂家生产的橱柜面层材料全部由不燃或阻燃的材料制成，这也是为什么一定要选择正规厂家的重要原因。

（7）看做工和配件。

1）看拼装方式。高档橱柜通常采用棒榫结构加固定件及快装件的方式，不但能更有效地保证箱体的牢固及承受力，而且因为少用胶合剂从而更为环保。相反，一般小厂或手工现场打制的橱柜只能用螺钉、铆钉或者胶合剂连接，各方面性能都要差一些。

2）看后背板的封闭方法。按标准做法，橱柜的背板都要用封固底漆涂刷。

但是有的厂家为了节约成本，对背板只做单面封，看不到的一面是裸露的。单面封后背板容易发霉，也很容易释放甲醛，造成污染，故不能选用。

3）看水槽柜的安装方法。橱柜的水槽柜有一次压制的也有用胶水粘贴的，显然，一次压制的密封性能更好，水、湿气不易渗透，更有效地保护柜体，延长橱柜使用寿命。

此外，还要看水槽位置下方柜子的底板表面上有没有安装防水铝箔，防水铝箔可以很好地防止出现冷凝水和漏水损坏柜体的情况。

4）看设计全不全，如有无抽屉、拉篮、碗篮、调味篮等。

5）在配件上，主要有铰链、气撑、滑轨、拉手，它们是橱柜的“关节”。一旦配件出问题了，整个橱柜就不灵了。

①铰链。铰链是经受考验较多的配件，它不仅用来连接柜体和柜门，还要独自承受门板的重量，日常开关次数也非常多，所以损耗率比较大。因此，铰链的质量决定着柜门的使用年限，也会影响整体橱柜的使用寿命。品牌的铰链通常会使用缓冲的液压技术，让柜门呈现缓慢开启、关闭的状态，可以降低整个柜门的冲击力，延长柜子的使用寿命。比较出名的品牌有海福乐、海蒂诗、百隆、东泰等。

②气撑。通常用在吊柜上用来翻盖的柜门上，和铰链的作用相似。一旦安装的是劣质气撑，用不了多久气撑坏掉，柜门就不能呈现打开的状态。品牌的气撑有斯塔伯、百隆、舒思帕灯等。

③滑轨。主要安装在橱柜的抽屉上，常见的有轮轨式和伸缩式。前者价格便宜，可以把抽屉从橱柜上拿下来，但需要较高的安装技术；后者容易安装，但无法把抽屉全部拉出来。

选择滑轨的重点在于承重力与滑动效果。优质滑轨在滑动时不会晃动，滑动顺畅，没有严重的噪声。劣质的滑轨会造成抽屉滑动不畅，严重的会使抽屉无法拉动。

④拉手。用来开启柜门和抽屉的配件，首选中高档质量的产品，劣质产品会影响柜门和抽屉的使用。

如果商家说橱柜配件都是进口的，一定要查看相关文件，而且要在订单

上注明品牌、数量等。进口配件的价格比国产的贵很多，要防止商家价格欺诈。

（8）看保修期。能否提供优质的售后服务是厂家实力的表现。如保修年限，有的厂家是一年，有的厂家是两年，也有的是五年。显然，敢于保五年的厂家，对质量要求一定更高，对消费者来讲也最有利。所以消费者在订购橱柜时一定要问清楚产品保修等问题。

35. 厨房水槽要实用，材质款式是重点

监工档案

选购要点：材质　款式　实用　安装工艺

存在隐患：影响美观　藏污纳垢　暗藏健康隐患

是否必须现场监工：有条件尽量现场监工

问题与隐患

水槽是厨房里使用频率最高、使用时间最长的物件，对下厨者的心情影响很大，堪称厨房的“心脏”。水槽材质有不锈钢、人造石、陶瓷、石材、铸铁等。其中，不锈钢水槽因其面板薄、质量轻、耐腐蚀、耐高温、耐潮湿以及易清洁等优点，再加上具有现代气息的金属质感，在家装市场上备受青睐。价格可选范围也很大，从几十元、几百元到几千元不等。

水槽的常见款式有单盆和双盆两种，其造型也是层出不穷，有方形、圆形、异形等。目前家庭中最常选择的是一大一小的双盆。具体情况还要看使用者的实际情况，如是追求实用还是时尚。如果下厨较多，建议注重实用性，至于不常下厨的，可以更关注款式。不论是哪一种，都不能忽视水槽的质量。一旦选购了劣质的水槽，不仅影响美观，还暗藏卫生问题，藏污纳垢，给用餐者带来健康隐患。

失败案例

曹先生家装修时和某装修公司签订了合同，对方包工包料，承诺所用的材料都是中高档产品。装修结束后，曹先生简单地验收了一下就付清了余款。入住一年后，曹先生家厨房的水槽越用越脏，表面像是涂着一层污黑的油，怎么擦都擦不亮。当初验收的时候曹先生就觉得质量不太好，可装修公司解释说这是进口的不锈钢水槽，新产品都这样，以后越用越亮。可这都用了一年了，结果是越来越脏，看着跟路边的薄铁皮似的。曹先生找到装修公司，对方对曹先生的遭遇表示同情，遗憾的是公司早已换了老板，如果曹先生想更换高档水槽，必须出钱购买，公司可以免去安装费。上千块钱就买了这么个水槽，曹先生感到非常后悔。

现场监工

对于厨房水槽，多数业主认为它只是用来清洗蔬菜和碗筷的工具，既无科技含量，也不要求工艺水准，因此往往在选购时忽视其质量，这种做法是错误的。选购水槽时有很多讲究，业主可以从以下三方面入手：

（1）不锈钢水槽的选购要点。不锈钢有很多类型，如201、202、301、304。这些材质最大的区别在于耐腐蚀性，304的耐腐蚀性最好，201最差，当然价格相差也很大。劣质的不锈钢易被腐蚀，使用一段时间后会变色，容易挂污，从而滋生细菌。选择不锈钢水槽时重点关注下面六点：

1）判断是不是不锈钢。不锈钢的一个重要特性就是不锈，如果其中掺杂了铁，就失去了这一特性。因此在选购不锈钢水槽时，业主可以带一块磁铁吸一下，不锈钢是没有吸磁性的。

2）选择合适的加工工艺和表面处理工艺。

首先，不锈钢的加工工艺主要有冷拉伸工艺、磨砂工艺、精密细压花纹工艺。采用冷拉伸工艺的不锈钢水槽不需要涂层，坚韧耐用，并且常用常新，价格也最低。后两种工艺克服了有水痕和易划伤的缺点，而且具有良好的吸声性，外观更胜一筹，价格相对也偏高。

对于中国家庭来说，建议首选经过多次抛光的拉伸工艺的；然后是精密细压纹的，因为它比普通抛光表面更耐刮磨；最后是磨砂工艺的，因为磨砂涂层如果脱落了，盆体将很快被腐蚀。

其次，选择不锈钢的表面处理工艺也很重要：高光的光洁度高，但容易刮花；砂光的耐磨损，却易聚集污垢。建议选择亚光的，既有高光的亮泽度，也有砂光的耐久性。

3）看钢板的厚度。优质水槽采用进口304不锈钢钢板，厚度达到1mm，普通的中低档水槽也要达到0.5～0.7mm。选购的时候多比较几款，轻飘飘的自然用量不足。另外，越厚的板材表面越容易拉平整。

4）看水槽成型工艺。水槽的最好成型工艺是一体成型，这种工艺因为不需要焊接，避免了焊缝部分被腐蚀而渗漏的问题。同时，一体成型工艺对钢板材质要求很高，能够采取这种工艺的水槽，其材质也不会差。另外，水槽内边角越接近90° 越好，这说明水槽的内容积较大。

5）看防噪处理。优质水槽的底部喷涂或粘有不易脱落的橡胶片，可减少水龙头出水对盆底冲击造成的响声。没有这项工艺或者粗制滥造的，就算不得优质产品。

6）看配套部件。水槽的重要部件是落水管，要保证管壁够厚，处理光滑，不漏水，同时还要具有安装容易、防臭、耐热、耐老化等功能。

（2）其他材质水槽的选购要点。

1）人造石水槽。目前市面上的人造石水槽主要有人造花岗石材质和亚克力材质，相对而言，人造石水槽的颜色款式多样，尤其是亚克力水槽非常时髦，耐腐蚀，可塑性强，还具有一定的吸声功能，与不锈钢水槽的金属质感相比，它更加温和。不过，人造石不如不锈钢坚硬，被刀具或硬物磕碰后容易留下划痕，也比不锈钢保养难，每次使用后都需要立刻清洁，否则就很容易造成顽固的污渍。

对于经常做饭又追求时尚的家庭来说，人造石水槽是最合适的选择。

2）陶瓷水槽。陶瓷水槽的最大缺点是比较重，橱柜台面要能够提供足够的支撑力，安装时要加固。另外，如果使用了吸水率高的劣质陶瓷，则可能会因为水渗入陶瓷而使陶瓷表面的釉层受涨龟裂。因此，选择陶瓷水槽时，一是要确保橱柜能够支撑，二是要选择釉面光洁度高、吸水率低的产品。光洁度高的产品，颜色纯正，不易挂脏，易清洁。关于吸水率的验证可以参考瓷砖的相关内容。

除以上三种常用材质，市场上还有铸铁、钢板珐琅、精拉丝等高档材质水槽，它们优点突点，但是价格相对昂贵，市场上的数量也比较少，对于消费者来说，选购的要点集中在产品的性价比。

（3）挑选合适的水槽外形。厨房水槽的形状常见的有圆形、长方形和异形等，从数量上讲，有单槽和双槽。对于常做饭的家庭来说，选购水槽时，实用性要大于装饰性。一方面尺寸要够，同时还要考虑水槽占据橱柜的空间以及在厨房中相对于备菜区和烹饪区的位置布局。至于水槽的大小，业主可以从以下四点考虑：

1）根据橱柜台面宽度选择水槽宽度，一般水槽宽度应为台面宽度减去10～15cm。

2）如果家庭人员较多，首选清洗容积较大的水槽，实用性好，深度在18cm左右，可以防止水花外溅。

3）设计合理，最好有溢水口。

4）部分进口水槽并不适合国内的大型锅具，选购时要注意尺寸。

36. 水龙头保健康，关键在于含铅量

监工档案

选购要点：铜质水龙头　不锈钢水龙头　含铅量　密封性

存在隐患：含铅量超标，造成铅中毒

是否必须现场监工：务必要现场监工购买

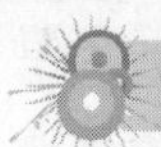

问题与隐患

水龙头是厨房、卫生间使用最频繁的部件，现实生活中，业主们在选购水龙头时多关注其外形和价格，却严重忽略了它的安全性。有调查显示，近九成的消费者只关注水龙头的款式和价格，不曾关注其含铅量，这是非常危险的事。如果使用劣质水龙头，则很快就会出现腐蚀、掉色、漏水问题。更为严重的是如果使用的水龙头含铅量高，还会污染饮用水的质量，危害家人的身体健康。

2013年，上海电视台曾对13个水龙头样品进行检测试验，发现其中9个品牌的水龙头浸泡水的铅含量超过了国家标准。其中，最严重的铅析出量超标34倍之多。铅超标的水龙头对饮用水会造成二次污染，如果铅在人体中的含量累积超过100mg/L，即可造成铅中毒。铅中毒严重者可导致头晕、智力下降，甚至死亡，轻者也会造成头痛、反应迟钝、多动症等。更严重的是，铅对人体的危害是不可逆的，特别是对肝肾功能的损害是最致命的。

因此，业主在选购水龙头时，一定要多关注其质量，首选含铅量低的，在此基础上，再关注其外形和价格，否则得不偿失。

失败案例

陈女士家购买的是精装房。入住后，陈女士更换了水龙头。然而，入住一年以来，4岁的儿子出现了奇怪的症状，像是变了一个人，经常流鼻血，脾气越来越暴躁，注意力难以集中，出现厌食和攻击自己的行为。儿子的变化吓坏了陈女士，她担心是房间甲醛超标。可检查结果显示房内甲醛含量很低，算不上是污染。后经多方检测，发现孩子的血铅指数超过安全指数两倍多，被判定为血铅中毒。而导致中毒的罪魁祸首竟然是家里使用的水龙头。原来，陈女士对水龙头有特殊的喜好，很注重水龙头的造型。当初更换水龙头时，陈女士跑遍了市区内的建材市场都没有相中的，最后还是在网上看中了几款。没承想就是这几款水龙头导致儿子频频生病。

现场监工

市面上或网上销售的劣质水龙头的材料通常是回收的废品，如废旧的电路板等，这些回收的电子垃圾当中本来就含有铅、汞、铬等有毒的金属。一些劣质厂家在水龙头的生产过程中加铅是为了增加铜液的流动性，更可以增加水龙头的切削性。这些劣质厂家就是用造型新颖掩盖质量差，从而卖出一个好价格。而水龙头中的铅析出，成了导致饮用水变铅水的根本原因。

（1）全铜水龙头是最佳的选择。目前市面上家庭用的水龙头的材质主要有全铜、合金、不锈钢、陶瓷等。其中，合金水龙头对人体健康有害。陶瓷和不锈钢水龙头价格高，不易加工且造型少，尚未全面普及。而铜质水龙头则凭借其性价比高的特点，成为家装水龙头中的主流产品。具体说来，铜质水龙头技术成熟，造型多，具有抗磨、抗腐蚀、耐酸碱、易加工、抗菌、抑菌等性能。因此，铜被认为是制造水龙头的最佳材料，国内外90%以上的高档水龙头都是铜的。无论是从价格还是质量上来看，铜质水龙头都是最佳选择。

（2）巧妙鉴定含铅量低的水龙头。目前市场上铜质水龙头都或多或少含有铅，因此，大家在选购时就要通过种种办法，尽量选到含铅量低的产品。

1）选择卫浴知名品牌，如九牧、科勒等。因为品牌厂家有一套严格的品质控制程序，同时，品牌产品都要经过国家质量认证，原材料和工艺都比较有保障，产品出现问题后更容易维权。

购买时要仔细查看标记。一般正规商品均有生产厂家的品牌标识，非正规产品或一些质次的产品往往仅粘贴一些纸质的标签，甚至没有任何标记。另外，还要看看有没有中国质量认证中心（CQC）安全产品认证书和标志。

2）向经销商询问水龙头所使用的材料。

3）亲自动手检查水龙头的质量：

第一步，用眼睛观察水龙头内表面是否光滑明亮，用手触摸其内表面是否有光滑感，如果表面粗糙，坚决不买。

第二步，转动把柄，优质水龙头在转动时，水龙头与开关之间没有过大的间隙，而且关开轻松无阻，不打滑；劣质水龙头不仅间隙大，受阻感也大。

第三步，敲打水龙头，优质水龙头是整体铸铜，敲打起来声音沉闷。如果声音很脆，则可能添加了其他材质，质量要差一个档次。

（3）理性选价格。水龙头的价格从几十元、几百元到数千元都有，一般越

贵的产品质量也越好。至于选什么价位的产品是一个非常个性化的问题。从经济的角度来说，花好几倍的价格去买“永不漏水”的产品并不合算，还不如买价格适中的更划算。

37. 坐便器要环保，材质要看好

监工档案

选购要点：选购高档产品　仔细检查釉面、配件以及款式　试坐

存在隐患：过敏　马桶癣

是否必须现场监工：务必亲自监工购买

问题与隐患

坐便器也叫马桶，因其具备的使用功能的特点，致使很多业主常忽视其环保性和安全性，只关注它的外形和价格，从而安装使用了价格低廉的劣质坐便器。殊不知，劣质坐便器与优质坐便器之间的差别非常大。

（1）首先是釉面。高档坐便器由高温烧制而成，能够达到全瓷化，吸水率也很低，所以容易刷洗且不容易吸附污垢、产生异味；相反，一些中低档的坐便器釉面不密，吸水率很高，当吸进了污水后很容易散发出难闻气味，且很难清洗，使用一两年后就会变色，还会发生龟裂和漏水的现象。

（2）其次是冲水力，高档坐便器通常采用自吸式的冲水方式，中低档坐便器通常采取冲刷式冲洗方式，自吸式冲水方式的效果比冲刷式的要好很多。高档坐便器虽然价格贵一些，但足可以用省下来的水费进行弥补。

（3）最后是配件的寿命。很明显，高档坐便器的配件比中低档的耐用得多。

（4）此外，更重要的是环保上的差别。劣质坐便器含有的有害物质，会让使用者过敏，严重的会引起马桶癣——一种接触性皮炎，具有传染性，反复发

作，难以彻底治愈。

鉴于劣质坐便器隐患多多，再加上坐便器毕竟不是装修投资的大头，建议大家还是去品牌店买个好坐便器。

失败案例

万先生和父母同住，新房装修时，为了让父母住得安全舒适，所用的一切材料和家具都是中高档产品。然而入住后不久，万先生就患上了一种令人尴尬的病——臀部发痒。期间，跑了好多家医院，用了不少药膏，都无济于事，病情还越来越严重，臀部出现了一个环形的丘疹带，奇痒难耐。最后，终于在一家大型医院得到确诊——马桶癣。令万先生哭笑不得的是，这个反复发作的皮炎竟然是由坐便器引起的过敏反应。说白了就是坐便器是由劣质材料做成的，里面含有有害物质。万先生怎么也不相信，这个坐便器花了自己两千块钱，怎么可能是劣质材质做成的。他联系商家，商家却告诉他自己当初订的那件坐便器被他父母退掉了，也就是说万先生家现在安装的坐便器并不是在该商家购买的。原来，万先生的父母得知儿子花两千块钱买坐便器，以为儿子被骗了，就偷偷退了货，重新去建材市场花两百块钱买了一个。没想到就是这个便宜的坐便器害得儿子遭受了这么大罪。

现场监工

上面这个案例说明了劣质坐便器的一个重要缺陷：环保不达标。低档坐便器或多或少含有甲醛，与之配套的坐便器圈也都是塑料或者是橡胶制成，如果业主不使用坐便器垫而是直接接触坐便器，很容易导致臀部过敏，引发“马桶癣”。

（1）不要贪便宜，能选高档的就选高档的。除非只是在短时间内使用，否则，一定不要买太便宜的坐便器。就坐便器而言，确实是越贵越好。对于选哪种档次的坐便器，可以依据装修预算选购。首先，选购坐便器等洁具应该本着节约的原则，如果资金有限，不必刻意追求昂贵的进口名牌，很多国产品牌质量也很好，而且价格比进口的便宜很多。但是，如果装修预算有节余时，首先

还是应该提高洁具的档次。

（2）检查釉面。选坐便器的时候，首先要观察坐便器表面的釉面是否光滑，然后把手伸到坐便器的排污孔里，摸一下那里面的釉面怎么样，不好的坐便器里面连釉都不会上。

用手轻轻敲击坐便器，好坐便器的声音听起来清脆响亮，如果声音沙哑，说明这个坐便器可能有内裂，或是产品没有烧熟，致密性不好，不能购买。

（3）检查配件。打开坐便器水箱盖，检查里面的零件。按一下抽水按钮，试一下手感。好坐便器的配件都是铜的，用二三十年不会滴、跑、漏。如果坐便器的配件都是塑料件，还是不要选了。

（4）看样式。建议大家选择连体式坐便器，分体式坐便器容易漏水。

（5）检查节水性能。判断坐便器是否节水，不是看水箱的大小，而是要看冲排水系统和水箱配件的设计是否合理。一般坐便器都要标明冲水量，购买时可向商家索取国家有关部门颁发的检测报告，是否节水应以报告为准。通常情况下，6L以下的冲水量可列为节水型坐便器。

（6）试坐。选购坐便器的时候，一定要坐上去试试，不要不好意思，因为这很重要。很多坐便器虽然看上去很舒服，其实坐着很难受。例如，坐便器圈太窄，或者坐便器的承重位置正好在麻筋上，这些问题都会影响使用时的舒适度，一定要在买回家之前发现。

38. 小地漏大麻烦，防臭设计是关键

监工档案

选购要点：水封　下水管粗细程度　防腐蚀　防堵塞

存在隐患：返味　病毒传播

是否必须现场监工：务必现场监工购买

问题与隐患

卫生间下水道散发臭气估计是业主们最头痛的事情之一，尤其是夏天，那股恶臭让人深恶痛绝。如何阻绝下水道返上来的臭气，重中之重就是挑选优质的地漏。

地漏是地面与排水管道系统连接的排水器具，是家庭中排水系统的重要部件，其性能好坏直接影响室内空气的质量，其主要功能有防臭气、防堵塞、防蟑螂、防病毒、防返水、防干涸。

目前，市场上的地漏品种繁多，价格从几元、十几元到上百元不等，质量差别大，防臭效果也参差不齐。一旦安装的是不防臭的地漏，地漏就变成了通气孔，污水管道内的有害气体会直接窜入室内，严重污染室内环境卫生，导致家人生病。2003年“非典”期间，某座居民楼居民集体感染病毒，原因就是地漏U形水封过小，丧失了阻隔功能，致使“病毒飞沫”在大楼内自由传播所致。

失败案例

代先生家装修卫生间时，施工人员向代先生推荐某品牌地漏，一再承诺是自己的朋友开的店，质量绝对有保证，代先生同意了。入住后，代先生家的卫生间总是返臭味，让人想呕吐。即使打开换风系统也不管用。代先生找来专治卫生间返味的人检查了一遍，罪魁祸首竟然是地漏。专业人员把地漏拿出来，发现里面已经滋生了好多小虫。代先生说自己家安装的是某品牌的防臭地漏。对方告诉代先生这是市场上最便宜的地漏，价格也就十多块钱，压根儿就不是某品牌的，代先生这才知道自己被骗了。其实钱是小事，关键是这臭味里夹杂的细菌病毒损害了家人的身体健康。

现场监工

不少业主在装修时都会忽略地漏的质量，误认为只是一个简单的排水管件。殊不知，地漏不仅是排水口，还具有阻止下水管臭味返上来的作用。选购一个防臭的好地漏，绝对是物有所值。地漏的好坏主要从三个方面判断：排水

速度、防臭效果、易清理性。业主可以从以下四点进行选购：

（1）选品牌。如九牧、潜水艇、摩恩、科勒等。

（2）选种类。地漏的种类有多种，不同的种类其排水防臭的原理是不一样的，业主可以自行选择合适的地漏。

1）水封式地漏。这种地漏有新型和传统两种。新型水封式地漏是利用储水腔体里的装置或套管装置，形成“N”形或“U”形储水弯道，依靠水封来隔绝排水管道内的臭气和病菌，实现防臭效果。其优点是水封容积大，防臭效果好，因为采用虹吸原理，排水快。

传统水封式地漏是靠下水管弯管处的存水把臭气挡住。优点是只要有水就可防臭，缺点是水挥发干了以后又会返味。所以，选择这种地漏的诀窍是要选存水多一点的。不过，水存得多，下水速度会慢一点，如果下水管过细就会阻止下水速度。

因此，业主如果选用水封式地漏，建议选购新型水封式地漏。

2）硅胶式地漏。用两片较薄的硅胶或底部开口的硅胶袋来密封。排水时硅胶底部被水冲开，排水结束后，硅胶底部开口因残留水分自动贴合，实现防臭效果。

优点是防臭效果不错。缺点是当硅胶上留有污垢时会影响密封，防臭效果会减弱，且硅胶使用寿命较短。

3）弹簧式地漏。用弹簧拉伸密封垫来密封。地漏内无水或水少时，密封垫被弹簧向上拉伸，封闭管道，当地漏内的水达到一定高度，水的重力超过弹簧弹力时，水会向下压迫弹簧，密封垫打开，自动排水。

优点是防臭效果还不错。缺点是弹簧容易失去弹性，影响防臭效果，且弹簧容易缠绕毛发，影响垫片回弹，也影响防臭效果。

4）重力式地漏。利用水流自身重力和地漏内部浮球的平衡关系，自动开闭密封盖板。其原理和弹簧式类似，只是把弹力转换成浮力带动机械拉力。

优点是防臭效果不错。缺点是污垢多了不仅会阻碍浮力球上下移动，还会导致密封盖板不严，影响防臭、防菌。

5）磁吸式地漏。这种地漏的结构类似弹簧式，用两块磁铁的磁力吸合密封垫来密封。当水压大于磁力时，密封垫向下打开排水，排水结束，水压减小，小于磁力时，磁铁块吸合，密封垫向上拉升。

优点是防臭效果不错。缺点是一旦磁铁石上吸附杂质太多，会导致密封垫无法闭合，起不到防臭作用。除此以外，磁力会逐渐减弱、消失，影响密封垫的上下开启闭合，防臭功能减弱。

6）翻板式地漏。用一个密封垫片，一边用销子固定，加一个铅块，利用重力偏心原理来密封。排水时，垫片在水压作用下打开，排水结束后，垫片在铅块重力作用下闭合。这种地漏由于防臭效果差，逐步被其他新式地漏取代。

（3）选材质。地漏的材质主要有不锈钢、黄铜、铜合金、铸铁、PVC、锌合金、陶瓷、铸铝等材质。好的地漏防腐蚀性能好，一般铜质地漏最好，不锈钢次之。

（4）选易于清洁的。卫生间的排水难免混着头发之类的杂物，最好选择有防堵塞功能的地漏。还要选择可以取出来的地漏，否则堵塞后清理起来很麻烦。

39. 台盆使用率高，实用还要好清洁

监工档案

选购要点：陶瓷　玻璃　釉面　吸水率　厚度　面盆大小

存在隐患：磨花　开裂

是否必须现场监工：务必亲自购买

问题与隐患

卫生间是家居中最私密的空间，其中，台盆的选购不可忽视。虽然台盆的功能很单一，但肩负着全家人每天的洗漱重担，会影响使用者的心情。因此，安装一款称心如意的台盆是至关重要的。

台盆的材质很多，有陶瓷、不锈钢、黄铜、玻璃以及大理石等。其中陶瓷台盆是家庭中最普遍使用的，经济耐用，安全环保。玻璃材质次之，其反射效果好，可以让浴室看起来更晶莹，但容易留有水痕显脏。不锈钢材质金属感强，个性偏冷。黄铜和大理石材质高档大气，但价格较高，后三种材质的市场占有率都不高。

台盆的价格从几百元到上千元都有，质量也参差不齐。因此，选购时要多看重其环保性和节水功能。一旦购买了劣质台盆，不仅容易裂缝、磨花，影响美观；严重的还会造成有害物质污染，影响家人健康。

失败案例

黄女士家卫生间使用的台盆是装修公司选购安装的，造型优美大气，黄女士很喜欢。入住一段时间后，黄女士逐渐发现，台盆特别容易挂脏，每次洗完脸，表面上都会残留水迹。更别提在里面洗衣服了，各种洗涤剂泡沫根本冲不掉，每次清洁台盆表面都很费劲。使用了半年，台盆早已经不再光洁明亮，用手摸上去涩涩巴巴的，用清洁剂也擦不掉。最后，黄女士只得试着用钢丝球沾着洗衣粉轻轻地擦拭，不料钢丝球经过的地方，竟然露出了灰色底胎，这可把黄女士弄懵了。当初装修公司说这个台盆是高档进口陶瓷，耐磨、易清洁，还百分百环保。现在怎么成这样了呢？黄女士在网上搜索了一下台盆品牌，竟然找不到。黄女士联系装修公司，对方坚持是国外进口的，所以国内的网页是找不到的，对于质量问题是由于黄女士使用不当造成的。由于装修合同上未注明安装产品的品牌，黄女士只能认栽。

现场监工

与装修公司签订包工包料的合同时，业主一定要注明所使用或安装产品的品牌、型号、尺寸等，方便日后维权。同时，在送货安装时，业主最好能亲自验收，对照合同仔细查看与合同上注明的是否一致，如不一致，拒绝安装。业主可以从以下五个方面挑选优质台盆：

（1）去正规市场购买。

（2）按安装方式分为台上盆和台下盆两种。台盆凸出台面的叫作台上盆，台盆完全凹陷于台面以下的叫作台下盆。业主可以根据卫生间的装修风格进行选购。

（3）台盆大小。台盆太浅，容易水花四溅；台盆太深，使用不方便。业主在选购时可以自身使用情况多试用，如是否经常洗衣服或洗头发等。

（4）陶瓷台盆看吸水率和釉面。吸水率是陶瓷台盆的一个重要指标，一般来讲陶瓷产品对水都有一定的吸附渗透能力，吸水率越低的产品越好。因为水被吸进陶瓷后，陶瓷会产生一定的膨胀，使陶瓷表面的釉面因受涨而龟裂，容易将水中的脏物和异味吸入陶瓷，久而久之会产生无法除去的异味。国家规定，吸水率低于3%的卫生陶瓷为高档陶瓷。

此外，选择釉面好的产品。好釉面不挂脏，表面易清洁，长期使用仍光亮如新。选择时，可对着光线，从陶瓷的侧面多角度观察，好的釉面应没有色斑、针孔、砂眼和气泡，表面非常光滑。

（5）玻璃台盆看厚度。市场上出售的玻璃台盆壁厚有19mm、15mm和12mm等，越厚的产品越结实耐用。如19mm壁厚的产品，可以耐受80℃的相对高温，耐冲撞性和耐破损性也较好。

40. 卫浴五金配件别乱买，确保防腐最重要

监工档案

选购要点：不锈钢　铜镀铬　铝合金　防腐　承重　质感

存在隐患：锈蚀　影响美观

是否必须现场监工：有条件最好现场监工购买

问题与隐患

卫浴五金配件是指安装在卫生间里用于挂晾衣物的挂壁式的金属制品，包

括有毛巾杆、毛巾环、浴巾杆、金属挂栏、装饰镜等，使用频繁，损耗自然也多。卫浴五金配件总体价格不高，从几十块钱到上百元都有，因此建议业主最好选择中高档产品。一旦购买安装的是劣质产品，一是容易锈蚀，不仅影响美观，还会影响毛巾等的卫生情况；二是安装不结实，影响使用。

失败案例

周小姐家卫生间的挂件是她在微信上订购的，很精致的铜质挂件，价格也不便宜。几天后送货上门，周小姐看到包装很精致，里面的挂件做工也不错。然而，使用不长时间，周小姐就发现卫生间里的五金配件表面长出了“斑”，细看才发现是表面镀层脱落了。周小姐记得自己购买的是实心铜质挂件，她费了很大劲才把它们拆下来，掂了掂重量，感觉轻了些。周小姐在微信上联系了卖家。卖家坚持自己没有发错货，而且送货上门时周小姐已经验过货，现在出现质量问题是周小姐使用过程中造成的。双方争吵了几次都没有结果，最后卖家干脆把周小姐拉黑了。

现场监工

卫浴五金配件的好坏，关键在于材质。所以，它们的选择也主要围绕材质展开。目前市面上流行的五金配件材质主要有不锈钢、铜质和铝合金三种，不同材质其选购要点也不同。

（1）不锈钢制品要防造假。浴室是潮湿度高、酸碱溶液使用比较多的地方，所以，硬度好、耐磨损、不生锈的不锈钢制品是最佳的选择。

切记，要选择好的不锈钢制品，劣质不锈钢制品会生锈。关于不锈钢的鉴定方法，本书前文已多次提及，在此不再赘述。

（2）铜镀铬的镀层要够厚。铜镀铬是目前卫浴五金配件的最常用材质，这种材质所制造的产品一般分空心和实心两种，其中实心的更耐用一些，价格也更贵。

选择铜镀铬的关键是镀铬层的质量。优质产品都是多层镀铬，而劣质产品的镀铬层往往很薄，镀层很容易脱落，导致表面会产生斑点，很难看。

（3）铝合金产品。表面一般是氧化或拉丝处理，不能电镀，因此成品表面是亚光的。其缺点一是难于清洁；二是质量轻，抗弯性能也不是很好，很容易变形。优点是价格便宜，防腐性能不错，也正因为这一点，使得铝合金卫浴五金配件在市场上大行其道。业主可以根据自己的喜好进行选购。

（4）通过五金配件与墙体的连接部分，查看卫浴五金配件的材质。五金配件和墙体连接的部位一般不会进行表面处理，从这可以看到其所用的真正材质。另外，掂一下重量也有助于判断，不要选太轻的。

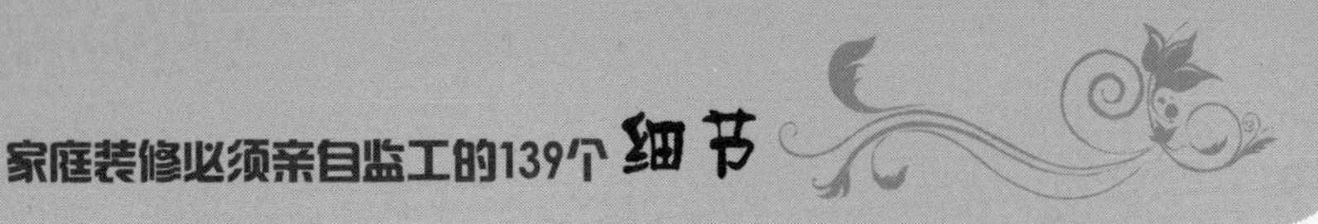

下篇　现场施工中需要监工的99个细节

购买好装修材料后，下一步就是施工了。再好的设计和材料，如果施工不到位，同样会出现各种问题。明明应该是装修公司听从业主的指挥，指哪打哪！但在现实中却是反着来的，多数业主由于不懂专业知识被装修公司牵着鼻子走。装修公司偷工减料、投机取巧、变相加价已经是装修界的潜规则，甚至是明规则！

改电时，施工人员没有将电线穿管就直接埋在了墙里，导致漏电而致人死亡！

铺贴墙砖时，施工人员偷懒没有将墙壁拉毛而直接贴砖，导致墙砖脱落，掉下来毁物伤人！

安装吊灯时没有用（或者用量不够）膨胀螺钉导致吊灯变“掉灯”，家人头部被砸重伤！

…………

这些，本可以避免，但是由于业主在施工中没有监工，导致这些悲剧时常上演！没有监工，后患无穷！轻则让业主经历十几道的返工程序，浪费大量的金钱和时间！重则会留下健康隐患，让家人生病！更为严重的会留下安全隐患，危急家人生命安全！

本篇就着重讲解在装修过程中需要业主监工的细节。这些细节都是作者精挑细选出来的，贯穿了整个装修流程。有了它，业主就会对装修施工过程了然于胸，再也不会受他人蒙骗。

第5章 水电改造中需要监工的细节

41. 免费设计图，找出其中的猫腻

在进入正式监工之前，有必要了解两项与装修公司有关的内容：一是免费设计图，二是套餐装修。可以说，如果业主请的是装修公司，就很可能涉及这两项内容，它们与之后进行的施工有密切的关系，同样需要业主监督。因此，将这两项内容放在本章前两小节讲解。

监工档案

关键词：免费　变相收费

危害程度：很大

返工难度：无法返工

是否必须现场监工：务必现场监工

问题与隐患

随着装修公司越来越多，免费设计图成为各家装修公司招揽客户的手段之一。那些美轮美奂、声称专门为客户量身设计的效果图，往往让业主陷入了马上装修的冲动中。许多业主梦想将自己的新居装修成效果图中的样子，但实际的效果往往不伦不类，且装修费用高昂。这一过程中存在以下问题：

（1）设计图通常是效果图，这种三维图片将各种美好的设计拼凑在一起，紧紧抓住业主的眼球。但实际上，效果图只是理想中装修出来的效果，它不是

具体的施工图，图中细节部分可以由设计者自由调节，很可能与业主家的实际尺寸并不符合，因此，最终的实际效果往往差强人意。

（2）名义免费，实则收费。许多装修公司的设计师与施工方有合作关系，名义上是免费设计，实际上，设计师设计的效果图施工复杂，需要花费高额的装修费用，其中部分费用最后往往由施工方返给设计师。简单地说，装修公司拿出的是一张免费的设计图，换回的是高额的施工费。

可见，设计图中暗藏玄机，业主监工是必不可少的。

失败案例

新居装修时，杨小姐找到了本市最大的装修公司，公司在实地察看了杨小姐的新房后，承诺为她进行免费设计，看到效果图后，杨小姐就决定照图装修。装修公司为杨小姐设计了开放式厨房，并在餐厅和客厅之间设计了一个别致的吧台。吧台上是一个独立的吊顶，上面安装了9盏小巧玲珑的小射灯。射灯打开后，灯光正好聚集在吧台上，营造出浪漫温馨的氛围。有了这个吧台，在杨小姐下厨时，她的爱人就可以坐在吧台边翻翻杂志，陪着杨小姐说话聊天，既避免了两人因谁下厨带来的争吵，还增进了夫妻间的感情。晚饭后，夫妻俩经常坐在这里喝一杯咖啡，聊聊一天的工作，在灯光的笼罩下，度过一个惬意的夜晚。这样的日子过了几个月，杨小姐觉得家的感觉就是这个样子。但一段时间后，他们就再也没有这种闲情逸致坐下来喝咖啡了。原来，随着炎热的夏天到来，射灯一打开，9束光线就像9个小太阳似的，使吧台上的温度骤然升高，坐在这里就觉得浑身热得要出汗，哪里还有心思谈情说爱呢？而且居家过日子也用不着每天都开着射灯，毕竟家里又不是酒吧。当初为了实现图样中的效果，吊顶、射灯以及其他的装饰品，让杨小姐足足花了三四千元，现在却成了一个摆设，挂在那里容易落满尘土，摘下来吊顶上又光秃秃得很难看。

现场监工

这一环节业主一定要亲自监工。免费设计图有时是装修公司给业主挖的一个大坑，一旦跳进去，业主的噩梦就开始了，往往要为此付出高额的装修费。

（1）不要相信免费设计。装修公司所说的设计图往往是指效果图，这种图与施工图有可能存在着很大的误差。效果图，顾名思义，追求的只是效果，由于是用计算机绘制，一些不和谐的细节也可以修改得很完美，效果图中的空间大小、家具尺寸等与业主家的实际情况有可能存在严重的不符。因此，效果图中绝妙的设计在现实中往往难以实现，装修出来的家居环境既不实用，又令人感觉别扭。

（2）业主看过效果图后，一定要索要施工图，详细问清楚施工过程。

42. 套餐装修，看出报价单中的玄机

监工档案

关键词：套餐　瞒报　额外部分高收费

危害程度：非常大，给业主带来很大的经济损失

返工难度：无法返工

是否必须现场监工：务必现场监工

问题与隐患

装修公司推出的装修服务主要有传统装修和套餐装修，前者是业主自购主材或者由装修公司代购主材，后者是一种按平方米计价的装修模式，即将装修主材（包括墙砖、地砖、地板、橱柜、洁具、门及门框、墙面涂料、吊顶材料等）与基础装修组合在一起。这种装修方式通常标有清晰的价格，如380元/m^2、480元/m^2、580元/m^2、680元/m^2等。套餐装修的计算方式是用住宅建筑面积乘以套餐价格，如100m^2的房子，选择的是380元/m^2的套餐，那么装修的总费用是3.8万元。与前者相比，这种以平方米为计价单位的家庭装修消费模式让业主更省事省心，而且能节约近1/3的装修时间，因此备受广大业主的喜爱。然而，这种套餐项目看似便宜，实则布有陷阱。这一环节中主要存在以下

问题：

（1）超出标配项目之外的部分收高价。套餐装修的项目中有着严格的数量限制，如橱柜操作台只包括2延米，如果业主要多加1延米，那么这多出来的1延米会以高于市场价的价格卖给业主。

（2）个别项目隐瞒不报。装修公司制定的套餐中通常只报个别项目，一些必须要装修的流程故意隐瞒不报，在施工过程中逼迫业主加钱。如装修墙面一项中只报乳胶漆的价格，而在装修过程中，刷乳胶漆之前必须要进行的墙面基层处理及找平等环节隐瞒不报，待施工时再以此逼迫业主出高价铲墙、找平。

失败案例

拿到新房的钥匙后，由于家人工作都较忙，林先生选择了装修公司的套餐服务，总费用共计10万元，想着省去了很多麻烦，林先生觉得很合算。然而，装修结束后，林先生却为此多付出了6万元。套餐中原本包括2延米的人造石台面，而林先生家的厨房台面需要做4延米，于是林先生想以市场价让装修公司增加2延米。没想到装修公司却说自己所用的材料是独家经营，价格昂贵，如果林先生需要，则只能以原价购买，否则公司也没有利润可赚。这时林先生才发现装修公司的经营之道，明知是对方在坑自己，最后也只能接受。如果不做，一则台面太小，使用不方便；二则不能找别的装修公司另做，否则不但台面难以配套，而且在价格上对方同样会漫天要价。接下来在做墙面时，施工人员告知林先生需要铲除墙面基层，然后再找平，否则无法涂刷乳胶漆，而这两项都是要另外收费的。林先生傻眼了，当初签合同时没提这些，现在怎么出来这么多要另外加钱的项目？施工人员告诉林先生，价目表里没有不代表施工中没有，这是装修中必须进行的一项施工，不能漏掉，否则没法装修下去。双方僵持了两天，看着施工了一半的房子，林先生只得同意付钱，对方才开始继续施工。就这样，等到装修结束后，林先生竟然额外多掏了6万元。

现场监工

这一环节业主一定要亲自监工。俗话说，“买的没有卖的精”，这句话同样适用于装修公司。套餐装修中往往暗藏了许多大大小小的陷阱，使得业主支付额外的高昂费用。因此，业主一定要亲自监工。

（1）了解套餐装修。套餐装修中包含了绝大部分装修项目，但也排除了一部分装修项目。通常情况下，套餐装修不包含以下项目：①个性化设计部分，如拆墙等拆改新建项目、电视背景墙等个性装饰部分等；②隐蔽工程，如水电路改造、防水工程等；③超出标配项目或者数量之外的项目，如开关面板、灯具等。总之，套餐装修中有些项目是业主需要的，有些是业主不需要的。选择套餐时，业主一定要事先询问清楚，因为在合同里通常没有明确未装修的套餐项目该如何退款，而潜在的规则是对于未履行的装修项目装修公司不予退费。

（2）关于不包含在套餐中而业主需要的增项费用。套餐装修中有一些必需项目，如水电改造是不包括在报价中的，增项的费用空间很大，不好控制。水路及电路改造是花钱大项，也是装修公司最大的陷阱，因此，建议业主最好找一位精通水电或是在这方面有经验的朋友监工。如果是业主亲自监工，事先一定要多了解这方面的相关规定和施工过程，以便在监工过程中做到有理有据，让装修公司难以实施蒙骗手段。

（3）不同的套餐报价区别在于所使用的主材和基材的质量及品牌有所不同，如680元/m^2的套餐要比580元/m^2的套餐好，报价越低，材料质量越差。一些套餐中的建材虽然是高端品牌，但是其采用的产品往往是该厂家产品中最低端的，施工过程中，如果业主提出更换产品，装修公司就会漫天要价，导致整个项目费用大大超出预算。因此，在签订合同时一定要注明所有的建材品牌及型号。

（4）谨慎对待套餐中的数字陷阱。业主在选择套餐时，一定要留心一些数字，否则就会掉进这些事先挖好的数字陷阱中。如报价中包含2延米的人造石台面，这时业主要量一量是否真的是2延米，应按照实际尺寸签订合同。

（5）了解装修流程。这一点要反复强调，只有掌握了装修流程，业主才能看出套餐中哪些项目是坑钱的，避免跳进装修公司事先挖好的陷阱。

43. 下水管道易堵塞，监督施工人员莫乱用

监工档案

关键词：下水道　堵塞　封闭

危害程度：中等

返工难度：不大

是否必须现场监工：可事后监工

问题与隐患

许多业主在装修进行中或者结束后会遇到这样的情况：卫生间的下水管道被堵了。下水管道是用来排除污水的通道，由于其隐蔽性，堵塞很难被发现，因此在装修过程中可能会出现以下问题：

施工人员在进行装修时，为了省事，常常将大量水泥、砂子和混凝土碎块等倒入下水管道。这种做法造成的直接后果就是严重堵塞下水道，使厨房和卫生间因下水不畅而溢水。

失败案例

装修时，小赵特意请了一个月假监工。小赵的新居铺的是地砖，施工期间，小赵每天早早地赶到现场，监督施工人员干活，其间双方常常因为一块砖铺得是不是平整、需不需要返工等事较劲，让小赵觉得这监工的活儿比加一个月班都煎熬。几天后，地砖终于铺完了，小赵也跟着松了口气。打扫“战场”时，施工人员将扫在一起的水泥块和砂子等一股脑儿倒进了下水管道，小赵见状赶紧制止，但还是晚了一步。施工人员对小赵一笑说：“兄弟，没事儿，我们经常这样做，从来没堵过。下水管道这么粗，倒进点砂子还不是都漏下去了吗？放心吧，堵不了。”看着施工人员漫不经心的样子，小赵憋了一肚子气，心想：这次我就不和你们计较了，真要是堵了，我再找你们算账。装修结束后，小赵检验了所有施工项目，结果让小赵气急败坏——下水管道竟然真的堵了。这可怎么办？水泥块卡在水管中，想要用水冲下去是不可能的，用锤子敲碎更不可能。最后，小赵只好找来专业疏通下水管道的人员，费了好大劲儿才终于疏通了下水管道。小赵找到铺地砖的施工人员说明了原委，谁知对方矢口否认是自己干的，双方为此大吵了一架。最后，小赵只得付了疏通管道的费用。虽说钱并不多，但想到施工人员的做法，小赵的气就不打一处来。

8 现场监工

这一环节说大就大，说小就小。如果施工现场有未封闭的下水管道，有些施工人员会习惯性地将垃圾倒进去，这样就不用将其费力地扛到楼下。这几乎是业界的一个潜规则。因此，除非施工人员非常遵守规矩，否则，业主事先一定要封闭下水管道，严禁施工人员将下水管道当成垃圾道使用。

（1）在装修前，业主需要把装修过程中大大小小用得到或可能用得到的下水管道都考虑在内，做好保护工作，如将厨房、卫生间里所有的下水管道封闭等。

（2）在水路施工完毕后，将所有的水盆、洗手池和浴缸注满水，然后同时放水，检查下水管是否通畅、管路是否有渗漏等问题。

装修前，所有下水管道一定要封闭好，防止水泥块等垃圾掉入引起堵塞

44. 电路改造要画线，严格施工不偷懒

监工档案

关键词：电路改造　电路图　画线

危害程度：不规范施工会留下安全隐患

返工难度：很大

是否必须现场监工：如时间允许尽量现场监工

问题与隐患

电路改造是现代家庭装修中一个不可缺少的流程，包括线路定位（画线）、开槽、埋管、穿线等一系列程序。在这一流程中，按照线路图在墙壁上画线是非常重要的一步。它是指施工人员在确定开关插座位置以后，用墨斗线标出线路走向。不要小看这一步，它直接决定着下一步要进行的开槽环节的施工质量。规范、正确的画线是电路改造的基础和保障。然而，施工人员在施工过程中往往难以按规范施工，这一环节中主要存在以下问题：

（1）施工人员不按线路图标注准确位置，自作主张地给线路“走捷径”，缺横少竖，任意拐弯。

（2）施工人员不使用工具，随意画线，所画线路七扭八歪，结果直接影响开槽的质量，也给整个电路改造工程埋下了隐患。

失败案例

装修开始时，李先生就请了专业电工布线，原本打算自己亲自监工，由于工作忙只好作罢。想到布线对于专业电工只是小菜一碟，李先生在向施工人员进行了简单交代后就匆忙离开了。第二天，李先生趁着午饭的时间赶到了装修现场，进门后，他看见墙面和地面上“千疮百孔”，布满了七扭八歪、纵横交错的沟壑。原来，施工人员已经开始进行开槽工作。李先生仔细看了看，发现这些开过槽的地方事先都没有画线，所开的线槽也没有一条是直线。一名施工人员拿着电钻正在一处没有画线的墙上开槽，李先生走上前让施工人员停下来，没想到对方告诉李先生画线一点用都没有，纯粹是浪费时间，像这样拿着电钻直接在墙上开槽就行，即使开歪了也没关系，待涂装过后一切痕迹都看不出来。看着已开了一大半的槽，李先生虽然觉得施工人员的做法是在偷懒，但也懒得计较了，就随他们折腾吧。

电路改造过程中墙上画好的线及已开的线槽

现场监工

画线这一环节由于是直接表现在墙面上，一目了然，因此可以事后监工。但由于此环节和下一环节开槽紧密相连，许多施工人员会将两个环节连在一起施工，因此，如果是事后监工，需要叮嘱施工人员在画线后通知业主前去验收，或者在未经业主同意时不要直接进入开槽环节。这一环节的监工很容易，但难在坚持己见，一定不要听信施工人员的任何托词。

（1）业主要根据自己的实际需要合理安排布线，以免浪费，尽可能少用灯带和射灯，因为这些日后很少有机会用到。在此提醒业主：可在浴室镜旁多预留两个插座，方便日后使用吹风机和剃须刀。

（2）设计电路图。业主一定要请专业电工按照自己的用电需要设计电路图，确定管线走向、标高及开关、插座的位置，核实无误后再施工。

（3）线路开槽要求横平竖直，因此画线也应该做到横平竖直，不应有弧度很大的拐弯。

（4）业主应着重了解布线过程中的三处重要注意事项：

1）电路与暖气、热水、煤气管之间的平行距离要大于30cm，尽量不交

叉布线。动力线路和信号线路相隔间距应大于30cm，避免信号线的信号受干扰。

2）用弹线法确定开槽位置。弹线是一种测绘方法，具体操作方法是：用一条沾了墨的线（即墨斗线），两个人每人拿一端，然后将墨线弹在地上或者墙上，目的是用来确定水平线或者垂直线。施工人员必须要使用弹线，在弹好平行与垂直线后再开槽。

3）电源插座及各种接线盒按统一的高度标准施工。插座类距地面40cm开槽，挂式空调插座距地面2.2m开槽，开关距地面1.2～1.4m开槽。

45. 电路改造要开槽，过程规范无隐患

监工档案

关键词：电路改造　开槽

危害程度：不规范施工会留下安全隐患

返工难度：很大

是否必须现场监工：如时间允许尽量现场监工

问题与隐患

画线之后紧接着就是开槽，开槽是用切割机或者手工沿墨斗线走向在墙面开出一条线槽。线槽的宽度、深度以及开槽方向都有严格的要求，施工人员必须严格按要求执行。事实上，开槽要求走线横平竖直、不斜拉。具体地讲，要求轻体墙横向开槽不超过50cm；承重墙上不允许横向开槽；内保温墙横向开槽不超过100cm。

不要小看开槽，这一环节对电路改造有着极其重要的作用。横平竖直的开槽具有以下好处：①线路清楚，便于后续施工，同时便于日后管线的维护；②便于安装电器和挂件类物品，保护电线不受损伤；③如果家里采用地暖，有

利于地暖下保温板的大面积铺装，否则，保温板可能被裁成小块，不利于后期的保温；④铺装实木地板时，有利于安装龙骨，便于找平，使安装好的地板平整而坚固。

然而，由于所开的线槽最后是被埋在墙里的，属于隐蔽工程，业主在事后验收时根本看不见，因此，许多施工人员在施工过程中并不能按要求施工，且往往存在以下问题：

（1）操作时不按要求施工，所开的线槽像蜘蛛网般横七竖八、杂乱无章。一些施工人员在装修时为了方便，经常斜向开槽，虽然看似减少了布线管的长度，节约电线，但是却破坏了墙体结构，造成了严重的安全隐患。

（2）不按要求施工，所开槽深浅不一，造成线管被埋入后薄厚不均，影响日后使用，同时还会影响墙面的平整度。

失败案例

王先生家正在装修，在电路改造过程中，王先生详细告知了电路改造施工人员自己需要的线路。于是，施工人员在王先生家的客厅地面和墙面上开始了蜘蛛网般的开槽工作，让王先生看得既心疼又担心。施工人员在地面上横七竖八地交叉着开了若干条线路，墙面上也开了好几道线槽，这些线槽所开的深浅都不一样，有的槽深，有的槽则明显浅一些。王先生质疑埋过管后墙面会不会因此而变得不平，施工人员说不会对墙面有任何影响，待墙壁刮腻子及刷乳胶漆后就看不出来了。最险的还在后面。有几次，王先生亲眼看到电钻打到了钢筋，看着裸露出的钢筋，王先生建议施工人员竖向开槽，对方却称竖着开槽绕路，要用不少电线；再说这墙厚着呢，哪能那么容易“受伤”？此外，在开槽过程中，由于设计不准确，线槽有几条根本没用上，最后施工人员只好在废弃线槽的旁边继续开槽。事后，王先生向从事这方面的朋友一打听，才知道被施工人员蒙骗了。入住新居一段时间后，王先生家曾经开过槽的墙上就出现了裂缝，而且裂缝的范围正逐渐向四周扩散。

现场监工

由于这一环节不仅与电路有关，且影响着其他流程的进行，返工成本太大，因此建议业主最好亲自监工。

（1）在施工之前，业主要和施工队长再次确认一遍管线的走向和位置。针对不同的墙体结构，开槽的要求也不一样。

墙面上要开竖槽，尽量少开横槽

墙面：墙上开槽要尽量竖向开槽，减少横向开槽的长度和次数。按规定，墙面不允许横向开槽，因为墙面会因重力而下沉，导致裂缝或出现安全隐患。如果是保温墙，则会破坏保温层。此外，开横向槽因为至少要把PVC管埋进去，其深度很有可能打到钢筋。

地面：地面开槽肯定有必要，一则电线开槽埋管日后容易维修更换；二则铺砖时不易损坏电线，还能降低地砖空鼓率。地面开槽应尽量避免交叉，如实在避免不了就要处理好交叉处。

房顶：如果房顶采用吊顶，可直接布PVC管，如果不吊顶只能布护套线。

（2）监督施工人员严格按施工步骤开槽：

1）进场后立即准确地将墨斗线弹好。

2）先用切割机在混凝土上开缝，再用平口凿子凿平。

墙体开槽要深。混凝土墙有2～3cm的水泥砂浆保护层，钢筋在墙内还有1.5cm的保护层，因此，在开槽时尽量确保3.5cm深，如果遇到钢筋不能开深的位置则要求在外面铺钢丝网，以免此处在日后涂刷乳胶漆后开裂。

3）过桥，即用水泥封住所开的槽。注意不要封太多，只封一点固定一下即可。

46. 开槽要拍照，日后有证据

监工档案

关键词：电路改造　开槽　拍照

危害程度：不规范施工会留下安全隐患

返工难度：很大

是否必须现场监工：务必现场监工，开槽后务必要拍照

问题与隐患

开槽布管后，面对着墙、地面上杂乱无章的线槽，业主往往不知所措，只等着施工人员画一张线路图；甚至有些业主连图样都不知道索要，更别提用相机拍照了。别小看这种做法，给线槽拍照或画一张详细的线路图，对日后线路的维修有重大作用。业主如果在日后的使用中发现某一线路出现问题，就可以依照照片或图样进行查找维修。

然而，这一做法在装修过程中往往难以实施。原因在于很多施工人员在施工过程中不按规范施工，为了避免日后业主找自己的麻烦，他们通常会给业主一张十分简单甚至是错误百出的图样。在这一环节中主要存在以下问题：

（1）阻止业主拍照。照片是最有效的证据，因为业主一旦发现施工人员不按规范施工，就可凭此要求返工或赔偿，这使得一些施工人员竭尽全力阻止业主拍照。结果一旦业主在使用过程中发现线路出现问题，却不知从哪里检查起，最后只能废弃这一条线路。

（2）画一张简单或错误的线路图，当某一线路出问题后，业主会发现埋在墙里和地面的线路就像藏宝路线一样难找，甚至会照着图样胡乱砸墙寻找线路。

二者相比，前者更容易实施。因此，业主一定要记得给线槽拍照。

失败案例

张先生装修新居时，客厅、三间卧室甚至厨房卫生间都布了网线、电话线、有线电视线等，为的是将来使用时不会因没有而留下遗憾。开槽铺管后，看着复杂的线路走向，张先生想到用相机拍照，以便日后备用。张先生将这一想法告诉了施工人员，谁知施工人员嘲笑了他一番，说又不是好看的风景，即使拍照了你多少年都不会用到，等你用到了也看不懂，不如我们最后给你画一张线路图，将每条线路都标注清晰，到时你一眼就能看明白。听对方这么一说，张先生也觉得拍成照片自己还真是看不懂，就放弃了这一想法。结束后，施工人员给了张先生一张线路图，上面只有简单的几条线路。一年后，张先生客厅里的网线和电话线突然间不能用了，张先生找人修了好几次都没有结果。维修人员告诉张先生，可能是埋在墙里的线出了问题。张先生拿出当初施工人员留下的线路图，维修人员看了看又交给了张先生，原来这只是一张随手画出来的图，根本不是张先生家的线路图。看到张先生真的不懂，维修人员苦笑着告诉他，你家的电路改造肯定不合规范，那些施工人员不让你拍照就是为了防止你留下证据，最后再给你一张没用的图样。听维修人员这么一说，张先生傻眼了，当初如果自己坚持拍照就不会是现在这个样子了。

现场监工

这一环节简单易行，还是要业主自己实施为好。所谓“我的地盘我做主”，因此，拍照“留念”是在捍卫业主的权利，一定要坚持！

（1）线槽开好后，一定要用相机拍下整个画面，以便更真实地保留线槽走向图。

（2）索要详细的线路图。虽然一些装修公司的合同会附有线路走向设计图，但是只是一张简单的线路图，不能一一反映开槽的真实情况。时间久了，还可能导致识别不清，造成不必要的错误和麻烦。

47. 电线穿管再埋墙，偷工减料会漏电

监工档案

关键词：电路改造　穿管　埋线

危害程度：不规范施工有漏电危险

返工难度：很大

是否必须现场监工：涉及生命安全，务必现场监工

问题与隐患

电路改造后，新增的电线按照国家规定要穿管埋设。穿管是指在开槽后电线应先放入线管，在穿管后再埋进墙内。

不要小看穿管，这一环节对电路线路有着重要影响，有利于日后维修线路和更换电线。然而，许多施工人员在穿管时往往难以尽责，因为线管暗埋在墙壁内，业主在事后验收时根本看不见。因此，在这一环节主要存在以下问题：

（1）施工人员并没有按照这一技术规范进行，而是将电线直接埋进墙内，经过长时间的使用，电线胶皮老化或者被腐蚀损坏，会造成漏电，轻者烧毁电器，重者会殃及整个楼房和其他住户。维修时又难以更换电线，只能将这一线路废弃，重新凿墙引线。

（2）即使电线穿了管，也有可能造成线路损坏，如施工人员将电线在管内任意扭结或者使用了带接头的电线等。

失败案例

装修时，王先生将自己的电路改造要求交给了施工人员，在监督施工人员在地面和墙面都开了槽后，王先生就忙工作去了。待他忙完工作赶到装修现场，看到施工人员已经封槽，地面上散落着零星的塑料管线，王先生觉得施工人员一定是穿管后才封槽的，因此就没有再确认。然而几个月后，王先生却因

这一次小小的误工差点与电流有了一次“亲密接触”。原来，王先生的手无意间触到了墙面，瞬间，一股轻微触电的感觉从手指传到了整条胳膊，王先生很奇怪，接连试了几次，都有这种现象。王先生找到电笔一试，结果让他大吃一惊——墙壁带电。太危险了！王先生赶紧打电话给物业，物业的电工在检查了屋内屋外的所有电源后，终于发现是一根埋在墙里的电线受潮后引起了漏电，只要改线就可以轻松地解决问题。就在电工准备换线时，新的问题又来了，墙里的电线怎么抽也抽不出来。电工遗憾地告诉王先生，这条线路只能报废了，因为那根电线没有穿管就被直接埋进了墙里，无法进行更换。直到这时，王先生才知道当初改电时施工人员并没有穿管。

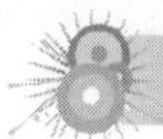

现场监工

这一环节业主一定要现场亲自监工，因为等到封槽后再检验通常是发现不了问题的；即使发现了问题，也常会被施工人员找种种借口敷衍、推脱。到入住后发现问题再返工，其烦琐程度可想而知，到时只能废弃这条线路再拉明线。本环节的监工要点以及国家相关标准如下：

（1）电线一定要套管后再埋入槽内。穿线管应用阻燃PVC线管，购买时可以用手指使劲捏一下，如果捏不破则说明质量较好；如果经济条件许可，也可以选择专用的镀锌管。

（2）埋在线槽里的电线一定要选用质量较好、线径较大的产品。业主最好自己购买电线，然后在现场监督施工人员操作，安装完毕后要进行通电检验。

（3）在同一根线管中所通过的电线数量要尽量少，以不超过3根为宜，否

电路改造时，电线一定要套管埋墙

则不利于维修。管内导线的总截面面积不能大于管内径总截面面积的40%，管内不要有接头和扭结。线管对接时要用管套，拐弯处要用弯头或三通连接，然后用胶水粘牢。线管连入电线盒内要用压线帽，线管与电线盒必须使用锁扣接口。

线盒内的强弱线头要用压线帽保护

（4）不同的信号线必须分别单独穿管，不可共用同一根线管。

（5）电线穿管后放入槽内，用水泥或快干粉进行点式固定，即在一条槽上选择几个点进行封闭固定。安装暗盒时，放暗盒的墙洞要大一些，以便用水泥嵌入暗盒与墙洞之间的缝隙中，将暗盒固定牢固，防止日后使用时松动。

（6）一定要让装饰公司留下一张管线图：将墙壁编上号码并画出平面图，接着用笔画出电线的走向及具体位置，注明与顶棚和地面的距离及邻近墙面的方位，特别应标明管线的接头位置。有了这张详细的图，有助于业主在日后的使用中及时查找问题线路的位置。

48. 厨房改水电，橱柜设计宜先行

监工档案

关键词：先设计橱柜　后改水电

危害程度：大

返工难度：无法返工

是否必须现场监工：务必要现场监工

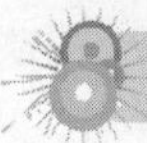

问题与隐患

现代装修中，越来越多的家庭选择整体厨房或橱柜。遗憾的是多数业主忽略了厨房装修流程，往往是在改完水电后才联系橱柜厂家进行测量和设计。结果导致橱柜设计受限，不能更好地利用空间，成品安装后使用起来也不尽如人意。事实上，不管是整体厨房还是橱柜，即使是最普通的橱柜，也要在厨房改水电前先进行合理的布局，现场测量后做初步设计。待水电改完后，再让设计师上门进行精确测量和设计。

失败案例

赖先生家装修时，做完了水电改造和墙砖铺贴后，才联系了某品牌的整体橱柜厂家上门测量。设计师到场后看了一番，表示按照赖先生的要求设计难度很大。理由是自己的设计只能遵循现有水电的布局进行。赖先生觉得是设计师的能力有问题，又联系了几家整体橱柜厂家，结果设计师都说难度大。赖先生这才发觉是自己搞错了顺序，可是返工的难度太大了，最后只得任由设计师设计了。橱柜安装好后，虽然表面上看起来很整洁大气，但实际上使用起来很不方便。由于水管和电路的局限，柜子里的许多空间不是闲置就是分隔不合理，没能做到物尽其用。现在，赖先生对当初先改水电的做法很是后悔，却也无能为力。

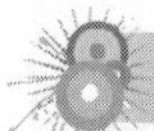

现场监工

本案例中，赖先生的失误在于弄混了厨房装修的流程，先改了水电，后设计橱柜，结果导致橱柜布局受限。

（1）先设计橱柜，再改水电。购买新房后，业主如果打算安装整体橱柜，最好提前定好橱柜公司，在拿到新房钥匙后，第一时间带设计师去现场观看，定好设计方向，进行初步测量和设计。接下来要和改水电的施工人员进行沟通，将橱柜设计方案告诉改水电的施工人员。厨房的水电改造、贴砖、吊顶等基础施工完成后，橱柜设计师会再次上门精确测量，做出最后的施工图。

（2）首选大品牌的橱柜厂商。定制橱柜属于个性化服务，大的品牌都有自己的设计师团队，可以根据业主的要求设计出理想的橱柜，从柜子的整体造型、美观程度，到柜子内部的空间分隔、最大化利用率等，这是一些小型橱柜制作商或普通木工师傅做不到的。

49. 电视墙预留线，否则麻烦又难看

监工档案

关键词：电视墙　插座　莲花头连线　S端子线

危害程度：不大

返工难度：很大，需要刨墙返工

是否必须现场监工：虽然危害不大，但返工很麻烦，所以务必现场监工

问题与隐患

电视和电视墙是客厅的视觉中心，装修时设计一面美观大方的背景墙，再配一台液晶电视，是每个业主追求的理想效果。液晶电视时尚、超薄、占用空间小，既可以悬挂在墙上也可以摆放在电视柜上。然而，在实际过程中由于电路改造不当却可能导致麻烦。这是因为开发商往往只在电视墙的下部留下一个插座，甚至根本不在电视墙面上留插座。而在装修过程中，一些施工人员在业主没有明确表示的情况下，往往故意遗漏这一插座的安装，结果导致业主想悬挂电视时只能从墙底部连接很多线到电视，电线暴露在外，从而影响美观。

失败案例

装修时，设计师按照张先生家原有的电视设计了漂亮的背景墙。一年后，张先生更换了一台液晶电视。本以为液晶电视可以悬挂在墙上，不占用原来电视的空间，于是张先生将原有的电视柜送给了朋友。可是，当电视送到家后，

张先生发现了一个大难题。原来，张先生家的电视背景墙上没有壁挂电视的插座。这可怎么办？安装人员建议张先生走明线，不足之处是背景墙上会出现几根杂乱的线。张先生觉得那样实在是太难看了，可是又想不出其他好办法。斟酌再三，张先生决定将液晶电视摆在电视柜上。由于不好意思再开口向朋友要回电视柜，张先生只得重新买了一个新的电视柜。

现场监工

这一环节属于电路改造过程，需要业主亲自监工。电路改造时，一定要把能想到的和暂时用不上的线路、插座等都设计好，千万不要听信施工人员任何有关日后用不上、纯属浪费的建议，因为如果现在准备好了，即使日后用不上，结果只是将其闲置起来；相反，如果没有准备，待日后想用时只能是无能为力。所以宁可闲置，也不要到头来“抓瞎”。

（1）电路改造时，把各种能想到的线（如网线、有线电视线等）都布上，一定要在放电视的背景墙上多留几个插座，不要嫌麻烦。

尤其需要指出的是，很多业主喜欢把电视挂在墙上，而现在的电视除了需要连接电源线之外，还需要连接机顶盒及DVD机等，当前我国标准的机顶盒和DVD机使用的都是三个莲花接头，如下页所示。

如果业主想把电视挂到墙上后看不到这些连线，就需要在电路改造时要求预先在墙里连接至少两组这样的线，设置在距地面1.5m左右的位置。为保险起见，还可以再连接一根有线电视线和一根S端子线（将来可连接计算机和电视）。

（2）即使家里使用的不是液晶电视，业主也一定要在背景墙上距地面1.5m左右的高度预留1到2个电源插座。不要担心会影响背景墙的美观，标准高度的电视柜加上电视的高度是完全可以挡住壁挂插座的，不会影响外观效果。

（3）电视背景墙应尽量采用活体安装，有利于家具配套及合理布局，避免因家具更新而导致背景墙过时。更重要的是，如果装修时布线不合理，事后还可以改动，不需要返工；相反，如果没做好背景墙，当日后准备更换液晶电视等壁挂式电视时，改动线路将是一件很麻烦的事。

50. 厨房插座，宜多不宜少

监工档案

关键词：厨房　插座　燃气报警器插座

危害程度：不大

返工难度：无法返工

是否必须现场监工：务必现场监工

问题与隐患

厨房可以说是整个家庭里使用电器最多的地方，随着生活质量的提高，原有的家电如冰箱、微波炉、电饭煲等已经远远不能满足家庭的需要。一些更加现代化的家电如洗碗机、消毒柜、厨房多功能机、垃圾处理器等陆续进入了厨房，随之而来的配套设施要求厨房要配有足够多的电源插座备用。因此，预留多个电源插座成为现代家庭装修中厨房电路改造项目的重头戏。不要小看这些插座，它们可以解决日后新增电器的用电问题，否则，多个电器争抢一个插座的情况会让主妇烦不胜烦。然而，在实际装修过程中，厨房预留的插座往往很少，造成这一现象的原因是由于在电路改造过程中存在着以下问题：

（1）业主缺乏远见，认为目前的电器足够供厨房使用，日后也不会再添加任何新电器，没有必要预留多个插座。

（2）施工人员在电路改造过程中为省时省力而少留插座，即使有业主提出要求，施工人员也会找理由说服业主改变想法。结果导致厨房的插座不够用，给业主的生活带来麻烦。

当有朝一日厨房里的电器需要排队使用插座时，业主就会发现预留插座是

多么正确的前瞻之选。

失败案例

厨房只有一个插座，使用极不方便

郑女士是一名公司职员，闲暇之余喜欢逛家电超市，她发现现在的厨用小家电真是越来越多，个个都那么有用，计划着等自己搬入新居后一定要在厨房添加多个小家电。新居装修时，郑女士要求电路改造施工人员在厨房预留多个插座，虽然目前厨房里的电器基本备齐，但多预留几个插座总是有用的，方便日后添加其他小家电。然而，施工人员告诉郑女士，厨房的插座预留三四个就足够用了，别看现在的家电很多，但真正用得着也就几个大件，如冰箱、电饭锅、微波炉等，其余的家电都是好看不好用，买回来也就是新鲜一阵子，使用的机会很少。听对方这样一说，郑女士想想是这个道理，就听从对方的建议预留了四个插座。入住新居一年后，郑女士觉得厨房的几个备用插座用起来越来越不方便了。原来，仅仅一年的时间，郑女士厨房里的电器增加了好几个，有洗碗机、消毒柜、电烤箱、电磁炉等。厨房备用的四个插座早已饱和，有时甚至一个插座要供好几个电器使用。最不方便的是，有的电器还需要拉很长的线才能接上插座。想到再添加新的电器就要放到客厅使用，郑女士很后悔当初自己的选择。

现场监工

这一环节强烈建议业主现场监工。虽然现在业主的厨房家电可能仅有几种，但是在短短的几年内一定会换房子吗？如果不能，那么在这个房子入住若干年后，家里还会仅有那几种电器吗？未来发生的事我们不可能预料到，但是却可以给它留出一个很大的发展空间。多预留一些插座花不了很多钱，但是可以给未来的生活带来方便。

通过台面上的小孔引到地柜中的电线

（1）在电路改造前，在墙上标明需要预留几个插座。从美观方面考虑，台面与吊柜之间不宜留太多插座，否则容易使厨房变得凌乱。可以多设计一些隐藏式插座，如在餐桌下方设置备用插座，橱柜台盆下也可以留一个插座，用来装小厨宝或垃圾处理器等。

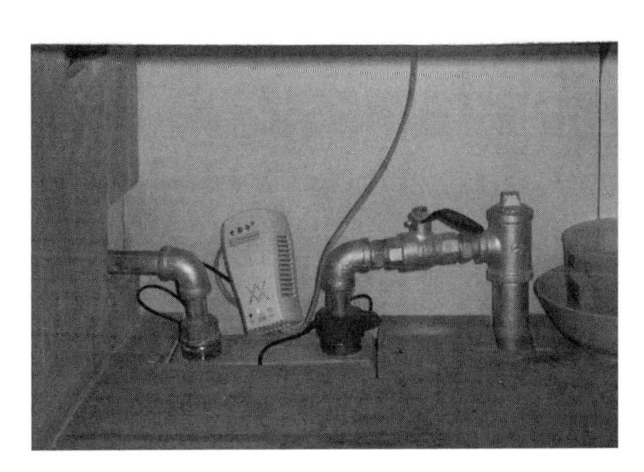

由台面上引明线安装在地柜中的燃气报警器

（2）厨房是住宅中电器最多的地方，选购插座时，除了要考虑使用性能外，还应有防潮、防水等保护。一旦出现损坏，要找专业电工修理，业主切忌自己动手修理，以免发生意外事故。

（3）如果厨房电器较多，且使用电器功率较大，一定要考虑节能。可以为每个插座安装一个弱电系统控制开关，再在进门处安装一个总开关，可以同时操控多个插座。当家人都外出时，只要按下总开关，电器便会进入休眠状态，省电又安全。

（4）如果仅是插座少的问题，还可以将就着用；如果地柜里需要插座而又没有，那可就无法将就了，只能把美丽的台面打一个小孔引入明线。这是目前许多业主装修后遇到的尴尬。因为谁都想不到地柜里需要插座，但是现在许多燃气报警器就需要安在地柜里，所以在此特别提醒广大业主，务必在地柜里安装一个电源插座，以备后用。

51. 空气开关事不小，监工到位保安全

监工档案

关键词：空气开关　大功率电器

危害程度：极大

返工难度：不大

是否必须现场监工：务必现场监工

问题与隐患

空气开关是一种只要有短路现象、开关形成回路就会跳闸的开关。通常用于大功率电器以及电热水器等涉及人身安全的地方。安装空气开关是电路改造的最后一个环节，不要小看这一环节，它在施工过程中有着严格的要求，一旦安装不规范，很容易导致频繁跳闸。然而，在实际施工中，这一环节存在着诸多的问题，每一个问题都会导致空气开关跳闸：

（1）空气开关安装不良。施工人员在施工中没有按规范进行，安装时没有将各个桩头引线固定牢固，长时间松动引起桩头发热、氧化，从而烧坏导线外绝缘层，造成线路欠压，空气开关频繁跳闸。

（2）在线路改造中，施工人员未按要求施工，造成线路漏电、短路等，致使空气开关跳闸。

（3）空气开关质量差。如果由装修公司负责购买空气开关，对方可能会趁机购买劣质空气开关，使用质量差的空气开关也会造成跳闸。

失败案例

孙女士到现在都不明白一件事，装修时明明自己就在现场监工，可是装修结束后空气开关却频繁跳闸，大有和孙女士“罢工”到底的势头。当初电路改造时，孙女士的爱人忙得焦头烂额，监工这一细致活儿就落在了孙女士身上。

由于找不到合适的替代人选，对电路一窍不通的孙女士只好装出一副强势的样子到现场监督工人施工，心想施工人员肯定误以为自己是懂行的人，也就不敢蒙混过关了。谁料想，施工人员刚开始看孙女士站在旁边还不敢偷懒，可随后的几次小错误竟然没有被发现，施工人员就知道孙女士只是装装样子，于是干活儿就不那么细致了。电路改造结束后，施工人员当着孙女士的面检验了一遍电路，结果一切正常，孙女士就放心了。入住一段时间后，孙女士才发现施工人员在施工过程中还是骗了自己。每当她用电器时，开关就会跳闸：早上起来后用微波炉热一碗牛奶，刚按下电源插座开关，“啪”的一声，房间的总闸竟然跳了；晚上下班回到家，本想打开热水器冲个热水澡，一按开关又跳闸了。从装修到入住还不到一年时间，这电路怎么就不好用呢？每次跳闸，孙女士都找电工维修，但一段时间后又恢复了老样子，一使用电器就跳闸。孙女士不知道这样反反复复什么时候才是个头。

现场监工

水电猛于虎，监工不可马虎，最好由懂得电路的专业人士监工。

（1）电路改造时，一定要请专业人员施工。电路施工完毕后应进行24小时满负荷运行试验，开启所有的电器后，经检验合格方能验收使用。验收时，如果发现有跳闸现象，一定要让装修公司彻底检查并修好。

（2）一定要安装漏电保护器和带有空气开关的分线盒，并且一定要使用质量好的分线盒。要将分线盒安装在室内，这样使用方便，安全可靠。

（3）厨房和卫生间等经常用水的地方应安装防水插座，以免插座遇水后发生短路断电。厨房和卫生间的开关最好安装在房门外侧的墙壁上。

（4）如果家庭新增空调、电热水器等大功率家用电器，一定要使用配套的空气开关。

（5）应购买品牌空气开关，质量有保证。

52. 电路改造完毕莫放松，验收合格才算完成

监工档案

关键词：验收　火线　零线　地线

危害程度：极大，涉及生命安全

返工难度：很大，需要刨墙重做

是否必须现场监工：务必现场监工

问题与隐患

在装修行业里，电路改造后是一定要等业主验收后才算完工的。通常的验收是将所有的插座试验一遍是否通电，但事实上，多数业主在验收时只是象征性地检验一下，如打开灯看是否会亮起来等。这种“以一概全”的验收方法并不能检验出电路改造施工是否合格，因为一些电路改造过程中的错误做法并不会显示在通电与否上。通常在电路改造过程中会存在以下问题：

（1）在整个电路改造过程中只使用一种颜色的电线。

（2）将零线和火线接错。

这些由于施工人员的疏忽或者图省事造成的失误，有的会导致插座不通电，返工、维修在所难免；有的虽然暂时能够通电，但会影响长期使用。由此可见电路改造验收的重要性。

这一环节要求业主一定要亲自监工，并在施工过程中严格要求施工人员按规范施工。

失败案例

装修新居时，乔先生因工作忙，与一家大型的室内装饰公司签订了装修合同，为了工作、装修两不误，他只在每一批施工人员进场及离场时匆匆地查看一下。电路改造结束后，乔先生觉得对方是专业人士，也就没有一一验收。搬进新居后，为了庆祝乔迁之喜，乔先生夫妇在家宴请亲朋好友。所有的菜都备齐了，推杯换盏之际，却迟迟不见米饭上桌。乔先生到厨房一看，爱人正围着电饭煲打转，一看锅里依旧是白水泡大米。乔先生很纳闷，自己明明是按下了开关开始煮饭的，现在怎么仍然是冷锅冷饭呢？难道是电饭煲坏了吗？两人把厨房的插座挨个试了一遍，终于确定是厨房里的插座不通电。好不容易等到大家吃完了饭，乔先生赶紧请来小区里的专业电工，一检测才发现厨房里墙面上的开关里都接了零线，而没有接火线。最后，电工敲掉了插座周围的墙砖才把电线接好。

现场监工

一句话，将监工进行到底！现在的装修现状是，装修公司、施工队越来越多，一个工头随便拉几个人就能组成一支施工队，水平良莠不齐。因此，不要总是相信施工人员的口头承诺，自己的房子还得自己把关！

（1）电路改造时，业主最好守在一边进行监督，防止电路改造施工人员由于疏忽接错了线。电路改造结束后，一定要将房间里的插座一一试过，业主除自己动手试用所有的电器开关设施外，还可以请专业人士进行检验。如果有插座不通电，要及时进行检修。通电检查结束后，要向装修公司索取详细的电路配置图，以便日后检修维护。

（2）业主一定要掌握一些最基本的电路常识，才能正确验收。在线路安装时，一定要严格遵守“火线进开关，零线进灯头，左零右火，接地在上”的规定。火线、零线及接地线一定要用不同颜色的电线，而且电线要用与其颜色相同的布包扎，如火线用红色线及红色包布，零线用蓝色线及蓝色包布，接地线用黄色线及黄色包布等，不能因怕麻烦而使用同一种颜色的线，否则会导致日后线路出现问题，检测时分不清线。

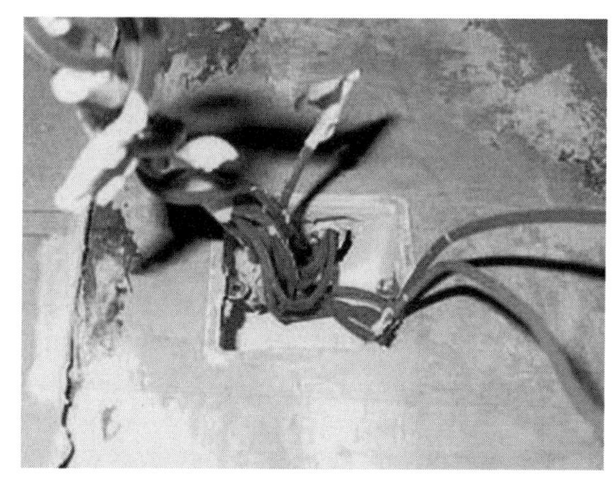

错误的接法：插座电源线没有使用双色接电线

53. 水路改造有危险，随意拆改不可行

监工档案

关键词：水路改造　画图　漏水　浸泡

危害程度：一旦漏水，浸泡数家

返工难度：很大，有些需要刨墙

是否必须现场监工：务必现场监工

问题与隐患

为了创造一个个性化的用水环境，许多业主在装修中会对水路进行改造。在家庭装修中，水路的设计和施工有着严格的要求，然而，遇到初次装修的家庭时，一些水路改造施工人员会诱导业主随意拆改水路，目的是多收水路改造费用，结果产生一些不必要的拆改，还会给业主日后的用水带来隐患。因此可以说，水路改造的监工，是监工中的重中之重！

失败案例

张女士家的新居装修时很匆忙。在电路改造环节中，张女士一心扑在监工上；到了水路改造环节，她觉得水路改造比起电路改造容易得多，只是用水管引水不会存在什么猫腻，于是将一切交给水路改造施工人员，自己去忙其他事情了。然而，事实给了张女士迎头一击。水路改造结束后，施工人员告诉张女士由于水路改造路线比预想的复杂，因此拆改的地方也有所增加，需要多付钱。张女士虽然很不情愿，但看到施工人员确实改了很多线路走向，讨价还价之后，张女士还是付了钱。然而，水路改造工程并没有到此结束，入住不久后，张女士家的地板竟然因漏水而起鼓了。经过多次检查，发现漏水的源头是埋在地面的水管裂缝，而这一段水路正是施工人员在施工过程中私自拆改的。

现场监工

水火无情，不要以为是家庭日常使用的流水就可以忽视它的能力。如果业主知道水的流向性和威力，就应该考虑把水束缚起来的水管是否结实可行。水路改造的安全隐患仅次于电路改造，如果说电路潜藏着漏电导致的人身危险，那么水路则暗藏着让家庭装修被浸泡变形的危害。因此，在进行水路改造时，业主一定要亲自监工，严格要求施工人员按要求进行施工。监工要点如下：

卫生间地面上的水路改造

（1）选择专业的水路改造公司。水路改造时，只可改动除主水管道以外的水管，禁止改动主水管道。

（2）与水路改造人员及设计师进行交流。水路设计首先要想好与水有关的所有设备，如净水器、热水器、厨宝、洗菜盆、洗衣机、浴缸、淋浴房、坐便器和洗手池等的位置、安装方式以及是否需要热水；确定每个出水口的位置及水管的走向；水表、阀门处应留检修口；提前确定所购买热水器的类型，是燃气热水器、电热水器还是太阳能热水器，以免日后重复施工。

（3）严禁随意拆改水路。如果水路改造人员表示需要进行多处改动，业主要提高警惕，因为这些改动不仅可能浪费钱财，更严重的是在拆改水路时一旦没有密封好或缺乏试压，将会导致水管爆裂。因此，业主一定要坚持己见，不要轻信水路改造人员的话，自己要求改动的一定要改，自己未要求改动的管线坚决不改。

（4）水电改造完成后木工方可进场，以免加大监工的难度。因为水电改造是装修中一项很重要的支出，且隐蔽性很大，一旦木工同时进场施工，会分散业主的注意力，致使施工人员偷工减料。

（5）水路管线在没封槽之前，业主应要求施工人员画出走线平面图，或自

己拍照留底，以免后续的装修误伤水管。

（6）铝塑管安装时，业主一定要在场监督施工人员给热水管预留膨胀空间。此外，铝塑管不要封得太结实，松动一些反而好。

54. 水管打压很重要，亲自监工莫忘掉

监工档案

关键词：打压　漏水　开裂

危害程度：大

返工难度：无法返工

是否必须现场监工：务必现场监工

问题与隐患

许多业主在监督完水管敷设后往往误以为大功告成，不再盯在现场。殊不知，水管敷设后紧接着还有一个关键的环节，那就是打压试验。因为预埋在墙壁内的水管除了负责输送水外，在日后的使用中还要长期接受水压的考验，尤其是水管连接部位最容易经受不住考验而出现渗漏。因此，凡是涉及水路的施工都要进行打压试验，测试改造后管路的承压能力。正常情况下，水路改造前后均要进行打压，目的是更好地全面测试水管的承压能力，确保管路不渗漏和安全使用。但是在现实装修中，这一重要的环节常常被人为漏掉，为日后的安全使用埋下隐患，出现水管渗水甚至爆裂的情况。其原因主要表现在以下两个方面：

（1）业主和施工人员忽略施工前的打压试验。在水路改造开始前进行打压试验，可以检验房屋预埋的水管质量是否合格。如果检验出房屋建筑体中预埋的管件有问题，在水管施工时可以及时修补；否则，日后可能会出现管道渗水的情况。

（2）水管施工后，一些施工人员为了省事往往直接跳过这一环节，或者在

业主认识不清的情况下草草做一遍打压试验，哄骗业主水路施工合格，结果造成日后管道渗水，严重时会发生水管爆裂，给业主带来很大的麻烦。

失败案例

魏女士家的新居装修进行到了水路改造环节，考虑到水管的重要性，施工开始后魏女士就在现场监督，一直到水管敷设完毕。魏女士事先听同事说过，水管敷设完要进行打压试验，于是叮嘱施工人员等自己到场后再开始。第二天，魏女士因工作原因晚到了一个小时，施工人员告诉她打压试验已经做完，打压合格。魏女士看到现场有打压工具，又听对方说得很诚恳，并保证水管敷设合格，肯定不会出现问题，于是就相信了施工人员。可入住没多久，魏女士家埋在墙内的水管就出现了漏水情况，最终只能砸掉墙砖进行维修。

现场监工

这一环节关系到水管日后能否承受巨大的水压，会不会出现漏水的问题，毫无疑问需要业主亲自监工。

（1）水路施工前有必要进行水管打压试验，打压时最好有物业公司人员在场。如果打压不合格，应先行解决再动工，以免日后责任不清。

（2）水路施工后24小时进行第二次打压试验。在所有水管全部焊接好后才可以试压，在试压前要封堵所有的堵头，关闭进水总管的阀门。

（3）水管打压过程：

1）做打压试验时，应先用软管连接冷热水管，保证冷热水管同时打压。

2）安装好打压器，将管内的空气放掉，使整个回路里充满水；关闭水表及外部闸阀后开始打压。国家标准《建筑给水排水及采暖工程施工质量验收规范》（GB 50242—2002）第4.2.1条规定："室内给水管道的水压试验必须符合设计要求，当设计未注明时，各种材质的给水管道系统试验压力均为工作压力的1.5倍，但不得小于0.6MPa（压强单位：兆帕）。

检验方法：金属及复合管给水管道系统在试验压力下观测10分钟，压力降不应大于0.02MPa，然后降到工作压力进行检查，应不渗不漏；塑料管给水系

统应在试验压力下稳压1小时，压力降不得超过0.05MPa，然后在工作压力的1.15倍状态下稳压2小时，压力降不得超过0.03MPa，同时检查各连接处不得渗漏。打压结果即为合格。”

压力表示意图

在此提醒业主：在具体施工中应结合施工中的实际情况进行，但不能低于国家标准。

（4）水管打压试验中的注意事项：

1）在试压时，逐个检查接头、内螺纹接头等有没有渗水。渗水会直接反应在试压器的表针上，导致压力值快速下降。如果发现渗水，应让施工人员及时修补，千万不要听信对方“没事，这是正常现象”的话，否则有麻烦的还是业主自己。

2）监督打压时间。一些施工人员为了加快速度，往往打压几分钟就草草结束，这种做法是在糊弄业主。业主一定要监督施工人员，保证打压时间只能延长，不可缩短。

3）在规定的时间内打压器的表针没有明显下降或者下降幅度小于0.1，说明水管管路是完好的，同时也说明打压器处于正常工作状态。

55. 移动出水口，密封是关键

监工档案

关键词：出水口　穿孔　密封

危害程度：很大，会淹楼下的房顶

返工难度：很大，需要刨开地面

是否必须现场监工：务必现场监工

问题与隐患

楼房的室内结构不能满足每一户家庭的需要，一些业主在规划新居时，觉得坐便器下水及洗衣机下水出口的位置不理想，往往要求水路改造人员移动出水口。这在装修行业中是水路改造的常见情况，由于与下水紧密相关，因此在施工中有着严格的要求。一旦施工方法不对，移动出水口会造成渗水、漏水甚至跑水的后果。然而，在实际装修中，由于施工人员的偷工减料，移动出水口这一环节往往存在许多问题：

（1）施工人员移动洗衣机的下水出水口时，为图省事，在下水主管上开凿一个小孔，将洗衣机的下水用管插进去。这种做法很难做到严格密封，容易导致漏水。

（2）不检查原有水管是否通畅，直接将新管道接在旧管道上，容易造成堵塞。

失败案例

小王夫妻俩装修的是新房，装修时赶上工作忙，小两口只好请双方父母轮流监工，他们只在周末时去现场检查一番。每次到现场，小两口都会看到装修进行得有条不紊，施工人员都很认真细致，看不出什么有问题的地方。一个月后，装修圆满结束，小两口对双方父母万般感谢，为犒劳四位老人，还在家里摆了一桌丰盛的菜肴。入住一年后，小两口发现了卫生间临近房间的地板竟然生霉腐烂了。这是一间书房，家里又没有小孩子，地板上也从来没有洒过水，怎么会出现这种现象呢？于是，地板的售后人员、物业公司、装修公司轮番上门检查一番后，终于找到了原因。原来，早在装修时，小王爱人觉得卫生间里放置洗衣机的下水口不方便，于是决定移动下水口。让他们没想到的是，施工人员竟然在从楼上通下来的下水主管上凿了一个小孔，把洗衣机的下水用管插进去再密封，就完成了这一改造。由于负责监工的父母对此不懂，又是隐蔽工程，小王夫妻俩从外表上根本看不出有什么猫腻。结果洗衣水管因为密封处理不严，导致向外漏水，直到隔壁书房的地板因渗水发霉腐烂才被发现。

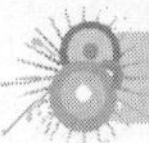

现场监工

这一环节业主一定要亲自监工。水路改造是隐蔽工程，完工后很难发现施工中的错误，且返工较为麻烦。因此，业主一定要防患于未然，亲自监工。

（1）移动出水口时，一定要监督施工人员，不能在主管上凿孔、开孔。

（2）需要增加新管道并移动下水口时，在新管道和旧下水道入口对接前应该检查旧下水道是否畅通，最好能找专业疏通人员先进行疏通，可以防止日后出现麻烦。

（3）坐便器的进出水口应尽量安置在能被坐便器遮住的位置。连体坐便器要根据型号来确定出水口的位置，一般要留在坐便器下水口正中左方20cm处。

（4）安装热水器进出水口时，进水的阀门和进气的阀门一定要安装在相应的位置。

56. 水管敷设，重在规范

监工档案

关键词：敷设水管　打压试验　PP-R管

危害程度：极大，有断裂、漏水的危险

返工难度：很大，需要刨墙

是否必须现场监工：务必现场监工

问题与隐患

水管敷设虽然和电路铺设一样重要，但是水管敷设有自己独有的原则——“走顶不走地，开竖不开横”，施工时应严格按照这一原则执行。然而，一些装修公司或施工队在这一环节容易偷工减料，简单粗糙地敷设水管，结果给业主带来难缠的麻烦事。在施工中主要存在以下问题：

（1）施工人员为了省事，在地面上敷设水管。在房顶布管，工程比较耗时耗力，因此很多施工人员会选择地面走管。但一旦水管敷设不到位，很容易发生漏水事故，且不容易检修，成本较高。

（2）不按要求开槽。在施工过程中，施工人员不按水路的具体位置以及水路的走向弹线开槽，而是随意开槽，会给日后安装其他设备造成不便，使得在墙体打眼固定时不能准确地判断出水管的位置，电钻打在水管上，导致水管破裂漏水。

（3）敷设水管时，随意使用弯头及三通，影响水流的大小；水管接头埋在墙里，导致接头处渗漏，暗藏漏水隐患。

失败案例

张先生装修的是婚房，因为急于搬进去，装修的时间比较紧。水路改造时，施工人员以节省时间为由要求在地面上布管，张先生事先了解过水路改造的细节，明知道水管最好走顶，但在施工人员的再三保证下还是同意了地面布管的方案。为了保证日后不漏水，张先生自己只好在水管的质量上下功夫。最终，施工人员在限定的日期内圆满完成了装修，张先生顺利地接回了自己的新娘。然而，两年后张先生就为自己赶时间的装修付出了不小的代价——水管漏水，不仅浸泡了自己家的地板，还牵连到了楼下邻居家的顶棚。

现场监工

这一环节的重要性丝毫不亚于水路改造，业主一定要亲自监工。

（1）严格按水路改造原则进行：

1）水管走向。从房顶布管是最安全的。因为水路改造大部分走暗管，而水的特性是从高处流向低处，因此如果在地面布管，一旦发生漏水很难及时发现，只有“水漫金山”、地板变形以及

水管走顶最安全

浸泡楼下顶棚时才会被发现；而且即使业主及时发现了水管漏水，也会因水管暗埋而很难查出漏水源头。而如果从房顶布管，虽然水路改造费用相对地面布管要高一些，但作为一项长远投资来看是值得的。如果漏水，能够及时发现，且检修方便，损失也较小。

2）开槽原则。开竖不开横。当房顶布管引到卫生间时，遇到需要出水的地方，向下开竖槽到合适的高度，预留好花洒、洗手池、洗衣机等出水口。这样做的好处是，当装修完工贴砖后，业主可以根据出水口的位置判断出水管的走向，即所有的水管均在出水口垂直向上的位置，从而避免因其他原因破坏水管。水路改造的过程中切忌大面积开横槽，因为开横槽会严重破坏墙体的结构。

（2）开槽的深度要适中，以水管恰好埋进墙面涂装后不外露为准。避免开槽太深破坏结构层。给水系统布局走向要合理，严禁交叉斜走。严禁破坏防水层，应在距地面30cm以上处开槽布管。

（3）水路改造时，给水管最好使用PP-R管。安装时要将管材两端去掉4~5cm，防止管材两端因搬运不当而出现细小裂纹。

（4）下水改造时要采用最简洁的布管线路，最大限度地减少接头处渗漏的概率；尽量减少弯头及三通的数量，否则会影响水流的大小。注意：埋在墙里的水管部分千万不能留有接头，一定要保留完整的水管，否则会暗藏漏水隐患。

（5）预留出水口。一般坐便器需要留一个冷水管出水口，洗手池、厨房、水槽、淋浴或浴缸等需要预留冷热水两个出水口。如果出水口预留不当，会给日后使用带来问题。如果在铺砖结束、洁具安装好后才发现则为时已晚。厨房内如果加装软水机、净水机、小厨宝等电器，应考虑预先留好上下水的位置及电源位置。水路改造完成后还应该测试各个出水口是否正常。

（6）水路改造前后都要进行打压试验，检查各个接口处是否有渗漏的情况。

57. 水管布好未结束，封盖固定很重要

监工档案

关键词：水路改造　封盖

危害程度：中等

返工难度：很大

是否必须现场监工：尽量现场监工

问题与隐患

水管布管是隐蔽工程，其施工技艺对业主来说往往很陌生。多数业主认为水路改造时只要将水管布好就可以了，忽略了布管后封盖这一环节。事实上，施工人员敷设完水管后，应用水泥将水管固定，这一环节就是“封盖”，目的是将其与后期铺地板或铺砖所用的干砂隔开，防止水管的热胀冷缩造成地板或地砖空鼓。然而在实际装修过程中，这一环节常被施工人员省略掉，结果造成地板或地砖空鼓。

失败案例

宋先生已经装修了两套房子，自认为是装修行家，不会被装修公司蒙骗。没想到第三次装修新居时，事必躬亲的宋先生却栽在了水管的敷设上。入住后不久，宋先生发现从防盗门到客厅之间的地砖松动，其中已有两块地砖断裂。于是，宋先生找到装修公司重新铺设地砖，施工人员撬开地砖一看，发现此处的地面有异常，再往下挖时竟然发现了一排水管。这排水管平行敷设，足有1m宽，水管铺好后没有进行封盖，直接在上面铺设地砖，就是这一做法使得地砖出现空鼓，进而断裂。宋先生了解清楚以后，感叹自己是聪明一世糊涂一时，由于自己对水管敷设的相关规范不了解，到最后还是被装修公司“忽悠”了。

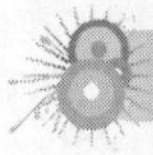

现场监工

凡是隐蔽工程都需要业主亲自监工。

（1）布管。施工人员要先测量好水管长度，按照“顶—墙面—出水口”的顺序从上到下进行。管材与管件连接均采用热熔连接方式，禁止在管材或管件上直接套螺纹，与金属管道以及用水器具连接必须使用带金属嵌件的管件。

（2）固定水管。水管都需要固定，这一点是业主最容易疏忽的。房顶水管要用支架和扣件固定。千万不要因为水管装在顶棚里看不见，也不会掉下来，就以为不需要固定。事实上，固定的作用在于可以最大限度地减少水流的声音。对于地面布管应进行封盖处理，切不可在没有做任何处理的情况下直接铺地板或地砖。

（3）进行打压试验，业主验收完毕后，应索要水路施工图样，便于日后安装其他设备时使用，以防在墙上打眼时误伤水管。

58. 冷热水管有标志，监督施工人员莫混接

监工档案

关键词：冷水管　热水管　水压不同

危害程度：接错有爆裂的危险

返工难度：很大

是否必须现场监工：尽量现场监工

问题与隐患

水管有冷水管和热水管之分，为了便于业主区分，通常会使用不同颜色的水管，白色为冷水管，红色为热水管。进行水路改造时，两者绝对不能混接，否则会导致冷水管遇热破裂漏水。然而，在实际水路改造过程中，一些水路改

造人员常常因一时疏忽或者根本不懂冷热之分而将冷水管和热水管混接，给业主造成不必要的麻烦。

失败案例

明明两根水管不同颜色，却仍是混接在一起，这让张先生百思不得其解。日前，张先生正为混接的水管大为恼火。原来，装修时张先生一直盯在现场，只是在接冷热水管时短暂地离开了现场，原以为这么一个小小的环节对于水路改造人员应是得心应手的事，毕竟他们是天天在和水管打交道。谁能想到，这个小环节还是出了问题。张先生入住新居半年后，家里的冷水管突然破裂漏水，价值不菲的橱柜和实木地板都被浸泡了。接到电话紧急赶来的物业维修人员检查后发现张先生家的冷热水管接错了，由于冷热水管的伸缩率不同，当热水进入冷水管时，热胀冷缩导致冷水管破裂漏水。张先生这才明白原来是自己找的水路改造人员将冷热水管接错了，造成水管破裂漏水。

现场监工

这一环节要求监工，但监工的要求并不严格，业主也可以事后检验。业主应先问清楚水路改造人员是否能分辨出冷热水管的不同。如果施工人员接错了水管，解决方法只有一条——返工，千万不要认为这是小事无伤大雅而听之任之。

新楼房通常有两根水管，带红线为热水管，带蓝线为冷水管

（1）业主在现场监工时，要监督施工人员严格按颜色区分冷热水管，不要听信对方冷热水管是可以混接的说法。冷热水安装应左热右冷，安装冷热水管的平行间距不得小于20cm，水阀离地面的距离应在1m以内。请记住：细节处的失误将会给日后的生活带来众多不便。

（2）冷热水管的选择。冷热水管的管壁厚度不同，能够承受的压力也不同，冷水管为1.6MPa，热水管为2.5MPa。热水管可以通冷水，但是冷水管不可以通热水。如果经济条件允许，全部采用热水管也是可以的。

59. 露台养花引水电，防水处理要先行

监工档案

关键词：楼台　水电　防水

危害程度：有漏水危险

返工难度：不大

是否必须现场监工：可事后监工

问题与隐患

阳台和露台是日后晾晒衣物和养花的地方，前者泛指顶上有盖、四周有护栏的小平台，后者可以说是露天的大阳台，一般指住宅中的屋顶平台或在其他楼层中做出的挑台，面积较大，上方没有屋顶。无论是阳台还是露台，对于爱好养花的业主来说，这两处都需要水源，但由于开发商的设计失误，这两处通常会出现没有水电的情况。为了解决这一难题，一些爱好养花的业主在装修时会特意将水电线路引到阳台和露台上。可别小看这一引水引电过程，因为这涉及防水处理。然而，在实际装修过程中，如果业主不提出防水处理的要求，施工人员往往不做防水处理，给业主日后的生活留下隐患。

失败案例

郝先生的新居有一个超大的露台，郝先生在工作之余喜欢养一些花草，为了方便浇花，装修时郝先生特意让装修公司把露台包含进水电改造之中。随后，在做地面防水时，施工人员只做了卫生间的防水，郝先生提出引向露台的

水管是否也应该做防水，对方回答说不用，只有像卫生间这样用水量大的地方才需要做防水。入住后，有朋友来访，说到各自装修的经历，郝先生在朋友的询问下想起自己通向露台的埋有水管的地面并没有做防水，而且露台也没有做过。虽说现在没有出现意外，但自从知道了这个装修中的疏忽后，郝先生的心里总是惦记着这件事。每次浇花用水多时，郝先生就会担心水管会不会漏水。

阳台上水管走暗管，采用不锈钢水管

现场监工

防水处理同样属于隐蔽工程，监工自然就不能忽视。

（1）阳台的地面要向地漏有一定斜率，让水能够在20分钟内自动排空。阳台的水管一定要开槽走暗管，否则受到阳光照射，管内易滋生微生物。

（2）露台墙面和地面一定要做防水处理。

（3）如果需要直接在露台楼板上种植花草时，一定要做种植屋面防水。首先要确定种植土壤的种类，根据不同要求确定厚度。一般花草类为20cm即可；小灌木在30～50cm。其次，要铺设过滤布和保温层，保护土壤温度，阻挡土壤流失。种植屋面要向雨水口倾斜，坡度为2%即可。

（4）露台做地面防水时，设计及施工一定要严格按照规范进行。施工前必须由结构工程师核算楼板的荷载，并选择有资质的专业队伍施工。

第6章　厨房装修中需要监工的细节

60. 燃气管道换新管，提防施工人员用次品

监工档案

关键词：燃气　改动管道

危害程度：极大，有爆炸的危险

返工难度：很大

是否必须现场监工：务必现场监工

问题与隐患

燃气管道设计在整栋楼房里是预先布置好的，在家庭装修中属于禁区，在未经批准的情况下禁止拆改燃气管道。然而，许多业主还是偷偷进行改动（编者不推荐）。常见的燃气管道改动是将原有管道接长。由于燃气管道的特殊性，在施工中有着严格的要求，否则将会导致燃气泄漏甚至爆炸。事实上，由于装修公司或施工人员的偷工减料，燃气管道改动施工过程中存在着严重的安全问题：

（1）采用铝塑管代替镀锌管。安全的煤气管道采用镀锌管明管铺设，施工方法复杂，而铝塑管的施工要比镀锌管简单易操作，因此，一些装修公司图方便使用铝塑管连接。在施工过程中，铝塑管的连接不如镀锌管严密，很容易发生漏气，严重时会造成煤气中毒事故。

（2）有的装修公司虽然采用镀锌管连接，但在施工过程中不按规范施工，造成连接不严密，也会导致管道漏气。

可见，私自改动燃气管道存在严重的安全隐患，装修时能不改动就不改，在非改不可的情况下，业主一定要做好监工。

失败案例

李女士一家很注重饮食，装修新居时，厨房自然成为装修的重点。由于原有燃气管道离选定的安装燃气灶的位置有一段距离，李女士让装修公司将燃气管道接长至选好的位置。在施工过程中，李女士发现装修公司使用的管道与原有管道不一样，提出更换。对方告诉李女士，他们使用的管道绝对安全，而且发生漏气多是由于燃气灶质量不好，还从没有听说管道漏气。想到家里装有燃气报警器，李女士也就不再计较了。燃气管道改动后，厨房装修顺利进行。装修结束后，李女士一家搬进了新居。李女士每天高高兴兴地进出厨房，享受着下厨的乐趣。一段时间后，李女士家的燃气报警器突然响了起来，李女士大惊，找来燃气公司检查，结果发现改动后的燃气管道发生了漏气，幸好李女士家安装了报警器，否则后果不堪设想。尽管燃气公司已经重新将管道改好，但这次的有惊无险还是让李女士时刻处于不安之中。

现场监工

燃气是家居生活中存在的一个“魔头”，燃气一旦泄漏，轻则让人头晕恶心，重则致人身亡。因此，燃气管道改动绝不能掉以轻心，在装修过程中，千万不要存在任何侥幸心理。业主必须监工，且必须强硬地监工，这绝对是为自己及家人的生命护航。

（1）《住宅室内装饰装修管理办法》第6条明确指出，装修人从事住宅室内装饰装修活动，未经批准不得拆改燃气管道和设施。

（2）装修中，如果需要移动燃气管道和燃气表的位置，一定要向相关管理部门申请，待申请通过后，由燃气公司的专业人员施工，千万不要让普通施工人员动手。燃气管的卡口要封闭严密，否则容易发生危险。改造完成后要检测

压力是否正常、有无漏气。燃气管道严禁封堵在密闭柜体内，更不能将燃气总阀门包在木制地柜中，一定要保持通风。

（3）装修时不要将燃气管道埋入墙内，否则日后维修时会有诸多不便。燃气管线与电力管线水平距离不得小于10cm，电线与燃气管交叉净距不小于3cm。

（4）放置燃气灶的柜台要使用防火材料，切忌将燃气灶直接放置于木制地柜上，否则一旦地柜着火，后果不堪设想。

61. 暖气改动有危险，规范施工保安全

监工档案

关键词：暖气　规范操作

危害程度：很大，漏水会淹一家甚至几家

返工难度：中等

是否必须现场监工：务必现场监工

问题与隐患

根据有关规定，业主不允许私自改动暖气片，因此提醒业主如需改动，应先向相关管理部门申请备案。在施工过程中，由于施工人员不按规范施工，往往导致暖气片跑水、爆裂，甚至影响楼上楼下的供暖效果。这些不规范的施工主要表现在以下三个方面：

（1）在拆改过程中使用质量不合格的材料。

（2）施工人员不按要求施工，致使暖气管道的接口不严密，造成管道跑水、爆裂等现象。一旦发生这种情况，不仅抢修起来麻烦，更重要的是给业主甚至楼下邻居带来不必要的损失。

（3）施工过程中没有采取过滤等措施，使暖气管道被水中杂质堵塞，水循环不畅，导致暖气片供热不均，影响供暖效果。

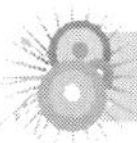

失败案例

赵大爷的新居有一百多平方米，为了让父母不担心装修质量，赵大爷的儿子特意为他们挑选了市里最大的一家装修公司。装修时，由于怕房子大了冬天冷，赵大爷特意在客厅多加了几组暖气片，还把客厅里的暖气片换成了漂亮的艺术暖气片。然而，入住后，赵大爷家里的暖气就时冷时热，没有正常供暖过，北方冬天的寒冷让老两口备受煎熬，也让他们感慨这楼房还没有平房住着暖和。赵大爷没想到的是，这烦恼才刚刚开始，一天，老两口外出散步，物业公司把电话打到了赵大爷的手机上。原来，赵大爷楼下邻居家的顶棚被水泡了。赵大爷急忙赶回家打开防盗门一看，家里一片汪洋。原来，自己家新装的暖气片竟突然间爆裂。物业公司派人检修了半天，才发现是赵大爷家私自改动暖气导致原来设计好的暖气热平衡被打破，供热发生失调，最终导致暖气爆裂。

现场监工

暖气改动业主一定要现场监工，因为事后检验效果不大，且返工工程浩大。

拆除暖气后一定要留有回水管

（1）暖气改动一定要向房管部门申请，由专业人员施工。暖气虽不至于像燃气或电一样伤人性命，但暖气不热、跑水等也足够让人烦心。国家规定，装饰公司不能私自拆改暖气、煤气，业主必须找专业拆改暖气的公司来施工。装修公司的施工人员不具备专业的暖气拆改技术，因私自拆改暖气、燃气给业主造成漏水、漏气的后果是非常严重的。燃气、暖气在安装完后均要经过试压、试水，而一般的装饰公司很难做到这一点。

（2）监督施工人员不乱加项目、滥收费用。一些施工人员在施工过程中为了多收费，会建议给暖气装阀放水，业主需要热水时可以打开阀门，直接用里面的热水洗衣服、擦地。事实上，这是错误的做法。供热系统采取闭水循环设计，热水由锅炉房流出，经外管网进入居民家庭的暖气管道中，循环结束后再流入锅炉房，一旦私放或盗用供热水源，会造成片区水压不足，影响其他居民的采暖。且热水被放走后，供热站不得不再添加冷水，造成水、煤和电力资源的浪费，还会影响供热质量。从健康角度说，系统供热管道中的水已改变了原自来水的水质，再加上管道防腐剂等化学药剂的使用等，使得暖气管道中的水含有对人体有害的物质，因此，给暖气装阀放水有百害而无一利。

（3）不要在供暖设施上加装其他装修。如果暖气片影响到整体美观需要安装暖气罩，最好安装可拆卸的活动式暖气罩，便于随时检查维修。

62. 暖气如加罩，做成活动型

监工档案

关键词：暖气罩　活动型

危害程度：不大

返工难度：不大

是否必须现场监工：可事后监工

楼房自带的暖气片往往样式笨重难看，为了美观，很多业主在装修时会制作暖气罩将其包起来。暖气罩，顾名思义，就是暖气片的外罩，是对暖气片进行隐蔽包装的设施。常见的暖气罩有固定式和活动式两种。固定式暖气罩与墙体相连，结实耐用，但不利于检查维修；而活动式的罩体可拆卸、使用方便，利于检查维修。由于暖气管线有一定的使用寿命，随时可能出现问题，因此，活动式暖气罩是最好的选择。否则，一旦需要维修或更换，就必须拆掉固定的外罩，给业主造成损失。

然而，在实际装修过程中，这种做法往往很难实现，原因在于活动式暖气罩对施工要求较高，一些施工人员为了省时省力，往往会私下更改业主的决定或者劝说业主选择固定式暖气罩。

失败案例

小张的新房面积不大，那些分布在每个房间的暖气片不仅占用空间，而且样式笨重，很影响房间的美观。于是，小张在装修时特意让施工人员做了几组活动式的暖气罩。小张认为，这么简单的一个小活根本用不着监工，于是趁机去了家具市场挑选家具。等小张再次来到新房时，发现暖气罩已经做好，将暖气片包得很严实，做工也不错。可是当他准备将暖气罩拿下来时，任他用尽力气，暖气罩都一动不动，原来暖气罩做成了固定式的。事已至此，小张只好接受现状。一年后，小张家里的暖气突然不热了，家里的温度和室外相同。这可急坏了小张，赶紧找来维修人员检查。可是等维修人员到了后却发现暖气罩是封死的，他告诉小张，暖气罩需要拆掉，否则维修过程中暖气片中的水会满地乱流，影响检修。小张虽然舍不得拆掉暖气罩，但一想到回家还得穿着羽绒服、围着被子看电视，只好忍痛将暖气罩拆掉了。事后，小张看着弄坏的暖气罩十分心疼。

现场监工

暖气罩的成本相对于其他工程成本低得多，因此，在人手不够或抽不出时间的情况下，业主可选择事后监工。但如果发现施工人员违背业主的意愿，一定要立即返工。

（1）尽量选择活动式暖气罩。这种暖气罩搬动方便，便于检查维修暖气片。制作时，应根据暖气片的长、宽、高尺寸确定暖气罩的尺寸，以长度大于暖气片长度10cm、高度大于暖气片高度5cm、宽度大于暖气片宽度1.5cm为宜，表面转角可以设计成圆弧形，防止磕碰到家人。散热网与暖气罩框架要吻

合，做到安装、拆卸自如。

（2）设计暖气罩时，一定要设置足够的散热空间，最好在暖气罩底部设计通气孔，使空气在暖气罩内形成回路，加快暖气片散热。

（3）如果是实木制作的暖气罩，在完工后要立即进行饰面处理，如涂刷一遍清油，再进行其他装修工程。

自制活动式暖气罩

市面上常见的暖气罩散热网

63. 水槽位置有讲究，不可随意来放置

监工档案

关键词：水槽　提前测量

危害程度：不大，但会影响舒适和美观

返工难度：很大

是否必须现场监工：尽量现场监工

问题与隐患

水槽肩负着厨房的清洁工作，它的位置当然不容忽视，合理的布局为水槽

距墙面保留至少40cm的侧面距离，这样就有空间放置需要刷洗的餐具、厨具等物。否则，窄小的转角位置不仅无法放置待洗的餐具和厨具，而且会使洗涤时的脏水、油污溅在墙砖上，这个小环节不容小视。然而，在实际装修中，许多施工人员在切割水槽时往往难以尽责，主要问题有以下三个方面：

（1）有的施工人员为图方便不使用工具测量尺寸，只是目测一下，就粗暴地在下水管正上方任意切割台面，然后将水槽“坐”进去。

（2）一些不负责的施工人员会紧挨墙壁进行切割，结果使水槽紧贴墙壁，既不美观又不利于业主清洁卫生。

（3）在安装水槽下方的下水管道时，由于处于隐蔽处，业主通常不会进行验收，一些施工人员为了节约成本，不使用玻璃胶对其进行密封，从而导致日后下水道出现异味或者漏水的情况。

失败案例

小王夫妇搬进新居后，着实高兴了一阵子，因为厨房装修得很漂亮温馨，夫妇俩都争着下厨制作各种美食。在美餐一顿后，两人都不忘将厨房收拾得整整齐齐、一尘不染。可是半年后，夫妇俩就再没有兴趣下厨做美食了，更别提饭后洗碗了。原来，厨房里的水槽紧挨着两面墙，转角位置窄小，根本没地方放那些盘子、碗和小盆，结果每次清洗时，餐具都会发出叮当的碰撞声，让两人手忙脚乱。更糟糕的是，洗碗时溅出的水渍积在转角处，擦拭时，由于有水龙头的阻挡，让人很难伸展开胳膊去擦，结果时间久了，这个角落就成了藏污纳垢的地方。

厨房水槽紧挨转角，刷碗时会有很多不便

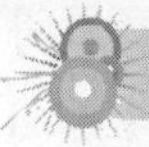

现场监工

这一环节业主可以不必亲自监工。如果是定制整体橱柜，可以在与橱柜公司签订的合同上将所要的水槽尺寸注明；如果是自己购买大理石台面，由石材公司负责切割水槽空间，则一定要告诉施工人员所要切割的位置。保险的做法是由业主自己在台面上用笔画出准确位置，然后让施工人员严格按图切割。

（1）水槽不应太靠近转角布置，一般在厨房水槽的一侧保留最小的案台空间宽为40cm，而另一侧保留的最小案台空间宽为60cm。

（2）人造石台面开孔的位置业主最好自己绘制好，尤其是台下盆。否则遇到台面窄而盆大的情况，一些施工人员会推托装不上。

（3）关于水槽安装涉及下水的问题。安装橱柜时，下水安装都会采用现场开孔的方式，用专业的打孔器按照管道的大小在柜体中打孔。需要注意的是，打孔后业主一定要提醒工人将开孔部分用密封条密封，防止木材边缘渗水膨胀变形，影响橱柜使用寿命。

（4）封胶。软管与水盆、软管与下水管道之间的连接处应使用密封条或者玻璃胶进行密封，防止软管漏水或下水管道出现异味。

64. 橱柜制作看木工，细节千万莫放松

监工档案

关键词：橱柜　木工　细节

危害程度：不大

返工难度：不大，但会带来较大的经济损失

是否必须现场监工：尽量现场监工

问题与隐患

家居市场中的整体橱柜款式新颖别致，但价格不菲，这让许多业主望而却

步，找木工制作橱柜成为一些家庭的首选。好的木工做出来的橱柜在样式、做工上都比较讲究。而一些技术不精的木工做出来的橱柜不仅样式难看、使用上不方便，质量也较差。因此，业主监工必不可少。

失败案例

装修时，张女士跑了好多家定制整体橱柜的店，可整体橱柜的价格实在是太昂贵了，权衡利弊后，她决定让木工现场制作橱柜。饰面板、柜脚及拉篮等，张女士都一一地认真挑选，橱柜很快制作完成。一切都安装完毕后，张女士才发现橱柜的设计很不合理，吊柜和地柜中没有一个空间是完整独立的柜子。对此木工解释说，是由于柜子里布满了燃气管道和水管，影响了柜体内空间的分隔，导致柜子与柜子之间的分隔板经常缺少一块，水管、燃气管道赤裸裸地露着。此外，张女士觉得地柜采用柜脚的做法现在看来也是一个错误，因为柜脚高达10cm，使得橱柜底部与地面之间的空间成为藏污纳垢的地方，日后清扫肯定不方便。最后，张女士还是让木工在柜脚的外面又包了一层木板。入住后，张女士怎么看怎么别扭，外观上是长长的一排地柜，可是里面却没有一个能放碗的独立柜子。唉，早知道这样，还不如花高价定制一套整体橱柜呢！

现场监工

橱柜是厨房中的重要组成部分，如果是由木工打制橱柜，业主一定要参与到设计中，与木工反复琢磨细节部分，这样才能保证做好的橱柜物有所值。

（1）合理分配地柜的空间以及操作台的使用面积。制作橱柜时，橱柜的分隔受到水管、燃气管道和台面上燃气灶、水槽的限制，需要事先仔细规划。如果整个空间分隔成多个小柜子，平均到每个柜子的面积就会变小，不方便放置厨房杂物；如果简单地分成几个柜子，面积又会太大，且台面的承受力会降低。

（2）吊柜和地柜的门要多样化，使用起来方便快捷，如吊柜最好为向上折叠的气压门，方便开启，避免用侧开门时，业主的头部受到磕碰；而地柜最好采用大抽屉柜的形式，即使是最下层的物品，拉开抽屉也能随手可及，免去蹲下身伸手进去取东西的麻烦。

由木工制作的橱柜

（3）事先决定安装柜脚还是踢脚线。柜脚安装在橱柜底部，用于支撑柜体，以防止柜体受潮变形，主要有金属柜脚、ABS柜脚两种，相对来说金属柜脚比较美观，安装柜脚可不加踢脚线，但容易积攒灰尘，不易清洁；踢脚线能防止橱柜底部进入灰尘，避免出现清洁死角，有助于整体美观，有PVC和铝合金踢脚线两种。

（4）如果厨房的面积不大，在制作橱柜时，尽量不要将柜子做得太大，留有足够的通行空间，才能保证下厨的舒适性。一般来说，通道的宽度范围为76～91cm，过窄人会有不适感。

（5）如果是定制的整体橱柜，在橱柜进场前，业主要检查其所用材料是否是自己订的，可以通过铰链孔察看柜体材料。在橱柜安装前要打扫干净厨房，尤其是安装橱柜的位置，因为橱柜一旦装好，那些死角就没办法再打扫了。最后提醒业主，整体橱柜安装时间较长，少则4～5小时，多则2天，业主对此要有心理准备。

（6）如果是木工做的橱柜，门板四周所用的封边线一定要单独购买，而且要货比三家。一定要注意，封边线价格很低，而与其他大宗货物一起买时，商家往往会将其加价几倍，坑骗业主。

65. 厨房操作台，要合理划分空间

监工档案

关键词：操作台　空间　合理布局

危害程度：不大

返工难度：不大，但会带来较大经济损失

是否必须现场监工：尽量现场监工

问题与隐患

中国传统式家庭，做菜时需要用刀切的食物居多，因此，在设计厨房时，一定要合理分配水槽与操作台的面积。如今楼房价格一路高涨，分配到厨房的面积往往很小，尤其是小户型，厨房的操作台面都很有限。如果将燃气灶与水槽安排在同一台面上，真正用来切菜的台面可想而知所剩无几。正常的操作台面的宽度是不能小于80cm的，否则会影响做饭速度。因此，正确的做法是合理分配这种三合一的台面比例。然而，在实际装修过程中，往往存在以下问题：

（1）许多业主只考虑到洗菜方便要安装大水槽，结果水槽占用了操作台面的空间，导致操作台面太窄不方便切菜。

（2）一些施工人员为了讨业主喜欢，不顾实际情况，顺着业主的心意，结果造成分配比例失调。

因此，这一环节业主应亲自监工。

失败案例

小艾的新房面积不大，分配到厨房的面积就更小了。装修时，小艾无意中向施工人员透露了自己想要一个大的水槽，方便洗菜刷碗，可是厨房太小，如果装一个这样的水槽可能会占用很大一部分操作台。施工人员告诉小艾，用大

水槽可以让厨房显得没有那么窄小，而且可以将台面的宽度适当加宽，这样就可以增加用来切菜的台面了。小艾觉得这种做法很合心意，于是按照这种想法做了橱柜和台面。然而，大水槽和燃气灶还是占用了大部分台面，留作切菜用的台面小得可怜。虽然台面的宽度增加了，但也只能是将一块小面板竖着放，切菜很不方便。而且小艾的个子不高，操作台靠墙的部分在放置或取用东西时需要伸直了胳膊才能够得到。每次做饭时，小艾都只能切完一道菜后将菜装盘放置在别处，腾出台面再切下一道菜，结果简单地做几个菜就需要很长时间，更不要说做一些复杂的菜了。为此，每次备菜的过程都会让小艾生一肚子气。

现场监工

这一环节业主可以事后监工，但在施工前一定和施工人员再次确认自己的想法。

（1）在设计厨房时，要将水槽与燃气灶安排在同一流程线上，二者之间做一个直通的台面作为操作台。在不影响洗菜的情况下，尽量不要把水槽做得太大，以免占用用来切菜的操作台台面。操作台统一高度为80cm左右，但可以根据业主的身高或使用习惯略作调整，如业主很喜欢做面点，可将操作台的高度相应降低10cm。

合理分配水槽与操作台的空间

（2）冰箱应设计在离厨房门口最近的位置，这样就可以不进入厨房直接将购买的食品放入冰箱。冰箱的附近最好也设计一个操作台，取出的食品可以放在上面进行简单的加工。

（3）厨房窗前的位置最好留给操作台，便于业主在备餐的同时抬头欣赏窗外美景，避免产生枯燥感。

（4）封闭炒菜区，开放备餐区。因为备餐的工作时间要比炒菜的工作时间长，这样的设计既能使家人之间互相交流，油烟又不会影响其他空间的环境，可以营造清爽的感觉。

（5）厨房一定要以实用为主。如果厨房面积不大，应该根据其结构特点适当地在墙上做一些搁板或者支架，以方便摆放和悬挂必备物品。

（6）操作台上方可以安装一个小灯，便于晚上做菜时看清楚。

66. 厨房水管露外面，又碍事又难看

监工档案

关键词：水管外露　影响美观

危害程度：小

返工难度：不用返工

是否必须现场监工：有条件可现场监工

问题与隐患

厨房是用水用电的重要场地，未装修的厨房里常常是各种水管、电线外露，凌乱不堪。多数业主在装修时会把水管或电线隐藏在顶棚或底柜里，外观更整洁漂亮。然而，一些施工人员为了省事，没有对厨房里粗大的下水管道进行包管，任由其露在外面。其后果不仅影响厨房的整体美观，还关系到厨房的卫生问题。管道周围污浊的空气和各种飞虫细菌会顺着管道和橱柜缝隙来到厨房，污染环境和食物，从而影响家人健康。

失败案例

宋女士一直觉得家中厨房里外露的水管是装修时最大的败笔。那根粗大的水管紧贴墙壁，贯穿整个厨房，通到楼上。当初装修时，宋女士找了一家私人

的施工队。由木工师傅打造橱柜，造型很简单，就是框架加上柜门就搞定了。完工后，宋女士才发现那根直通上下的水管露在外面，水管和吊柜以及台面的连接处呈现的是里圆外方的结构，缝隙很大。木工师傅给出的解决方案是单独给水管做一个外罩，宋女士勉强接受了。没想到这个外罩是用板材做成的，表面既没有贴面板，也没有刷漆，和橱柜很不般配。而且外罩是活动的，特别容易藏污纳垢。使用了一段时间，宋女士就将其取了下来，在水管和台面的连接处用玻璃胶连接。由于缝隙大，每隔一段时间就得重新抹一遍玻璃胶，样子很难看。

现场监工

本案例中宋女士的失败经历在于装修厨房时没有提前做好规划，制作橱柜时没有与木工师傅沟通好细节部分，导致水管外露。

（1）如果找木工师傅制作橱柜，业主一定要和木工师傅沟通好细节，做好细节处理。如果是定制整体橱柜，要事先和设计师商量好包管方式以及包管材料。

（2）对于外露的水管，可以采用木板包管，也可以用石材包管，如人造亚克力石材等。建议业主首选后者，既结实耐用，又能和整体橱柜相配，浑然一体。

67. 制作厨房吊柜，事先测量油烟机

监工档案

关键词：吊柜　油烟机　提前测量

危害程度：不大

返工难度：很大

是否必须现场监工：务必现场监工

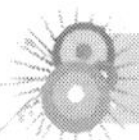

问题与隐患

不论是购买整体橱柜还是找木工打制橱柜，业主都要事先想好一些家用电器的摆放位置，如微波炉是否要摆放在柜体中、油烟机要挂在哪里等。购买油烟机一定要在测量橱柜尺寸之前进行，以便测量橱柜尺寸时准确地预留出油烟机的位置。因为油烟机安装好后可以摘下来放置在一边，并不影响其他工程的进程；而先定橱柜再购买安装油烟机，会造成二者之间出现较大的缝隙，从而影响厨房的美观。然而，在实际装修过程中，由于施工人员不负责，即使先购买油烟机有时还是会出现缝隙，造成这种情况主要有以下两个原因：

（1）在无人监工的情况下，施工人员不会将油烟机挂起来测量尺寸，而是用手简单地比量一下尺寸。

（2）一些施工人员虽然使用了测量工具，但测量得不准确。

因此，这一环节的监工重点在于一定要让施工人员将油烟机挂上测量好尺寸后再做橱柜。

失败案例

装修时，刘先生选择安装整体橱柜，于是厂家派人上门测量尺寸并预留了安装油烟机的位置。橱柜安好后效果不错，刘先生对此很满意。可是等到装修结束，购买回油烟机时，刘先生才意识到橱柜的尺寸很不合理。原来，由于橱柜已安装好，再安装油烟机时麻烦了许多；而且，预先留好的油烟机位置尺寸比买回的油烟机大了很多，安装好的油烟机和橱柜之间有很宽的缝隙，怎么看怎么不对。尽管刘先生想了各种办法，无奈都解决不了问题。

现场监工

不要轻信施工人员所说的话。以施工人员的经验预留的尺寸绝对可以安装下业主的油烟机，因为施工人员通常是按照市面上能见到的最大的油烟机尺寸预留的，也就是说所有的油烟机都能安装下。如果业主买的油烟机尺寸较小，那么安装好后二者之间肯定会出现缝隙，这就是让业主日后觉得闹心的地方。

安装橱柜事先一定要测量油烟机的尺寸

（1）一些需要提前确定尺寸的产品最好在施工前购买。如定制橱柜前需要确定油烟机的位置及尺寸；安装大理石台面时要确定燃气灶和水槽的位置及尺寸，以便在石材上合适的位置切割等。如果是找木工打制橱柜，还要测量好地柜里拉篮的大小，以便为地柜进行合适的空间分隔。若是业主在施工前没来得及购买以上产品，可以让施工人员暂时等待一段时间，购买齐后再开工。

（2）小面积的厨房在安装橱柜时，吊柜和地柜之间的距离一定要远一些。如果厨房顶棚很低，吊柜的高度可以适当提高一些，否则吊柜做出来后会有压迫感，使得地柜看起来比吊柜还要小，整体橱柜也会因此而显得上下比例失调。

（3）在制作吊柜时，最好将吊柜紧贴顶棚安装。如果吊柜与顶棚之间留有一定空间，既影响美观，又容易积攒油污，不便于清理，成为日后的卫生死角。

68. 柜门开合流畅，重在监督铰链安装

监工档案

关键词：橱柜门　铰链

危害程度：不大

返工难度：中等

是否必须现场监工：尽量现场监工

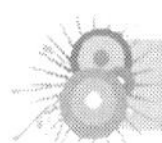 问题与隐患

装修时，很多业主只考虑了橱柜材料的选择，而忽略了五金配件的配置。事实上，橱柜的使用寿命关键在于五金配件，一些顶级品牌橱柜的价格贵就贵在五金配件上。在日常柜门频繁开关的过程中，最经受考验的就是铰链，它不仅衔接着柜体和门板，还要独自承受门板的质量。一副优质的铰链可以延长橱柜的寿命，相反，劣质的铰链会让橱柜在反复几次开合后“瘫痪”。然而，在施工过程中，由于施工人员的不负责任，有可能会造成柜门提前损坏。在这一过程中主要存在两种问题：

（1）使用劣质五金配件。如果是整体橱柜或者是由装修公司负责，有的施工人员会在业主监工不力的情况下偷换五金配件，以次充好。

（2）安装不当。安装时，施工人员往往在铰链与门板还没有对齐时就开始拧螺钉，导致铰链与门洞不吻合。在反复拧几次后，螺钉孔会变得越来越大，从而导致门板变形，不能与铰链严丝合缝。这种情况下，在开合几次柜门后，铰链就会松动脱落，严重时需要重新打洞，另换铰链。

失败案例

安装劣质铰链，导致柜门关不上

郑小姐很喜欢做饭，新居装修时在橱柜上很是下了一番功夫，仅橱柜的板材就花了一万多元。入住新居后，郑小姐常常邀请几个小姐妹到家里品尝自己的厨艺。可是一段时间后，郑小姐就再也提不起兴趣了，对厨房变得又爱又恨。原来，每次进入厨房，郑小姐都要小心地打开柜门，然后再费力地关上。要知道，这套橱柜可

是花了一万多元，但用了仅几个月柜门就变得不灵活了。又过了几天，柜门干脆彻底“下岗”了，抽屉也无法拉动。施工人员前来维修后，郑小姐才知道柜门之所以“罢工”，是因为使用了劣质五金配件。

现场监工

橱柜磨损最厉害的部分就是五金配件，一套价格昂贵的橱柜关键就在于五金配件的质量。因此，不论是找木工制作还是去专卖店定制橱柜，业主的监工都是必需的。虽然返工成本不是很高，但关系到柜门板材的变形，因此，业主最好能现场监工。

（1）铰链是橱柜最重要的五金配件。质量好的铰链性能卓越，其钢板厚，柔韧性和抗腐蚀性好，在使用时开合自如、无噪声，能经得起上万次的开关而不变形损坏。

（2）滑轨。在橱柜抽屉的设计中，滑轨是最重要的配件。应选择承重力与滑动效果好的滑轨，使用起来滑动噪声小，轻盈而毫无涩感。

（3）拉手。业主应事先确定拉手的位置，选择拉手应以实用为主。拉手的款式较多，根据风格可分为欧式、中式及简约式，根据安装位置可分为隐形拉手及明拉手，前者不方便清理，后者容易磕碰，业主购买时应根据自家情况进行挑选。

69. 烟道处理很重要，重点监督密封性

监工档案

关键词：烟道　密封

危害程度：很大，可能诱发肺癌

返工难度：不大

是否必须现场监工：尽量现场监工

问题与隐患

现代住宅的通风烟道都是公用的，楼内每个单元统一安装烟道，使用时住户先将厨房油烟排入烟道，再从烟道排到室外。然而，装修时由于施工人员对厨房烟道处理的疏忽，往往造成烟道油烟倒灌，主要存在以下两方面原因：

（1）在安装油烟机时，没有将油烟机管道与排风口紧密连接，导致烟道内的油烟从缝隙中进入厨房内。

（2）施工时，一些施工人员虽然发现烟道周围出现裂纹，却没有经过处理就直接在其表面贴砖，结果造成烟道的油烟从缝隙里钻出来散发到厨房内。

失败案例

听朋友说起厨房装修一定要处理好烟道时，王女士感到既新鲜又纳闷，因为自己家在装修时并没有听施工人员说起过这一点，而且自己就在现场监工，当时厨房里的装修进行得有条不紊，贴砖、打造橱柜、安装油烟机，没有哪个环节涉及烟道。反正厨房的装修已经结束，王女士也就懒得向施工人员询问，至少表面上自己看着很满意。随着左邻右舍陆续入住，王女士终于发现了自己家厨房的问题所在。原来，每当家家户户都开始做饭时，楼上楼下厨房的油烟就会从烟道倒灌进王女士家的厨房里，飘出浓重的油烟味。如果碰巧赶上自己做饭，那种混合起来的味道会熏得王女士恶心想吐，瞬间就没有了做菜的兴致。为此，每到做饭时间，王女士不得不打开换气扇和油烟机。更让她心情糟糕的是，厨房只要一天不清洗就会有一层油腻，油烟机清洗后也会很快沾满油污，甚至还会往下滴油。王女士找人检修过几次，虽然找到了原因所在，但由于是装修时烟道处理不好造成的，返工十分麻烦，一直难以解决。想想住一辈子的房子要闻着别人家的油烟味，王女士心里就堵得慌。

现场监工

这一环节业主一定要亲自监工，因为烟道施工是隐蔽工程，多数业主又不

会亲自验收，因此，施工人员经常敷衍了事，待贴好墙砖做好吊柜后，一切也就“尘埃落定”，却给业主留下了难以解决的后遗症。如果烟道密封不严，会让油烟大量滞留在厨房，业主长期吸入，还易诱发肺癌。监工要点如下：

（1）厨房贴砖之前，要仔细检查厨房烟道口周围是否存在空隙或裂缝。厨房墙壁（包括烟道）在贴砖之前都要进行挂网处理，以保证墙砖与墙壁的粘合程度。烟道的管壁通常较薄，在使用螺钉或膨胀螺栓固定金属网时，一定要避免损坏烟道，否则，贴砖后油烟就会从烟道涌出，顺着缝隙进入厨房。

（2）可在油烟机与烟道之间的适当位置增设一道密封功能好的风动闸门，闸门在动力的作用下自动开放，不用时自动关闭，可以隔断烟道中的异味，避免其进入厨房。

（3）油烟机和热水器的排气孔要预先打好，贴好墙砖后再打孔会产生不便。正确的做法是在装修前选购好油烟机、燃气灶和热水器等，以确定打孔的位置和尺寸。

70. 防火板做台面，重点监督水槽处

监工档案

关键词：防火板台面　水槽连接处

危害程度：不大

返工难度：不大

是否必须现场监工：尽量现场监工

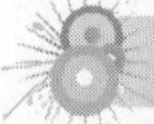

问题与隐患

在现代装修中，用来制作厨房操作台台面的材料多种多样，其中，防火板以色泽鲜艳、价格实惠受到许多业主的喜爱。防火板的标准名称为耐火板，是用防火板做贴面、刨花板或密度板做基材经压贴后制成的板材，具有一定的

耐火性能，缺点是容易受潮被水侵蚀。因此，使用防火板制作操作台台面有着严格的施工要求，尤其是水槽部位切口处的封胶防水处理至关重要。一旦处理不当，将会导致水槽中的水渗入防火板的木质基材中，使整个台面被浸泡。然而，许多施工人员在这一环节做得不到位，表现为技术不过关、偷懒不负责任等，给业主带来很大的麻烦。

失败案例

退休在家的张阿姨最喜欢做的事就是做一桌子好菜，和老伴高高兴兴地边吃边回忆往事。买了新居后，老两口一心想将厨房装修得现代化一些，以便张阿姨在里面尽情发挥厨艺。因此，老两口选中了防火板做台面。装修时，由于儿女们都忙于工作，老两口只好亲自上阵监工。虽说是监工，其实只是看着施工人员施工，刚开始时老两口对一些自己不懂的活还询问一下，后来发现这些施工人员也讲不清楚，最后也就不再追问，他们觉得只要施工人员认真地干活即可。厨房装修好后，张阿姨很满意，每天照着菜谱变着花样做美食，老伴没事也喜欢在厨房帮忙，老两口在厨房忙得不亦乐乎。然而，不久后他们就发现了一件烦心事——水槽周围的防火板台面变成了波浪形，水槽与台面之间原本严密的接缝也开始松动。过了一段时间，台面变得越来越鼓，而且开始出现裂纹。好好的台面怎么会变成这个样子呢？张阿姨打电话给防火板商家，对方告诉她是由于装修工人对水槽切口处封胶处理得不好，结果使水渗入板材，造成了防火板变形。

现场监工

这一环节需要业主亲自监工，最好是由家庭中负责下厨的成员监工，因为防火板的结实与否与做饭过程有着密切的关系。尤其是水槽与台面衔接的部分，如果防火板切口处的封胶处理不好，天长日久，水会渗入木质基材中，严重时会导致台面变形。

（1）重点监督防火板台面水槽切口处的封胶防水处理，可以要求工人多次加装防水胶条。如能设计制作排水槽，也可以解决这一问题。

（2）注意防火板的封边。常见的封边有PVC封边、铝合金封边以及3D封

边。PVC封边可以做得与台面颜色一致，但是容易开胶；铝合金封边显得很有品位，颜色搭配美观，但是质地坚硬，不适合有小孩的家庭使用；3D封边最外层有2mm厚的树脂层，内有涂漆，同样可以做得和台面颜色一致，且不会脱漆。

（3）如果用防火板制作柜门，在固定板材时最好选择用胶水固定。如果必须使用钉子固定的话，一定要使用不锈钢钉。

71. 石材台面易开裂，铺设条衬可预防

监工档案

关键词：人造石台面　条衬　开裂

危害程度：不大

返工难度：很大

是否必须现场监工：务必现场监工

问题与隐患

在众多的台面材料中，人造石台面无疑是使用最多的一种。人造石是由树脂、粉料和添加剂等合成的板材，具有良好的可加工性和防渗透性。人造石板材色泽鲜艳丰富，选择余地大，可以随意组合搭配，满足业主的个性需求。人造石台面最大的优点在于打磨性很好，两块台面经过打磨后可以合二为一，看不出任何痕迹。在使用一段时间后，如果出现裂痕，也可以重新打磨恢复原状。但是，即使具有超强的可塑性，人造石台面在施工中也有着严格的要求。由于自重大，用人造石制作台面需要用细木工板或实木条打底，否则台面难以承受在其上用力的剁、砍等操作产生的冲击，容易导致台面开裂；同时，受热不均也会引起台面变形。一旦台面严重变形就难以恢复。然而，在实际装修过程中，这一环节往往因施工人员的偷工减料而出现问题，给业主造成很大的损失。

失败案例

李女士家购买的是整体橱柜，台面选用的是人造石，长长的台面经打磨后丝毫看不出拼接缝，淡黄色的台面为整个厨房增添了雅致的感觉。有了这么漂亮的厨房，李女士也喜欢上了下厨，经常邀请朋友到家里品尝自己的手艺。半年后，李女士发现台面上长出了一道“疤”，仔细一看，竟然是台面出现了一条长长的裂缝，李女士赶紧打电话给商家，维修人员上门将裂缝打磨平整。看着面貌一新的台面，李女士为自己当初的选择暗自高兴。在随后的日子里，李女士继续在台面上做美食。好景不长，原有的那条裂缝很快又露了出来，而且比上次裂得还要长，足有十多厘米。李女士再次拨打了商家电话，这一次维修人员告诉李女士，台面已经变形了，很难再恢复原样。对方将责任归在了李女士身上，认为是她在台面上经常用力剁排骨导致台面受力太大而变形。李女士很疑惑，人造石质地这么坚硬，怎么可能连这点儿力都承受不了呢？

现场监工

这一环节业主可事后监工，如果是由木工打制橱柜，只要在人造石台面到位之前都可以补救；如果是定制橱柜，一定要在合同上注明木板打底，否则业主应坚决退货。

人造石台面具有很强的打磨性

（1）人造石台面在安装之前，在地柜顶部要用细木工板或实木条打底，防止台面日后裂缝和受热不均引起变形。尤其是在切菜区，最好能铺满条衬，因为切菜区承受的冲击力最大，铺满条衬可以增加台面的抗冲击力，防止在切排骨等较大的冲击力作用下导致台面裂缝、变形。

（2）安装人造石台面时，一定要让石材公司在台面探出的边缘下沿开一道

槽，防止台面上的液体流入地柜的抽屉。

（3）如果是选择石材公司制作台面，一定要事先说好送货费用，一些小公司会临时增加爬楼费等，要价不低；劣质人造石通常由简陋的混合工艺制成，容易出现变形、开裂、渗污、刮划等质量问题，业主要注意鉴别台面的品质。

（4）对于台面被切割掉的水槽和燃气灶部分，业主一定要向厂家索要，可用于窗台或过门石的铺装。否则，业主应要求厂家减掉相应比例的费用。

72. 吊顶龙骨太隐蔽，现场监督不可少

监工档案

关键词：吊顶　龙骨　隐蔽工程

危害程度：中等

返工难度：无法返工

是否必须现场监工：务必现场监工

问题与隐患

在家庭装修中，最常见的建材之一就是龙骨。龙骨是用于支撑造型、固定结构的一种材料，主要用在吊顶和地板的施工中。施工时，将木线条、轻钢等材料用木钉或射钉固定成纵横交错、间距相等的网格状支架，然后在上面铺装地板、石膏板、木工板等板材，这道工序叫打龙骨。

龙骨施工的质量关系着吊顶的质量，在施工过程中要求很严格。然而在实际装修中，由于属于隐蔽工程，事后业主难以验收，一些施工人员会偷工减料、投机取巧，造成吊顶成“掉”顶。因此，监工是保证吊顶质量的一个重要手段。

失败案例

一提起吊顶，赵先生就后悔当初不该听施工人员的话。原来，装修时赵先

生本打算用轻钢龙骨，而施工人员却告诉他应采用木龙骨，说木龙骨比轻钢龙骨结实耐用。想到对方是专业做装修的，肯定比自己有经验，赵先生就使用了木龙骨。谁知入住才一年，赵先生家的吊顶就裂缝了。找装修公司维修，对方告知赵先生是龙骨施工错误造成了吊顶开裂。赵先生不明白，施工人员口中结实耐用的木龙骨怎么到了自己这里就变得不结实了呢？原来，用木龙骨吊顶，施工比较麻烦，要求木龙骨的含水率在12%以下。同时，由于不同材质热胀冷缩系数不同会造成吊顶开裂，为防止这种情况出现，施工时，施工人员要采取预留缝隙的做法，所有木制品接缝控制在1mm，石膏板、水泥板接缝控制在8mm。一旦施工过程中不严格执行，就会造成吊顶开裂。赵先生家的吊顶开裂就是因为施工人员对龙骨没有采取预留缝导致的。

正在施工的木龙骨

现场监工

毋庸置疑，隐蔽工程是施工人员最容易偷工减料的环节，因此业主一定要现场监工。龙骨是最隐蔽的工程之一，事后监工的可能性微乎其微，一旦吊顶返工，工程量大、成本较高。

（1）选择不同的龙骨，业主监工重点也不一样。吊顶的龙骨材料主要有木龙骨、铝合金龙骨、轻钢龙骨三种。木制材料是传统的吊顶龙骨，其面板部分多采用人造板。轻钢龙骨是以镀锌钢板制成顶棚和骨架的支承材料，具有质量轻、刚度大、防火与抗震性能好、加工和安装方便等特点。

（2）采用木龙骨吊顶时，应重点监督施工人员是否预留了缝隙。此外，施工时，木龙骨应涂刷防火耐腐涂料。如果吊顶中含有灯罩、窗帘盒等，在其对应的位置应增加附加龙骨。切记，一定不要将吊扇直接挂在龙骨架上。

（3）使用轻钢龙骨时，凡有悬挂的承重件必须增加横向的附加龙骨，所配置的零配件等应为镀锌件。

（4）业主在监工过程中，有疑问的地方要详细问清楚。对于施工人员有

问题保修的承诺，一概不能轻信，要坚决要求对方按规范施工。轻型灯具应吊装在主龙骨或附加龙骨上，重型灯具或吊扇不得与吊顶龙骨连接，应在基层顶板上另埋设吊点。吊顶施工过程中，电气设备等的安装应密切配合，特别是吊灯、电扇等处的增补强度应符合设计要求。

（5）如果想在吊顶中装设灯具，业主必须参与到吊顶背后的结构设计中，不能由施工人员自作主张，否则背后的骨架设计可能会影响日后灯具的安装。

73. 吊顶要监工，防止吊顶成“掉顶”

监工档案

关键词：吊顶　掉顶

危害程度：很大，危及人身安全

返工难度：无法返工，只能重做

是否必须现场监工：务必现场监工

问题与隐患

吊顶，简单地说，就是指顶棚的装修，是室内装饰的重要部分之一。吊顶在整个家居装饰中占有相当重要的地位，对居室顶面进行适当的装饰，不仅能美化室内环境，还能营造出丰富多彩的室内空间艺术形象。

吊顶由装饰板、龙骨、吊线等材料组成。根据装饰板的材质不同，吊顶可分为石膏板吊顶、金属板吊顶、玻璃吊顶、PVC板吊顶等，其中石膏板造价相对便宜，金属板价格较高但最为耐用。目前，家庭装修中主要使用的是金属板吊顶中的铝扣板吊顶。

吊顶虽然美观，但在施工方面却有着严格的施工要求，一旦施工人员偷工减料，吊顶很容易产生问题，给业主带来麻烦，如吊顶与楼板以及龙骨与饰面板结合不好就会造成“掉顶”。

失败案例

装修时，王女士和爱人明确了各自的分工，由她爱人负责前期施工，如水路和电路改造、吊顶等，王女士负责后期的涂装和安装。可是装修刚开始，王女士的爱人就有急事赶赴外地，情况紧急，王女士只好自己上阵。吊顶时，王女士监督着施工人员将厨房和卫生间的顶吊得很平整，施工人员都说从没见过像她这么认真的业主。吊顶结束后，王女士的爱人也回到了家，看到装修很顺利，直夸奖王女士能干。入住一年后，一天，王女士正在客厅打扫卫生，突然从厨房传来“轰隆隆”的声音，好像有重物从高处掉落下来。她赶紧向厨房跑去，眼前的一幕让她惊呆了——吊顶塌了！整个吊顶完全从顶棚上脱落下来，一端架在橱柜的顶部，一端斜垂着，还在不断脱落。

现场监工

吊顶是隐蔽工程，业主一定要现场监工，容不得半点儿马虎。

吊顶施工中

（1）吊顶前应先将隐蔽工程做好。照明电源、空调、视频音频线路等是否需要隐藏在吊顶里，照明方式、灯具安装位置等问题都要提前设计好，否则日后只能走明线，影响美观。

（2）厨房和卫生间的吊顶一定要便于清洁，还要防潮、抗腐蚀，通常使用铝扣板做全面吊顶。施工时应注意保护好橱柜和墙砖，防止施工人员因动作粗鲁损坏橱柜台面或墙砖。

（3）在可以使用木龙骨也可以使用轻钢龙骨时尽量使用轻钢龙骨，因为木材的伸缩性较大，容易导致结构变形。安装龙骨一定要预留伸缩缝。

（4）吊顶时一定要在干燥的环境下施工。环境潮湿是导致吊顶变形开裂的一大原因。湿度是影响纸面石膏板和胶合板变形开裂的最主要的环境因素。在施工过程中如果湿度较高，使板材受潮，而在长期使用中又逐渐干燥，板材收缩，就会使吊顶变形开裂。因此，在施工中应尽量降低空气湿度，保持良好的通风，尽量等到混凝土含水量达到标准后再进行施工。同时，可对板材表面采取适当的封闭措施，如滚涂一遍清漆，以降低板材的吸湿性等。

74. 石膏板吊顶要求高，偷工减料易裂缝

监工档案

关键词：吊顶　石膏板　开裂

危害程度：不大

返工难度：无法返工

是否必须现场监工：尽量现场监工

问题与隐患

在家庭装修中，石膏板吊顶是最常见的吊顶之一，这种吊顶成本低、易造型、易施工、防火性能好，备受大众的喜爱。但石膏板吊顶有着严格的技术要求，尤其是大面积石膏板，达不到技术要求的施工做法容易导致石膏板裂缝，影响整体的美观。然而，在施工过程中由于施工人员施工方法不对、技术不过关等原因造成石膏板裂缝的情况比比皆是，主要表现在以下两个方面：

（1）固定吊线的膨胀螺栓位置选定有误，导致吊顶固定点存在活动间隙，一旦受力就会变形。

（2）使用木龙骨吊顶时，往往在木龙骨含水量过高的情况下施工，龙骨干燥后产生变形，对石膏板产生拉力，导致吊顶出现裂缝。

失败案例

李先生家的客厅采用了石膏板吊顶，石膏板上还设计了图案，再配上精致的水晶灯，整个客厅美观、华丽。入住不久后，李先生无意间发现洁白的吊顶上多了几条细细的裂缝，十分突兀、丑陋。李先生找来装修时的施工人员，对方告诉他这是因为环境干燥造成的，没有办法修补，只能暂时打磨一遍进行掩饰。随后，李先生从一位朋友那儿得知，用石膏板吊顶时，如果施工人员不认真负责，不按规范施工，就会导致吊顶裂缝。想到自己家的吊顶，李先生觉得很气愤，于是找到装修公司索要赔偿。谁知对方却拒绝赔偿，理由是工程完工后李先生进行了验收，现在裂缝了分明是来找麻烦的。李先生与对方进行了多次沟通，但始终没有得到对方的答复。此时，李先生才明白监工的重要性，如果自己事先了解一些吊顶的知识或者请有经验的朋友帮忙，哪里会有现在的麻烦啊！

现场监工

吊顶和龙骨是一体的，因此业主现场监工是必需的。

石膏板吊顶

（1）石膏板吊顶时，石膏板之间及石膏板与墙面之间的接缝处要留出1～2cm的缝隙，做成倒V形。粘贴石膏线时，石膏板与顶面、墙面应留出0.5cm左右的缝隙，并用石膏粉加白乳胶调和填缝，可以防止石膏板开裂。

（2）用木龙骨吊顶时，木龙骨的含水率要控制在12%以下，龙骨要牢固，切忌有松动，防止石膏板吊顶裂缝。

（3）业主应严格要求施工人员按照吊顶技术规范施工。选准固定吊线的膨胀螺栓的位置，吊顶固定结实牢靠，不能有丝毫的位移间隙。施工后，业主

最好亲自检验龙骨是否结实牢固。石灰膏必须充分熟化，不允许含石灰固定颗粒，以免抹灰后起鼓、起气泡。

（4）吊顶收边很重要，业主一定要在现场监督，避免产生黑缝，影响美观。

75. 安装铝扣板，顺序莫弄反

监工档案

关键词：顺序　保护膜　影响美观

危害程度：小

返工难度：不用返工

是否必须现场监工：有条件可现场监工

问题与隐患

厨卫吊顶材料多种多样，有塑钢板、铝扣板、石膏板等，其中铝扣板因变形、破损概率小及好拆卸、易维修的优点，逐渐受到越来越多业主的青睐。生产铝扣板时，厂家为了保护其表面不会出现划痕会贴一层保护膜，使铝扣板在运输途中免遭划伤。在安装吊顶时，应提前将保护膜撕掉再进行安装。由于铝扣板失去了保护膜，在施工过程中需要施工人员格外谨慎小心，这无疑会影响施工速度。因此，一些施工人员为了不影响速度，通常不会先撕去保护膜，待安装完毕后再让业主自己撕掉，结果造成保护膜很难撕干净，在撕扯的过程中力度太大时还会造成铝扣板变形，从而影响吊顶美观。

失败案例

小叶家的厨房吊顶选择的是铝扣板。施工结束后，小叶发现铝扣板的颜色偏绿，施工人员告诉她保护膜还没有撕掉，去掉保护膜后铝扣板就会呈现原本的颜色。装修结束后，小叶开始撕铝扣板的保护膜，可没想到薄薄的一层保护膜很难撕下来。折腾了好长时间总算将保护膜撕掉了，她却惊讶地发现部分铝扣板变得凹凸不平。小叶找到施工人员，施工人员对此的解释是由于铝扣板质量不好导致了变形。好好的吊顶变成了这副样子，小叶十分心疼。她找到厂家要求赔偿。厂家在获悉小叶家铝扣板的具体安装过程后，告诉小叶铝扣板的质量没问题，铝扣板之所以变成这样是因为施工人员弄反了安装顺序，正确的顺序是先撕去保护膜再安装铝扣板，这一点在铝扣板的包装上已明确注明。随后，小叶在铝扣板的包装上找到了这句话，这才明白施工人员是在贼喊捉贼，逃避责任。

现场监工

（1）选择铝扣板吊顶时，应先装浴霸、热水器、排风扇、油烟机再进行吊顶。

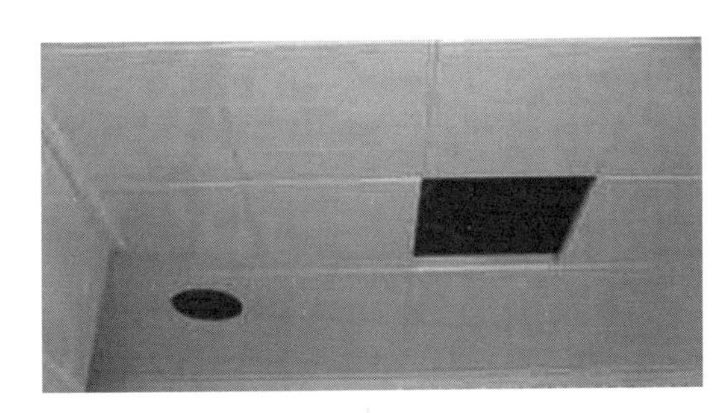

吊顶时预留油烟机烟道和厨房灯具通道

1）安装厨房铝扣板时，油烟机的软管与烟道接合处的位置暂时不要安装，可以先开好孔，等油烟机完全装好之后再将铝扣板安上去。否则日后安装油烟机时反复拆装会使铝扣板变形。

厨房所用的灯具要提前买好，但不需要安装。当需要安装大型灯具时，最好用木龙骨单独加固灯具，虽然现在吊顶多选用轻钢龙骨，不易变形，但大型灯具质量较大，长时间挂在龙骨上也会导致龙骨变形。

2）卫生间用铝扣板吊顶时，不要把排风扇直接安装在铝扣板上，否则日后使用排风扇时会出现巨大的噪声。这是因为铝扣板与顶棚之间的密闭空间形成了一个共振空腔，将排风扇发出的声音放大了很多倍。如果排风扇的排气软管比较长，最好让施工人员将其固定在顶部。否则打开排风扇时排气管也会随之振动，发出巨大的噪声。

（2）安装铝扣板时要注意保持环境洁净。最好在墙面施工完毕后再安装铝

扣板，以免墙面施工时铝扣板沾染大量灰尘。

（3）开始安装铝扣板时，要先撕掉铝扣板的保护膜。需要注意的是，不要一次把所有的铝扣板保护膜都撕掉，尽量做到用多少撕多少，方便日后退货。

76. 施工人员自带玻璃胶，质量低劣易发霉

监工档案

关键词：玻璃胶　劣质　发霉

危害程度：中等

返工难度：无法返工

是否必须现场监工：务必现场监工

问题与隐患

在家庭装修的安装环节中有一种不起眼却必不可少的建筑材料，这就是玻璃胶，主要用于橱柜、洁具、坐便器、卫生间里的化妆镜以及洗手池和墙面的缝隙等有缝处的修补。好的玻璃胶具有防霉的特点，劣质玻璃胶容易发霉变黑，影响美观。在实际装修过程中，玻璃胶的使用存在着以下问题：

（1）在通常情况下，玻璃胶由安装洁具的施工人员自行携带。这些玻璃胶往往质量低劣，没有防霉效果，有的甚至是“三无”产品，使用一段时间后会发霉变黑，影响室内美观。

（2）施工人员在使用玻璃胶时施工不细致，打出的玻璃胶不平整，外观丑陋，影响装修效果。

失败案例

小李的新居装修得温馨又不乏时尚，厨房、卫生间的所有器具都是自己精心选购的。装修进入尾声后，厨房、卫生间的水槽、台盆等洁具陆续到位并安

装好，小李还亲自监督施工人员将留出的缝隙打上玻璃胶。在小李的监督下，施工人员将玻璃胶打得很整齐，从表面根本看不出来是用玻璃胶粘接的缝隙，施工人员开玩笑说小李应该转行去做监理工作。入住几个月后，小李就发现自己的监工还是不到位。原来，厨房和卫生间用来填补缝隙的玻璃胶开始发黄、变黑，看上去油腻腻、脏兮兮的，小李用了多种洗涤剂都很难将其擦干净。怎么会这样呢？当时施工人员可是保证不会变黑的。小李决心一定要找出原因来。他亲自跑到市场上找到几家卖玻璃胶的商家，经过一番了解，得知玻璃胶的质量也分优劣，卖洁具的商家和施工人员通常是买最便宜的一种，这类玻璃胶的质量可想而知。

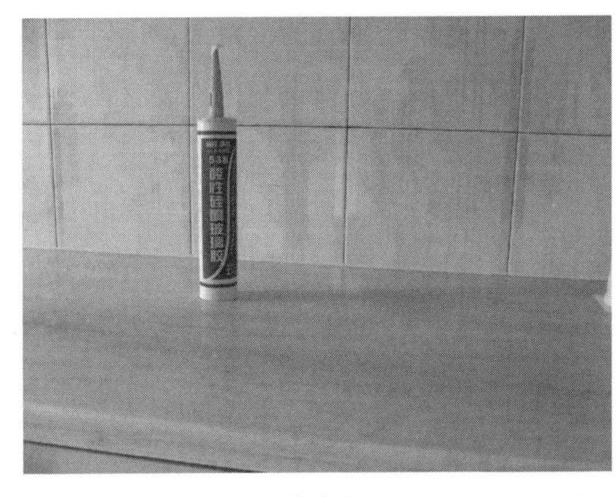

玻璃胶

现场监工

玻璃胶属于装修材料中的小料，常常被业主和施工人员所忽视。但由于它是安装洁具的最后一道程序，因此建议业主亲自监工。如果业主比较在意细节，不妨自己购买玻璃胶。

（1）认识玻璃胶的性能，区别购买使用。在家庭装修中，常用的玻璃胶按性能分为两种：中性玻璃胶和酸性玻璃胶。中性玻璃胶粘结力较弱，不会腐蚀物体，一般用于卫生间镜子背面这类不需要很强粘结力的地方；酸性玻璃胶粘结力很强，一般用于木线背面。

（2）选用防霉玻璃胶。玻璃胶多用在卫生间和厨房，是所有房间中与水接触最多的地方，如洗手池和墙面的缝隙、厨房里操作台与墙面的缝隙等，普通玻璃胶用久了容易发霉变黑。因此，一定要购买防霉玻璃胶，以确保装修质量，延长使用年限。购买时，业主一定要仔细查看玻璃胶瓶上的说明有无防霉功效。劣质玻璃胶并没有防霉功能，业主切忌因贪图一时便宜而影响了装修质量。

（3）选购玻璃胶的要点：

1）认品牌。目前市场上的玻璃胶质量良莠不齐，价格也不一样，业主在购买时要去正规卖场买品牌产品。

2）看包装。首先要检查有无合格证、质量保证书、产品检验报告；其次，要详细查看瓶装上的说明介绍，用途、用法、注意事项等内容表述是否清楚完整；有无品名、厂名、规格、产地、颜色、出厂日期等；是否标明产品的规格型号和净含量。

3）检验胶质。业主可以通过试拉力和黏度来辨别玻璃胶胶质的优劣。

第7章　卫生间装修中需要监工的细节

77. 卫生间内做吊顶，吊顶高度要适中

监工档案

关键词：卫生间吊顶　高度

危害程度：不大，但很影响美观

返工难度：无法返工

是否必须现场监工：务必现场监工

问题与隐患

卫生间的空间相对比较狭小，且顶部布满水管，在家庭装修中，卫生间的吊顶通常有以下两种做法：

（1）比较简单的做法是将墙壁上方的水管包在吊顶内，施工省时省力，较为美观，但这一做法也存在着不足之处。由于吊顶时会降低原有顶棚的高度，造成吊顶太低，导致卫生间的空间看上去更显狭小。

（2）不以水管为吊顶标准。当卫生间的部分水管位置过低时，可以选择在水管上方吊顶，这样做可以适当提高整体吊顶的高度，保证卫生间的空间不至于太过狭小压抑。吊顶后，对那些暴露在外的水管进行装饰，如用细木工板包管并镶贴铝塑板或者涂装装饰等。

在实际装修过程中，第一种做法显然很受施工人员的欢迎。通常情况下，

如果业主没有明确要求，他们都会采用第一种做法。因此，这一环节业主的监工很重要，一旦返工，很是麻烦。

失败案例

丁先生家的装修进入了吊顶流程，这天，施工人员正在做卫生间吊顶，当安装了一半左右的铝扣板时，丁先生感觉吊顶太低，只要一抬手就能触到，卫生间的空间猛然间变得窄小了许多。在经过长时间的考虑后，丁先生决定返工，把已做好的木架及铝扣板等全部拆掉，随后又去建材市场买回同样的瓷砖，并让施工人员将卫生间的墙砖加高了40cm。两天后，等到墙砖牢固了，施工人员才又开始做吊顶。看着宽敞的卫生间，丁先生很满意自己的决定，可是看着浪费了的材料，又很心疼。

将水管包在吊顶内虽然美观，但容易产生压抑感

现场监工

不论是厨房还是卫生间吊顶，业主亲自监工是必不可少的，不要觉得卫生间是私密空间，外人观瞻的机会少就可以随意些。

（1）卫生间的面积通常比较小，适当提高吊顶高度，可以扩大卫生间的空间。如果层高较低，尽量不要将水管包在吊顶内，避免吊顶过低产生压抑感。

（2）阁楼卫生间吊顶应避免采取正常楼层卫生间的吊顶方式。一般情况下，阁楼卫生间的空间呈三角形上升，多数业主会选择和正常楼层卫生间一样的吊顶方式，也就是将呈三角形状的空间全部封死，这样一来吊顶就会低于正常吊顶，使卫生间变得又暗又小。

（3）如果做吊顶的空间很大，最好不要使用细木工板，而使用专用的木方，便宜实惠。

78. 卫生间防水要全面，监督施工人员莫取巧

监工档案

关键词：卫生间防水　全面

危害程度：很大

返工难度：很难

是否必须现场监工：务必现场监工

问题与隐患

在新交付使用的楼房中，卫生间、浴室和厨房的地面都有按照相关规范做的防水层，装修时只要不破坏原有的防水层，一般不会出现渗漏问题。在装修中，许多业主会因种种原因破坏原有的防水层，由于卫生间是用水最多的地方，因此做好卫生间的防水施工也就成为装修中的重要环节。如果防水施工出现了质量问题，轻则水渍会渗到隔壁房间，重则会渗漏到楼下，给业主家和邻居造成严重的损失。然而，在实际装修中，这一环节往往难以实现，主要存在着以下两种问题：

（1）装修中增加洗浴设施，及对多种上下水管线进行重新布局或移动，都会破坏原有的防水层，施工人员对此又没有及时进行修补或重新做防水施工的话，就会产生渗漏问题。

（2）即使进行防水施工，但一些施工人员对此并不重视，往往偷工减料，很容易造成局部漏水。

防水施工是家庭装修中唯一能与邻居发生直接联系的项目。被楼上的邻居水淹或者水淹楼下邻居都不是业主希望发生的，因此，监督好自家防水施工，为己也是为他人。

失败案例

爱美的刘女士每次穿衣服时都会发现放在大衣柜里的衣服变得很潮湿，像是没晾干就收起来一样。一次找衣服时，刘女士无意中发现衣柜背面发霉、发黑。北京的气候是很干燥的，现在还没有到雨季，而且衣柜放置在向阳的主卧室里，阳光充足，怎么会受潮发霉呢？刘女士百思不得其解。刘女士将衣服彻底晒干后再小心地挂在衣柜里，然而，几天后她发现原本干爽的衣服竟然又变得潮湿起来。一次偶然的机会，刘女士才知道是相邻卫生间的水日积月累渗透了主卧室的墙壁，进而导致衣柜材料受潮。原来，刘女士家的卫生间淋浴区防水施工返高只有1.5m，而正常防水施工返高应有1.8m，正是这短短的30cm使得衣柜长期受潮发霉，放在里面的衣服也受到了牵连。

现场监工

防水施工不容忽视，这一环节业主一定要现场监工。

目前用于卫生间防水的材料有很多种，防水效果基本上都很好。卫生间防水有几个需要高度关注的位置：地面、墙面、墙地面之间的接缝以及上下水管道与地面的接缝处。施工时，业主要重点监督这五处的施工细节。

卫生间整个地面和四周离地30cm高的墙面做防水

（1）卫生间地面防水先抹平。如果要更换卫生间的地砖，在将原有地砖凿去之后，一定要先用水泥砂浆将地面抹平，然后再做防水处理，避免防水涂料因薄厚不均而造成渗漏。

（2）防水部位要全面。卫浴间的地面和墙面（返高不低于1.8m或满做），厨房、阳台的地面和墙面（返高不低于0.3m），一楼住宅的所有地面和墙面（返高0.3m），地下室的地面和所有墙面都应进行防水、防潮处理。

此外，墙面处理也很重要。在一般的卫生间防水处理中，即使是远离水流、保持干燥的墙面上也应涂刷30cm高的防水涂料，以防地面积水渗透墙面。如果卫生间的墙面是非承重的轻体墙，应将整个墙面满涂防水涂料。如果卫生间内使用两扇式的淋浴屏，与其相邻的两面墙也要满涂防水涂料；如果使用浴缸，与浴缸相邻的墙面的防水要高出浴缸上沿。

（3）接缝处要涂刷到位。卫生间墙地面之间的接缝以及上下水管道与地面的接缝处是最容易出现问题的地方。在施工中，业主一定要督促施工人员处理好这些位置，防水涂料一定要涂刷到位。

（4）防水层厚度要足够。防水层的厚度直接影响其防水寿命，若减少防水层的厚度就等于缩短其防水寿命。

（5）一定要做防水试验。卫生间施工完毕后，将卫生间的所有下水口堵住，并在门口砌一道25cm高的“坎”，然后在卫生间中灌入20cm高的水，24小时后检查四周墙面和地面有无渗漏现象。这种24小时的防水试验，是保证卫生间防水施工工程质量的关键，虽然麻烦但一定要做。

79. 下水管包管，应做隔声处理

监工档案

关键词：卫生间　下水管　隔声

危害程度：不大

返工难度：很大

是否必须现场监工：尽量现场监工

问题与隐患

隔声处理是家庭装修中的一个环节，主要用于隔断墙、门、窗以及卫生间下水管产生的噪声。隔声处理可以给业主一个宁静的环境，如果不做，来自左

邻右舍的噪声就会充斥于耳，无处可藏。然而，在实际装修过程中，卫生间下水管往往缺少这一环节，结果导致卫生间充满了来自左邻右舍的流水噪声，造成这种现象主要是由于以下两个原因：

（1）很多业主确实不清楚需要做隔声处理。

（2）施工人员偷工减料，不做隔声处理。一些施工人员认为下水管主体已经被轻体砖砌起来了，根本不需要做隔声处理，只密封吊顶位置。这种做法会导致楼上排污水时的流水声充斥卫生间。

因此，业主如果要想有一个安静的私密空间，包管做隔声处理是有必要的。

失败案例

入住新居的头一天，蔡女士正准备睡觉，突然听到卫生间传来“哗哗”的流水声，在寂静的夜里，水声显得格外清晰刺耳。卫生间的淋浴和水龙头都关了，水声是从哪儿发出的呢？蔡女士走进卫生间仔细听了一会儿，发现声音是从封好的下水管中传出来的，原来是楼上住户在排放污水。第二天，蔡女士向邻居询问有关卫生间传出声响的事，对方说自己家从没有听到过。蔡女士正纳闷，对方反问蔡女士是不是装修时没有对管道进行隔声处理。隔声处理？这个词还是蔡女士第一次听说。蔡女士随即打电话给当初装修的施工人员，对方告诉蔡女士，您没有提出我们也就没有做。听到施工人员这样说，蔡女士气不打一处来。从此，蔡女士每天都会听到流水的噪声，而每每睡意正浓时，这准时响起的声音总是把她的美梦冲得无影无踪。

现场监工

这一环节是否监工需要业主自己决定。如果业主很注重环境的安静，那就亲自监督施工人员做隔声处理；反之如果业主对噪声不在乎，那就不用亲自监工。

（1）进行卫生间或厨房装修时，一定要对管道做隔声处理，降低楼上下水产生的噪声。施工时，应先将卫生间或厨房的下水管道全部封闭，不能只做局部处理；其次，卫生间下水管四周要用隔声板或者隔声棉等有隔声功能的材料对管道进行多层包装处理；最后再采用轻钢龙骨或轻体砖将下水立管围砌，达到良好的降低噪声和防潮的效果。注意：尽量不要使用木龙骨，防止木龙骨受潮膨胀导致开裂。

（2）如果阳台上设有下水管，也需要做好隔声处理。

（3）选购隔声材料时，一定要选择质量可靠的产品。因为传统的隔声材料中常含有一些对人体有害的物质，因此，选用质量上乘的隔声材料，可以降低有害物质对人体的伤害。

80. 卫生间包管，一定预留检修孔

监工档案

关键词：卫生间　包管　检修孔

危害程度：不大

返工难度：很大

是否必须现场监工：尽量现场监工

问题与隐患

在家庭装修中，对于卫生间下水管道的处理，通常的做法是用板材将其全部包起来，然后在包管上预留检修孔。检修孔，顾名思义，是在包管上留一个不大的方孔，用于检修下水管。这一小孔可以做一些特别的装饰，如安装一扇小窗等。如果发生下水管道堵塞的情况，可以打开检修孔，方便维修。不要小看这个小孔，如果没有它，检修时就需要破坏原有的包管。然而，在装修过程中，施工人员为图省事经常会将下水管道封死，不留检修孔，管道漏水或是需要检修时只能将包管的墙砖敲掉。

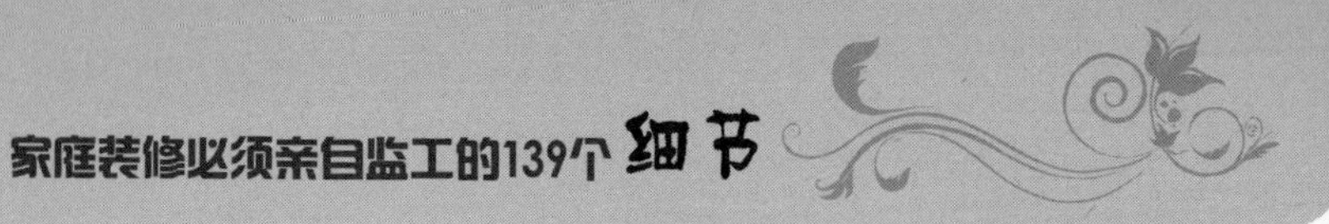

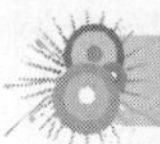

失败案例

吴先生家楼上邻居的下水管道堵了，猜测其位置正处于吴先生家卫生间的立管处。吴先生让前来疏通的维修人员进了门，可是维修人员围着卫生间里的立管找了一圈也没有找到检修孔。维修人员问到吴先生为什么不留检修孔时，吴先生支吾了半天说不上来，因为自己并不知道什么是检修孔，装修时施工人员也没有告诉他要留检修孔。最后，维修人员只得把墙砖敲掉。管道虽修好了，可墙砖却再也恢复不了原样。

现场监工

这是一个小环节，要求也不严，业主可以事后监工。需要注意的是，如果业主不提前声明，施工人员可能会偷懒省略掉这一环节，那样日后一旦下水管道被堵就会造成麻烦。所以业主即使不到现场，也要叮嘱施工人员预留检修孔，告诉他们如果没有预留就立即返工。

下水管包管过程中预留检修孔

下水管有检修孔的位置，即使包起来也必须做成活门。装修时切忌为了美观而将检修孔封死，否则，一旦楼上中段管道堵塞将无法疏通。如果觉得检修孔影响美观，可以对检修孔进行装饰，如巧用各种剩余的边角料，裁切好后用玻璃胶封边，需要时，只要将玻璃胶划开即可；或者让木工做一个小巧的盖子，再进行涂装或贴上铝塑板。

81. 地漏安装有窍门，重点检查密封性

监工档案

关键词：地漏　密封

危害程度：很大

返工难度：很大

是否必须现场监工：务必现场监工

问题与隐患

相比于“宏伟”的装修工程，地漏实在是太渺小了。它总被安排在卫生间或厨房里最不起眼的位置，让人极易忽略它的存在。不过，地漏的安装却不容小觑。地漏虽小，对居家健康的影响却不小。地漏的性能好坏不仅将影响室内空气的质量，甚至将影响家人生活的质量。然而，装修时很多施工人员会忽视这一环节，结果给业主日后的生活带来很大不便。现在不少家庭的地漏都存在设计不合理的问题：

（1）地漏位置不是卫生间的最低处。

（2）地漏的密封不好。一些施工人员贪图省事，随意安装地漏，对地漏与地面之间的缝隙不做密封处理，结果导致异味从缝隙间逸散出来。

失败案例

周女士家最近被卫生间的气味折腾坏了。炎炎夏日，刚装修完的新家卫生间里不断散发出异味，周女士都不敢进卫生间，害怕一进去就被熏倒了。物业上门检查后发现，周女士家在装修时将原有的防臭地漏更换成了市场上卖的不锈钢地漏，由于没有防臭功能所以才有异味溢出。随后，周女士按照物业人员的建议重新安装了防臭地漏，可是卫生间还是频频地散发异味。经过几次观察，周女士发现这异味不完全是从地漏里散发出来的。物业人员经过反复检

查，终于发现是密封方面出了问题。原来，洗手池下水管和厨房下水管与下水道的连接处没有进行严格密封，给下水道异味进入室内留下了通道。周女士这才明白，由于下水接口处都在比较隐蔽的地方，装修完工时自己并没有验收，结果导致异味在卫生间内弥漫了很长时间。

地漏与地面密封差，导致异味出现

现场监工

这一环节建议业主现场监工，但考虑到这一环节较小，如果确实没有时间可以事后验收，及时返工损失还不是很大。

（1）施工前，应先检查厨房和卫生间有几处下水、分别是什么下水，确定楼上的下水管是否漏水，检查每条下水管及地漏是否畅通。

（2）地漏应设置在易溅水的器具附近地面的最低处。施工时可以通过目测及借助工具测量，检查地漏位置是否为地面的最低处。如发现不是，一定要立即返工。地漏安装时，如果是大面积地砖，一定要四角割开来铺，向地漏处呈漏斗状倾斜，这样日后不会存水。

（3）由于卫生间总要跟水打交道，因此卫生间地面一定要尽可能多做地漏，以方便排水。通常在洗手池下水处、淋浴区、洗衣机旁和坐便器旁都要安装地漏。要选择有存水弯的下水作为室内主地漏。

（4）如果开发商已经装了防臭的“碗”形装置，千万不要取出。好的地漏质地坚硬，防臭性能好，不易损坏。

（5）进行整体卫生间装饰时要确定所有洁具的位置，确保不会因使用其他洁具而造成地漏无法使用。不要轻易移动地漏位置，因为地面会因此抬高，也不容易做坡度。

（6）地漏尽量不要和别的下水连在一起，会产生连带故障。可请施工人员将接口处的缝隙用玻璃胶或其他粘合剂封住，使气味无法散发出来。

82. 水管入墙，重点是高度

监工档案

关键词：水路改造　高度

危害程度：中等

返工难度：很大

是否必须现场监工：尽量现场监工

问题与隐患

在装修的水路改造阶段，多数业主都会选择将水管埋在墙里，从墙上接一个水龙头，看上去更整齐美观。看似很简单的一个小环节，施工上却要求施工人员一定要严格把握水龙头的高度。低了会使台盆安装不上，高了又会造成水龙头与台盆距离太大影响美观。然而，在实际装修施工中，由于施工人员的不认真负责，往往会造成水管高度不合适，结果导致水龙头安装高度太低。此时，如果业主喜欢台上盆，如手绘陶盆、石盆、玻璃盆等，可能会造成买回的台盆与固定的水龙头高度不匹配的后果，最后只能购买与水龙头相匹配的台盆。

失败案例

赵女士每次看到洁具店里漂亮的台盆时都爱不释手，可一想到自己家卫生间的情况只能叹息。原来，装修时，为了美观，赵女士特意让水路改造施工人员把卫生间的水管埋进了墙里，再从墙上引出水龙头。这种做法让墙面变得十分整洁。然后，赵女士精心挑选了一个手绘陶瓷台盆准备安装在卫生间里。可是，商家把台盆送上门后，安装人员安装了半天也没把台盆安上，原因是水龙

头的位置被固定得太低，与地柜之间预留的空间根本放不下台盆。这让赵女士两头为难，如果坚持留下台盆，需要重新砸墙把水龙头接高，可是这样一来会很难看；把台盆退回去，自己又实在舍不得。最后，权衡利弊，赵女士只能退掉了心爱的台盆，安装了一个台下盆，结果台下盆的高度远远低于水龙头，两者之间留有很大距离，影响了美观。

现场监工

建议业主现场监工，这一环节出现的小问题虽然不会影响用水质量，但是却会影响家居美观。

（1）如果冷、热水管都采用入墙做法，开槽时需检查线槽的深度，冷热水管不能同槽。

水管入墙要检查开槽的深度，并掌握好高度

（2）墙面上给水预留口（弯头）的高度要适当，既要方便维修，又要尽可能少让软管暴露在外，给人以简洁、美观的感觉。对立柱盆（下方没有柜子）一类的洁具，预留口高度一般应设在距地面50～60cm处。立柱盆下水口应设置在立柱底部中心或立柱背后，尽可能用立柱遮挡。壁挂式洗脸盆（无立柱、无柜子）一定要采用从墙面引出弯头的横排方式设置下水管（即下水管入墙）。

（3）装修卫生间时，一定要事先考虑好装何种台盆，以便在水路改造时确定水龙头位置。水龙头宜高不宜低，太低会导致台盆装不上。如果是业主自行设计卫生间的台面，要事先考虑日后使用台上盆还是台下盆，如果是选择台上盆，可以将台面高度适度降低一些；如果是台下盆，按正常高度设计即可，通常是80cm。

83. 自制地柜装台盆，事先要量好尺寸

监工档案

关键词：地柜　台盆　预先测量

危害程度：不大

返工难度：很大

是否必须现场监工：务必现场监工

问题与隐患

现代装修中，卫生间的洗脸池除了购买成品外，很多业主喜欢让木工打制地柜，再安装一个漂亮的台盆。这样一来，地柜就可以根据自己的需要设计，既实用又个性十足，再搭配大体量的台盆，整体大方气派。做这种地柜时，在切割台面之前一定要事先确定台盆的尺寸，再依据台盆的尺寸进行切割。不要小看这一环节，它关系到买回的台盆能否顺利安装。然而，由于施工人员的不负责，这一环节经常出现以下问题：

（1）施工人员往往因为马虎，在切割台面时预留的尺寸不够大。

（2）遇到台面窄而台盆大的情况，安装人员往往偷懒，不经过反复试验，而是直接告诉业主“装不上”。

因此，为了不退货不返工，业主坚持现场监工很有必要。

失败案例

任小姐在一家广告公司担任设计师，在装修卫生间时，她为自己设计了一款实用的地柜，并配有一个漂亮的大台盆。地柜做好后，任小姐看着施工人员在台面上依照自己量好的尺寸切割了台盆的位置。然而，当任小姐带着施工人员费力地将台盆搬回家时，台盆却怎么也放不进切割好的台面。最后任小姐只能将原来的切割工人叫过来重新加工一番，才让台盆安安稳稳地“坐”了进去。

现场监工

在这一环节，业主一定要监督施工人员反复量好尺寸后再切割台面。

（1）做卫生间地柜台面的时候，要先考虑好台盆的尺寸，以免所购台盆装不下。最好能先购买台盆再做台面，避免因台盆装不下而返工。

（2）如果选购的是人造石台面，业主一定要自己绘制好开孔的位置，从开孔位置到支撑方案都要统筹规划好。

（3）卫生间的台盆最好选用台下盆，秀气、漂亮，便于清洁。台盆宜深不宜浅，便于清洗物品，最好带有柜子，可以将洗浴及卫生用品等杂物放入其中，便于整理卫生间。当然，这只是建议，业主还是要根据自己的喜好进行选购。

（4）台盆按材质分类主要有以下四种：①陶瓷台盆。市场上最畅销的一种台盆，经济耐用，简单大方，能很好地与卫浴间瓷砖搭配，但色彩单一，造型变化少，以椭圆形、半圆形为主。②玻璃台盆。以钢化玻璃为主材，配以不锈钢托架，色彩多样，造型丰富。③大理石台盆。以大理石加工而成，造型简洁明快。但大理石有一定的放射性，对人体健康有一定影响。④人造石台盆。可以制作各种花纹图案，色彩艳丽、韧性好、光洁度高、质量轻、耐腐蚀，但造价较高。

制作地柜一定要测量好台盆的尺寸

84. 洗手池下水管，价廉质劣返异味

监工档案

关键词：洗手池　下水管　返异味

危害程度：很大

返工难度：中等

是否必须现场监工：尽量现场监工

问题与隐患

装修卫生间时，许多业主都很注重台盆和台面的选择，无论是成品还是自己设计，台盆无一例外都是最看重的部分，却往往忽略了台盆下的下水管。殊不知，洗手池下水管的重要性一点也不亚于地漏。好的下水管使用U形管道，带有存水弯，可以起到密封和隔绝异味的作用。然而，在实际装修过程中，一些施工人员很容易在下水处偷工减料，使用便宜的直管或者劣质水管，结果往往造成下水管异味倒返。

失败案例

小宋夫妇搬进新家时正好是夏天，住了没几天，宋女士就发现了一个现象，只用来洗脸刷牙的洗手池时不时往上返异味，尤其是洗脸洗手或者刷牙后。宋女士很纳闷，只听说过地漏返异味，还从未听说洗手池也会返异味。自己家的装修和别人家都一样，怎么会出现这种情况呢？开始，宋女士以为是暂时的，然而，一连几天，宋女士家的洗手池都在不停地往上返异味。宋女士找来了物业公司，对方检查后告诉她返异味是洗手池的下水软管造成的，建议她更换一根带存水弯的U形下水管。宋女士照做后，果然洗手池再也没返异味。

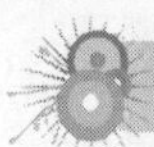

现场监工

由于下水管可更换，返工成本不大，因此业主可事后监工。但如果是选购成品，一定要现场验收。

（1）使用U形下水管道，可以有效地避免异味和小飞虫的产生。如果长时间不用，应定期向下水管中注水，保持其阻隔异味的作用。

（2）洗头发时，一定要小心不要将脱落的头发或断发冲进下水道，否则头发会缠绕在一起，堵塞下水道，难以清理。

洗手池使用U形下水管道，可以防止返异味

第8章 地面装修中需要监工的细节

85. 地面铺砖要找平，紧盯施工人员莫放松

监工档案

关键词：地面铺砖　地面找平

危害程度：不大，但非常影响美观

返工难度：极大

是否必须现场监工：务必现场监工

问题与隐患

家庭装修过程中最大的流程非地面铺砖莫属，而地砖铺得是否平整关键在于地面找平。有些房屋的地面不够平整，在装修中需要先找平。别小看这一环节，这一环节对施工人员有着严格的技术要求。然而，在家庭装修中，许多施工人员在地面找平时往往难以尽责，由于是隐蔽工程，业主在事后验收返工的成本十分高昂。这一环节主要存在以下问题：

（1）施工人员不够细心或有意粗制滥造，造成“越找越不平”的问题，而且施工中使用的水泥砂浆还会大大增加地面荷载，给楼体安全带来隐患。

（2）施工人员技术不过关，在业主监工不力的情况下，滥竽充数，蒙混过关。

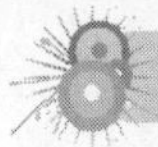

失败案例

张大妈家的新居地面铺的是地砖，装修时赶上儿子出差，再加上铺地砖不像铺木地板那样严格，于是老两口决定自己监工。砂子、水泥等陆续运进了装修现场，施工人员看到前来监工的是张大妈和老伴，干起活来轻松多了，一边施工一边和老两口聊天。张大妈和老伴觉得监工不仅不像年轻人说得那么累，而且还有人陪着说话聊天，老两口乐滋滋的。当然，张大妈对自己的任务是丝毫不敢怠慢，监督着施工人员找平地面，一会儿蹲下来，一会儿站起来远远地瞅一眼，看到哪儿不平了就催促施工人员重新找平。结果这一天下来，老两口觉得累极了，不仅腰疼，眼睛也觉得不够用。等到儿子出差回来，地砖已经铺了一半，细心的儿子仔细看了看施工现场，又走了几个来回，发现地面没有找平，整体上虽然不太明显，但仔细观察还是能感觉到地面的不平整。他琢磨了一会儿，决定放弃返工，因为返工不仅浪费时间，还可能让父母误以为自己没弄好，自信心受到打击。

现场监工

这一环节业主一定要现场监工。找平是铺地砖的基础，地面是否找平直接关系到地砖的铺设结果。

（1）在进行地面找平之前，必须先做好地面的基底处理，有些施工人员在施工时往往在这方面偷工减料，轻则造成地面不平整，重则导致地砖脱落。

（2）用水泥砂浆进行地面找平。在水泥干透之后，用专用的水平尺确定整个地面的平整度，然后再进行下一步的施工。

（3）将基层面处理干净后方能铺设地砖，切不可将地砖直接铺在石灰砂浆、石灰膏或乳胶漆表面上。地砖和基底之间使用的胶黏材料应严格按照施工标准和比例调配，使用规定强度等级的水泥及胶黏材料，不能随意调配。

86. 铺砖要求高技术，监工重在莫空鼓

监工档案

关键词：铺砖　空鼓

危害程度：不大，地砖空鼓后容易碎裂

返工难度：很大

是否必须现场监工：务必现场监工

问题与隐患

现代家庭装修中，越来越多的业主追求地面铺设大面积的地砖，如80cm×80cm大的地砖等。面积越大的地砖对铺贴技术要求也越高。我国《建筑地面工程施工质量验收规范》（GB 50209—2010）规定，面层与下一层应结合牢固，且应无空鼓和开裂，当出现空鼓时，空鼓面积不应大于400cm²，且每自然间或标准间不应多于2处。空鼓严重时，会导致地砖松动甚至断裂。

然而，在实际装修中，很多施工人员不按规范施工，偷工减料，造成地砖空鼓、对缝不齐等问题，主要表现在以下三个方面：

（1）施工人员技术不合格，铺贴地砖所用的水泥砂浆和胶黏剂配合比不合理，容易脱落，造成空鼓。

（2）施工人员在施工过程中偷工减料，往往在砖背上涂抹的水泥砂浆厚薄不均，或者在地面水泥砂浆不满的情况下进行铺贴，造成空鼓率增加。

（3）施工人员在地砖铺好后尚没有达到限定时间（24小时）时便随意在地砖上走动，造成大面积的空鼓。

失败案例

新居装修，小刘选择让装修公司“全包”，即包工包料，此后小刘省去了监工的辛苦，自由自在地出入于单位、家和装修现场。刚开始，小刘一天跑

一次新居，逐渐地减到两天一次，后来干脆一星期去一次。每次去新居都有新的变化，装修的速度自是不必说，质量也还过得去，至少小刘自己没发现任何毛病。再次去时，小刘惊喜地发现地面已经铺完了地砖，小刘站着蹲着检查了好几遍。别说，施工人员铺得还真平整，砖与砖之间拼接的缝隙很细小，整体看上去非常漂亮。小刘试着用手敲了几块地砖，没有发现空鼓现象。装修结束后，小刘高高兴兴地搬进了新居。然而，入住后不久，小刘发现踩在地砖上会发出“空空”的声音，他找来木槌将地砖一块块地敲下来，发现大部分地砖都存在空鼓。小刘找到装修公司，要求对方提出解决办法。但装修公司解释说国家规定是允许有空鼓的，而且这么大面积的地砖谁也不会铺贴得没有一点儿空鼓。经过多次协商，最后装修公司也只是象征性地退还了小刘一点装修费。

现场监工

不管住房面积是大还是小，地面铺砖都是装修过程中一个重要的环节。因此，业主亲自监督施工是必不可少的，监工时，重点在于监督地面铺得是否平整、有无空鼓。避免出现空鼓的关键在于施工人员在抹水泥砂浆时让砖底全面吃浆，不能出现边角没有吃浆的情况。

（1）监督施工人员仔细阅读地砖说明书。不同品牌的地砖要求不一样，有的地砖不能泡水，有的地砖必须泡水，施工人员对此要区别对待。对于需要泡水的地砖，业主一定要监督施工人员泡足时间，提防施工人员只过一遍水，造成地砖与水泥粘结不牢固，出现空鼓、脱落的现象。

（2）监督地砖吃浆是否充足。铺贴时，施工人员应用手轻轻推放地砖，使砖底与结合面平行，排出气泡；用木槌轻敲砖面，让砖底全面吃浆，防止产生空鼓现象；再用木槌将砖面敲至平衡，并用水平尺测量，确保砖面水平。

（3）监督地面是否平整，接缝是否细小匀称。砖缝大小应符合设计要求。当设计没有规定时，一般地砖拼缝的宽度不宜大于1mm。

（4）检查地砖是否空鼓，监督施工人员有无浪费地砖现象。地砖铺好12小时后，用木槌轻敲铺贴好的砖面，如发现有沉闷的“空空”声，证明该处已出现空鼓，应取下重新铺贴。在铺贴完毕24小时内，监督施工人员不要在砖面上行走。在此提醒业主，当天气非常干燥时，在铺贴厨卫墙砖的过程中应该向墙面撩水增湿，可以减少空鼓现象。

（5）墙砖的阳角处理。阳角指的是装修过程中，在墙壁、柱子等突出部分，瓷砖与瓷砖之间形成的一个向外凸出角。通常都是墙砖形成的。因为阳角大多是装修时瓷砖临时加工组合而成，容易破损且不美观，因此需要进行处理。常用的做法是使用收边条，如用不锈钢、铝制或者塑料包条进行包边。其实，还有更美观的做法，那就是让施工人员磨45°角拼接，当然，这需要业主主动向施工人员提出，否则，对方往往会选择省事的做法。

87. 无缝砖要留缝，否则开裂或起拱

监工档案

关键词：无缝砖　缝隙　热胀冷缩　挤裂釉面

危害程度：大

返工难度：很大

是否必须现场监工：务必现场监工

问题与隐患

目前，越来越多的家庭装修选择无缝砖装饰墙面。无缝砖，简单地说就是指砖面和砖的侧边均成90°角的瓷砖，包括一些大规格的釉面墙砖以及玻化砖等。由于尺寸大，再加上采用无缝工艺，铺贴出来的装饰效果要比有缝砖美观。虽然号称是无缝砖，但在铺贴过程中还是应该留有缝隙。因为任何物体都存在热胀冷缩现象，无缝砖也不例外。一般情况下，瓷砖在施工时留缝过小是导致开裂、起拱的主要原因，尤其是在四季温差变化较大的城市，这一现象更严重。

然而在实际施工中，一些施工人员为了展示自己的手艺或者在一些业主要

求缝隙越细越好的情况下，往往会追求无缝铺贴，致使无缝砖在炎热季节体积膨胀却没有空间伸展，最后挤裂砖釉面，导致砖面起拱。

失败案例

杜女士在装修厨房和卫生间时，设计师推荐她选用无缝砖，因为这种砖在铺贴时可以不留缝隙，墙面上看不出砖缝，整体很美观。杜女士采纳了这一意见，精心挑选了一款无缝砖。为了追求设计效果，施工人员尽可能地将砖与砖之间的距离留到最小，做到无缝铺贴。施工结束后，杜女士对设计师和施工人员都很满意。可是，入住新居一年后，杜女士家的厨房和卫生间的墙砖表面出现大面积裂缝，墙面也变得不平整，杜女士担心有一天这些砖会脱落下来。经过技术咨询，杜女士得知无缝砖也要留有一定的缝隙，否则热胀冷缩很容易使砖面开裂、起拱。

现场监工

由于铺砖面积大，对施工技艺要求高，且返工困难，因此这一环节业主一定要亲自监工，避免返工带来更大的麻烦。

（1）家里铺无缝砖时，一定要请经验丰富的施工人员施工。无缝砖对施工工艺要求比较高，讲究铺贴平整，上下左右调整通缝，不经常铺贴无缝砖的施工人员一般很难做到。

（2）在四季温差变化较大的城市，无缝砖施工时还是应留出缝隙。无缝砖的铺贴所留出的缝隙目前还没有相关的国家标准，只有行业惯例。铺贴时，除了满足无缝砖本身的热胀冷缩的因素外，还需要结合无缝砖铺贴的装饰效果来定。

1）厨卫的无缝墙砖留缝的大小一般来说应该在1～1.5mm，不小于1mm。铺贴时可以以气钉或包装袋作为参照物。也可以购买“十字架”——一种专门用来留缝的辅助材料，有1mm、2mm、3mm、5mm等宽度，可以很好地保证接缝平直、缝隙大小均匀。

2）如果地面砖也采用无缝铺贴，铺贴时所留的空隙一般在1.5～2mm。遇到大尺寸的无缝砖，铺贴时一般留缝在2mm左右，缝隙过大会影响铺装效果。在此提醒业主，一定要根据当地的气温变化决定留缝大小。如果施工人员比较有经验且认真负责，业主可以和施工人员商量，采用对方的建议。

预留了缝隙的无缝砖效果图

3）如果需要做特殊效果，缝隙宽度以效果需要为准，像一些仿古砖或外墙砖、阳台条砖等以宽缝为佳，如5mm。

88. 卫生间地面很特殊，监工重在找坡度

监工档案

关键词：卫生间　地面坡度

危害程度：很大

返工难度：很大

是否必须现场监工：务必现场监工

问题与隐患

卫生间地砖的铺贴在施工上与客厅及厨房大体相同，不同之处在于，卫生间的地砖以地漏为中心呈倾斜状态，即地漏的位置在地面的最低处。不要小看地漏的位置，它对卫生间地砖的铺贴有着严格的技术要求。然而，很多施工人员在铺贴时往往难以尽责，由于地漏的位置处在卫生间的角落里，业主往往会忽略这一点，这给了施工人员偷懒的机会。在这一环节主要存在以下两种问题：

（1）地面没有呈坡状倾斜，造成污水难以排出，积在地面上。业主监督往

往不细致，即使在验收时发现地漏没有位于地面最低处，也通常会认为是小事而不要求返工，结果却给以后的生活带来很大的不便。

（2）施工人员不按规范施工，以地漏为中心的地砖铺贴时，应将其四角切割开，呈漏斗状铺贴，然而，施工人员往往只是简单地在一整块地砖的中间挖洞（中间放地漏），结果造成地漏周围存水，污水难以及时排出。

失败案例

每次洗完澡，黄先生夫妇俩都会发生口角，原因是洗完澡后卫生间里积水很多，黄先生的爱人需费力地清洁地面。原来，当初铺贴卫生间的地砖时，由于客厅和厨房已经铺完，且铺得质量很好，于是黄先生嘱咐施工人员照此铺就可以，并没有考虑到卫生间的地面有什么特别之处，结果铺好后地面没有向着地漏倾斜。黄先生要求返工，可施工人员百般解释说不影响排水效果，返工损耗财力、延误时间，经不住施工人员的劝说，黄先生最终放弃了返工的要求。然而，入住后黄先生夫妇才发现事情比他们想得要麻烦得多。由于积水不能及时地从地漏排出去，导致地面经常“水漫金山”，更可气的是，卫生间边角的污垢经水一泡都会积在地面中央，这更加大了黄先生爱人清理卫生的难度。

地漏的位置不是最低处，容易积水

现场监工

这一环节业主一定要亲自监工。卫生间虽然是隐蔽空间，不像客厅一样有开放性，但是卫生间对卫生的要求很高，因此它的装修要求比客厅更为严格。

（1）重点监工地砖是不是向着地漏处倾斜。卫生间的地面不能呈水平状态，要呈倾斜状态，有一定的坡度，以地漏的排水处为最低处。

（2）以地漏为中心的地砖铺贴时应进行特殊处理，正确的做法是将地砖呈对角线割开，铺贴时向地漏处做漏斗状，这样日后不会存水。

安装地漏的地砖要四角割开铺贴

（3）卫生间装修完后，一定要进行排水检测。在卫生间内蓄一些水，然后打开地漏放水，看地面是否有积水现象。如果没有，说明地漏安装在了卫生间的最低处；如果流水比较缓慢，应立即返工。

89. 若要墙砖贴得牢，务必监工先拉毛

监工档案

关键词：厨卫防水　拉毛处理　墙砖　脱落

危害程度：大

返工难度：无法返工

是否必须现场监工：务必现场监工

问题与隐患

厨卫墙壁在铺贴墙砖前应先进行拉毛处理。拉毛处理，简单地说是增加墙面的粗糙度的一种方法，可以增加水泥砂浆与墙面的亲和力，从而增加墙砖和墙体的接触面积，增加墙砖铺贴的牢固程度。然而，在目前的厨卫装修中，在铺贴墙砖之前不做拉毛处理的现象很普遍，主要表现在以下两个方面：

（1）新房交付使用时，由于开发商已经对厨卫的部分墙壁做过拉毛处理，使业主误以为不再需要做拉毛。其实开发商所做的拉毛通常只是针对有水管的

墙壁进行，而不是厨卫所有的墙壁。

（2）业主在装修时往往会对厨房和卫生间重新做一遍防水，很可能会破坏原有的拉毛处理。正确的施工做法是在防水处理完毕后重新拉毛，再铺贴墙砖。然而，一些施工人员往往偷懒省去这一环节，在防水处理后直接铺贴墙砖。

不论是哪种原因，由于墙砖是有质量的，如果不做拉毛处理，水泥砂浆粘贴牢固度不够，很容易导致墙砖脱落，严重时墙砖会大面积掉落。

失败案例

张先生新居的厨卫只有铺设水管的墙壁做了拉毛处理。开发商做的拉毛很脆弱，用手轻轻一划，上面的毛尖就往下掉。而余下的墙壁都是平整光滑的，没有做过拉毛处理。装修前，施工人员承诺一定会将厨卫墙壁重做一遍拉毛处理再贴墙砖。可是在厨卫重新做了防水后，施工人员却直接贴了墙砖。张先生发现后制止施工人员继续施工，可施工人员却辩称开发商以前做过拉毛处理，现在没必要再做一次；那些没有水管的墙面更是没必要，只要水泥砂浆质量好，墙砖肯定会粘得很牢固。看着已经快要完工的活儿，张先生也想要早点结束这闹心的装修，于是不再计较，同意施工人员继续施工。装修结束后，张先生在卫生间安装了电热水器。入住没多久，电热水器周围的墙砖开始脱落。没多久，燃气灶两侧墙壁的墙砖全部掉了下来，正在厨房忙碌的张先生也被墙砖砸中住进了医院。伤好后的张先生看着厨房和卫生间一地狼藉，又心痛又气愤。

现场监工

对粘贴墙砖的墙面做拉毛处理，关系到日后墙砖和墙壁之间粘结的牢固程度，因此业主一定要现场监工。

（1）检查厨房和卫生间墙壁是否做过拉毛处理。开发商做的拉毛好不好，可以从两个方面检查，一是粗糙程度，二是毛刺硬度。如果拉毛比较脆弱，建议业主将其铲掉重新做拉毛，以免日后留下隐患。没有做拉毛的墙面需要做拉毛处理；厨房墙面没有拉毛的必须要拉毛后再贴墙砖。

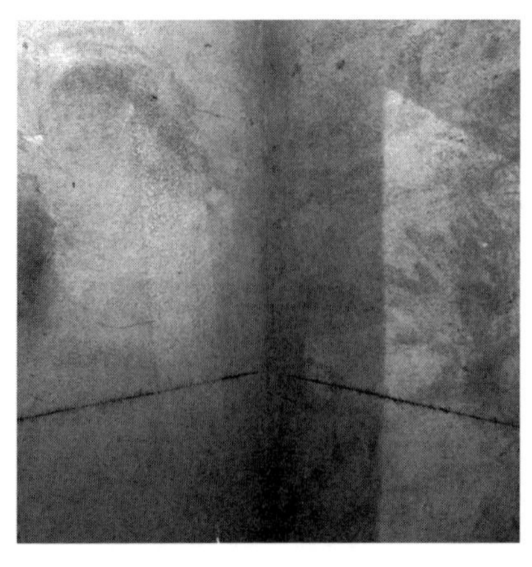

没有拉毛的墙面

拉毛的墙面

（2）厨房和卫生间在水电改造后需要重新做防水，此时业主一定要监督工人先做拉毛处理，然后再粘贴墙砖。可以用水泥加混凝土界面处理剂搅拌进行拉毛，可有效增强墙砖与墙面的粘合力。如果墙底基层不适合拉毛，如基层材质是光面或者木基层等，可以采取挂网代替拉毛。建议业主在贴墙砖时最好不要用高强度等级水泥，因为高强度等级水泥一般凝固较快，一旦养护不好，容易拉裂墙砖。

90. 墙砖填缝别小瞧，凹凸不平很难看

监工档案

关键词：铺砖　填缝

危害程度：不大，但影响美观

返工难度：无法返工

是否必须现场监工：尽量现场监工

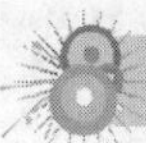

问题与隐患

墙砖镶贴完后，镶好的墙砖之间留有一条缝隙，这条砖缝作为墙砖的分界线，需要经过一道美化程序——填缝，经过处理的砖缝能使整个墙面或地面显得富有层次感和立体感。勾缝时，业主应要求施工人员把墙砖表面的灰尘清理干净，等水泥干后再填缝。别小看这一环节，缝隙虽小，却影响着墙面的整齐美观，因此对施工技术也有严格的要求。然而，有的施工人员在技术上不求规范，结果造成砖缝不平滑，甚至勾缝刚结束，砖缝就变黄、变黑，严重影响整面墙的美观。

失败案例

墙砖镶贴完毕后，李先生将勾缝的工作布置给了施工人员后离开了现场。装修结束后，李先生请了家政公司为新居进行彻底的清洁。家政人员在擦干净厨房和卫生间的墙砖后，拿墙缝开起了玩笑。原来，不论是厨房还是卫生间的墙砖，砖缝的修饰实在是很不像样子。李先生的爱人也觉得装修公司做得很差：砖缝勾得断断续续，接口特别多且不平滑；有的缝隙很细，有的却很粗，节疤很多，就像小虫子蠕在砖上。

现场监工

这一环节业主最好能亲自监工，要求施工人员严格按照规范施工，否则就要返工。

（1）勾缝最好等墙砖干固后再进行。墙砖未完全干固时，在勾缝的过程中容易造成松动。因此，勾缝应在墙砖干固24小时之后进行。

（2）勾缝时要做好清洁工作。勾缝时，一定要把墙砖表面的灰尘清理干净，尤其是水泥缝隙，最好不要粘有丝毛杂物或细微尘土，这可以有效防止填缝剂发黑。勾缝结束后，及时清洁墙面。如有其他施工，尽量远离刚完成勾缝的墙面，以免有脏物沾染在未干的填缝剂上，造成污渍渗透。

（3）勾缝时，施工人员一定要细致耐心，不要在墙缝上这里一提那里一划，要顺着方向均匀地勾。

（4）填缝剂干透后，可以在所勾缝隙中涂蜡，有效地封闭填缝剂或者白水泥吸污的细孔。即使日后有油污沾染在上面，也只需用抹布轻轻一擦就干净了。

91. 地板铺设是重头，施工过程需盯紧

监工档案

关键词：地板　找平　伸缩缝

危害程度：不大，但很影响美观

返工难度：中等

是否必须现场监工：家里的“面子工程”，务必现场监工

问题与隐患

地板因其隔声隔热、冬暖夏凉、华丽高贵的特点备受众多家庭的喜爱。目前家庭装修中常见的地板有实木地板、实木复合地板、强化复合地板、竹地板等。也正由于其“出身高贵”，铺装地板时对技术的要求也更严格。除了因木地板自身的原木物理特性会随着季节的变化出现色差、膨胀、收缩等情况外，在施工中一些不规范的铺贴做法也会导致地板接缝处开裂或翘角，严重时会呈瓦片状或出现起拱现象。

在施工过程中，主要存在以下五个问题：

（1）施工人员投机取巧，对于地面不平视而不见，直接进行铺贴。

（2）施工人员不按要求施工，施胶少，胶水未能完全把接缝填满。

（3）施工人员图省事，没有将地垫接缝处用不干胶带全部密封，使潮气从中散出。

（4）施工人员施工时粗心大意，地板周围的伸缩缝留得过小，使地板无法自由伸缩。

（5）施工人员在铺装过程中，对地板随意敲打且用力不均，这些错误的施

工做法都会造成地板接缝裂开。

失败案例

孟先生家选用的是浅色实木地板，地板铺好后，孟先生踩上去试了试，感觉平整舒适。一年后，孟先生家的地板出现了起拱现象，开始时只是一小片，踩上去有轻微的“空空”声，过了一段时间，起拱范围开始向四周扩展，客厅一半面积的地板都鼓了起来，人踩上去会有踩空的感觉，而且这边踩下去了对面就会鼓起来，这角下去那角起来，像极了跷跷板。孟先生找到地板销售商要求补救，对方说只要放出里面的空气就好了。当地板的一边被切开一道口子后，地板果然恢复了平整。可是，好景不长，地板再次鼓了起来，这次对方表示也无能为力了。

现场监工

地板价格昂贵，因此在施工上来不得一点儿马虎，业主一定要现场亲自监工。

铺地板

（1）地板应在施工后期铺设，不得交叉施工。铺设后应尽快打磨，以免弄脏地板或使其受潮变形。

（2）地板在启封铺装前，必须在室温下平放48小时，以适应安装环境的温度和湿度。这一做法可以有效避免地板铺设后出现胀缩变形。注意，切勿将地板竖立在地上或斜靠墙放。

（3）安装地板前应保证地面干燥、清洁、平整。地面是否干燥，最简单的测试方法是将几块薄膜分别放在要铺装的地面上，四周用胶带密封，经过12小时后，如果薄膜上没有水汽凝结，则说明地面是干燥的。铺设地板时应做好防潮措施，尤其是底层等较潮湿的位置。防潮措施有涂防潮涂料、铺防潮膜、使用铺垫宝等。

（4）地板不宜铺得太紧，四周应留出足够的伸缩缝（5～12mm）。地板与墙边、立柱等固定物体间需留出8～10mm的伸缩缝；铺装两房间的门下留出相应的伸缩缝；长宽任何一边长度超过8m的地面，应在超过长度的地板与地板之间留出8～10mm的附加伸缩缝。

（5）地板和客厅、卫生间、厨房等石质地面的交接处应有彻底的隔离防潮措施。在与卫生间、浴室、阳台等易受潮区域的交接处应加防水隔离处理，保证不漏水、不渗水。

92. 地板铺好后，及时来保护

监工档案

关键词：地板　保护

危害程度：中等

返工难度：无法返工

是否必须现场监工：尽量多加保护

问题与隐患

相对于地砖来说，地板的后期保养很重要。尤其是在铺装结束后，对地板的保护尤为重要。在家庭装修中，地板铺装完后一定要及时进行保护，如在地板上蒙一层保护性的材料，防止被施工人员踩脏划伤等。然而，在施工过程中以及施工结束后，许多施工人员往往不尽责，加上业主的不重视，造成地板上污迹重重，划痕累累。在这一环节主要存在以下两种问题：

（1）施工人员一边施工一边在已铺好的地板上走动。一些施工人员认为只要铺好地板就意味着自己的任务完成，任意在上面走动踩踏，造成地板上出现污迹或划痕。

（2）后续施工人员在进行涂装、涂胶时弄脏地板，往往没有及时擦拭干净，结果使得污渍渗入地板。如果地板表面密闭性不好，污渍渗透后会造成地板表面出现黑色斑点或黑线，难以去除。

失败案例

新家装修完后，罗女士发现刚铺的地板污迹斑斑，各种胶水和涂料胡乱地涂抹在地板上，地板一下子变成了大花脸。罗女士立即端来水开始擦洗，谁知污迹竟纹丝不动。罗女士又拿来各种洗涤剂依次涂抹，用力擦洗，涂料还是不见消失。新铺的地板平添了几团漆印，罗女士看了很是心疼。

现场监工

这一环节虽不是很重要，但如果业主仅是通知了施工人员要保护地板，对方是完全不会如业主所想的那样小心呵护的。因此，这一环节业主还是在现场监工更可靠。

地板铺好后要及时将其表面擦拭干净

（1）地板必须在全部安装完毕48小时之后方可正式使用，如清理地面、放置家具等。在涂装后，应检查地板上有无涂料，如果有，应及时清洗掉，防止日后涂料渗入地板；一旦涂料渗入地板，应请专业人员用刷子清理地板，并采取正确的保养方法。

（2）地板铺好后要做好保护措施，保持地板的表面干燥。地板表面有污迹，要用温水及中性清洁剂擦拭干净；如果是药物、饮料或颜料的污迹，可以用浸有家具蜡的软布或钢丝绒擦拭。

（3）严禁使用有害化学物质清洗地板，如成分不明的洗涤剂等。日常清洗中，应使用含水率低于30%的湿布清理地板表面；如果地板出现醋、盐、油等污点，应使用专用清洁用品去除，切勿使用汽油清洗。

93. 踢脚线施工不规范，剥离脱落很严重

监工档案

关键词：踢脚线　脱落

危害程度：不大，但影响美观

返工难度：中等

是否必须现场监工：尽量现场监工

问题与隐患

在家庭装修中，无论是铺地砖还是地板，都离不开踢脚线。踢脚线又称踢脚板，是窄而长的条形围护结构，主要安装在距离地面15cm以内的墙面上，这部分墙面正好是人走到墙边时可能会用脚踢及的部分，故名踢脚线。目前家庭装修中，踢脚线主要是以木质、石材、陶瓷、塑料及复合材料为原料加工制作的型材。安装踢脚线，一方面可以保护墙壁，防止人走动时踢碰或拖地板时弄脏墙壁；另一方面可以美化室内环境，起到良好的装饰效果。别小看了踢脚线，这一环节对施工同样有着严格的要求。然而，在实际装修中，由于施工人员的不规范操作，有可能造成踢脚线剥离墙体、脱落的后果。在施工中主要存在以下问题：

（1）施工人员在地面不平整的情况下粗糙安装，造成踢脚线剥离墙体。

（2）施工人员在墙面潮湿的情况下施工，导致踢脚线无伸缩膨胀空间，最终造成踢脚线起拱等。

失败案例

白女士的新居铺的是木地板，价格昂贵，为了监督施工人员认真施工，白女士特意请假在现场监工。待地板施工完毕，白女士的假期也结束了，她不得不放弃安装踢脚线的监工。装修结束后，白女士觉得踢脚线的施工做得不

错。谁料半年后，白女士在打扫卫生时无意中发现门后面的一块踢脚线松动了，与墙面之间出现了很宽的缝隙。其他的踢脚线会不会也出现这种问题？白女士检查了房间里所有的踢脚线，结果发现近一半的踢脚线都出现了剥离墙体的情况，有的缝隙更大，用手轻轻一碰，踢脚线竟晃动起来，如果稍一用力就会脱落。白女士打电话给施工人员，对方检查后告诉白女士由于部分踢脚线已经变形，所以只能重新购买镶贴。装修还不到一年怎么就这样了？白女士很是气愤，但也没有其他办法，只得将所有踢脚线取下，再购买新的踢脚线重新镶贴。

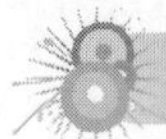

现场监工

这一环节建议业主现场监工。虽然地板是主角，但踢脚线绝对是不能缺少的配角。

踢脚线一定要按规范施工，否则容易剥离墙体脱落下来

（1）铺装地面与安装踢脚线要分两次施工。地板铺设完48小时后才能贴踢脚线。踢脚线一般采用与地面块材同品种、同规格、同颜色的材料，踢脚线的立缝应与地面缝对齐。

（2）在安装踢脚线前一定要测试墙面的平整度。安装踢脚线时，应对墙壁面进行平整及清理，以便踢脚线镶贴时能与墙面紧密贴合，确保踢脚线出墙厚度一致。

（3）边角处理。对墙角处踢脚线相交的地方，踢脚线的边缘要进行45°角的裁切才能拼接、安装，这样接口处就不会留下痕迹，影响美观。

（4）房门后的踢脚线一定要进行加固处理，最好不要将门吸直接安装在踢脚线上，以免踢脚线因门吸拉力太大而剥离墙体。

94. 地板和地砖同铺，最好没有高度差

监工档案

关键词：地板　地砖　高度差

危害程度：不大，影响美观

返工难度：很大

是否必须现场监工：尽量现场监工

问题与隐患

现代装修中，一些家庭已经抛弃了地面统一铺地板或者统一铺地砖的装修，而是选择客厅和厨卫铺地砖、卧室和书房铺地板的组合，这种组合恰到好处地发挥了地板和地砖各自的优点，而且价格上较全铺地板更为实惠。然而，一些施工人员在施工过程中图省事，不按要求施工，结果导致二者出现高度差。在这一环节主要存在以下问题：

地砖和地板同铺，容易出现高度差

铺复合地板时没有用龙骨。通常情况下，铺复合地板需要在下面加龙骨。但一些施工人员图省事，劝说业主不加龙骨，而是将地板直接铺在找平的地面上。由于铺地砖时需要水泥垫层，且水泥的厚度一般不少于地砖厚度的1.3倍，这样一来，原本地砖本身与复合地板的厚度相仿，结果一个加水泥垫层一个不加龙骨，造成两种材质衔接时出现高度差。

失败案例

杨先生家的新居采用的是组合地面，即客厅、厨房、卫生间铺的是地砖，而卧室和书房铺设了实木复合地板。这种组合更好地利用了地砖和地板的优势。装修结束后，杨先生发现地板与地砖之间的高度竟相差1cm。虽然看着不舒服，但觉得除了影响美观外，不会影响到其他方面，杨先生也就没要求返工。可是入住后，这个不起眼的小高度差却实实在在地影响了家人的安全。家人每次走到这一交接处，稍有不注意就会被绊一下，很不舒服。一次，杨先生的父母来小住时竟然都被绊了跟头，重重地摔在地上。这一事件让杨先生认识到了严重性，可是有什么办法可以解决这一难题呢？总不能将地板重新铺一遍吧？最后，杨先生打听到在二者之间可以安装金属扣条，才在一定程度上缓解了高度差带来的危险。

现场监工

这一环节业主一定要现场监工。不论地面铺设地砖还是地板，都是装修中的重要流程，而将二者组合起来施工，更需要业主仔细监工。

（1）如果在居室中铺设两种不同的建材，如地砖和地板，在铺设前，一定要详细询问施工人员有关铺设技术和铺设后的效果，以及二者之间是否有高度差等问题，然后再确定铺设方案。

（2）监督施工人员依照两种不同工艺要求进行施工。在铺设地板时，最好在地板下面铺设衬底板或龙骨，以减小高度差。

（3）在地砖和地板相接处可以用大理石接口或者使用金属扣条。用大理石过渡时，与地板接触的一边要磨成斜坡，这样过渡较为自然。扣条的材质有铜和铝合金，颜色有金、银、亚光、抛光等，式样及宽度也有多种选择，业主可以选择和地板同样颜色的扣条进行搭配。施工时，一定要严格按照规范进行，避免日后扣条翘起或脱落。

95. 楼梯木踏步，预留伸缩缝

监工档案

关键词：楼梯　踏步　伸缩缝

危害程度：不大

返工难度：中等

是否必须现场监工：尽量现场监工

问题与隐患

现代住宅的形式越来越多样化，很多都带有室内楼梯，因此，装饰楼梯就成了装修中重要的一环。楼梯踏步的种类有木制、铁艺、石材、玻璃和不锈钢等，其中木质踏步因其自身具备的温暖感、施工较方便且与地板易搭配的优点而受到众多业主的喜爱。在施工方面，安装木踏步时应留有空隙，防止日后踏步开裂。然而，在施工过程中，由于施工人员不懂这一点或者粗心大意而忘记留空隙，往往会造成踏步开裂。

失败案例

王先生买了一套跃层住宅，有一段旋转楼梯通往二楼。由于地面铺的是木地板，在装饰楼梯时，王先生选用了木质踏步。施工中，王先生由于工作上的事不能在现场监工，待他处理完工作后返回装修现场，楼梯施工已经结束。王先生从外表检查了一番，并没发现什么不当之处。可是，住进新居不到一年，王先生在一次打扫卫生时发现木质踏步竟变了形。这可是上等的实木，怎么还不到一年就变形了呢？一次，有过装修经验的朋友到家做客，王先生无意中说起自己家楼梯的事，朋友看过后告诉他，这不是踏步质量的问题，而是施工不规范造成的。听了朋友的话，王先生才明白出现这种情况是因为在安装过程中，施工人员没有预留缝隙，结果木质踏步在受潮后变形，最后因没有伸缩空间而开裂。

现场监工

这一环节业主一定要现场监工，监督施工人员预留伸缩缝。

木楼梯

（1）选购楼梯时，踏步之间的高度为15cm、踏板宽度为30cm、长度为90cm是比较舒适的楼梯，栏杆的高度应保持在1m，栏杆之间的距离不应大于15cm，质量好的楼梯每个踏步的承重可以达到400kg。

（2）对于原本有基础结构的楼梯，业主可根据喜好选择各种材质的装修材料，一般以实木和石材为主。如果家中是水泥基础的楼梯，在装饰之前要先用细木工板包出楼梯台阶并固定好，然后再安装木质踏步材料，细木工板和木质踏步之间紧密结合，可使安装好的楼梯更加平整稳固。

（3）选择木质楼梯踏步时，一定要注意材质、工艺及涂装等方面的问题。最好选择实木指接板，因为经过指接处理的踏步不易变形开裂，经久耐用。施工时，为防止踏步变形开裂，一定要在安装时预留伸缩缝，给木板热胀冷缩的空间。

（4）木制楼梯要防潮、防蛀、防火。木制楼梯一旦受潮，木制构件就容易变形、开裂，涂料也会脱落。因此，日常清洁木制楼梯时，切忌用大量的水擦洗，用清洁剂喷洒在表面后再用软布擦洗干净即可。其次，要防止虫蛀。在安装楼梯时，可事先在水泥踏步上撒一些防虫剂，要保持楼梯的干燥，切勿受潮。还要经常检查各部件连接部位，防止松动或是被虫蛀蚀。

（5）为避免木制踏步在使用一段时间后出现局部的严重磨损，可在楼梯廊道中央踏步上铺设一条地毯，在保护楼梯的同时还可以保护家中老人和小孩，防止滑倒。

第9章 隔断墙、墙面装修中需要监工的细节

96. 拆墙不是力气活儿，技术规范是重点

监工档案

关键词：承重墙　非承重墙　面积　结构图

危害程度：极大，误拆危及生命安全

返工难度：非常难

是否必须现场监工：务必现场监工

问题与隐患

如果问家庭装修中施工的第一个流程是什么，一部分业主会选择拆墙。的确，拆墙是很多家庭装修中进行的第一个环节，这一环节之所以频繁地出现在家庭装修过程中，有两方面原因：一是业主对房屋格局不满意，要求改变楼房的主体结构；二是一些装修公司为了设计出彩或迎合业主的喜好，不计后果地对楼房的结构进行改造。可以说，拆墙是装修过程中进行的第一个重头戏，事关重大，因为它涉及承重墙和非承重墙两部分，一旦误拆，后果不堪设想。

（1）承重墙。承重墙是指支撑着上部楼层质量的墙体，在施工图上为黑色墙体，拆除会破坏整个建筑的结构。这类墙体是绝对不能拆除的。家庭装修中这种做法虽然很少见，但也会因业主和装修公司的无知偶然出现。

（2）非承重墙。非承重墙与承重墙相反，是指不支撑上部楼层质量的墙体，只起到将一个房间和另一个房间隔开的作用，在施工图上为中空墙，有没有这堵墙对建筑结构没有大的影响。虽然非承重墙可以拆除，但如果整栋楼的居民都随意拆改非承重墙体，也会产生严重的后果——大大降低楼体的抗震能力。

拆墙这一环节在施工过程中有着严格的要求，然而施工人员往往难以按要求施工。在这一环节中，主要存在着以下两种问题：

1）施工人员暴力拆墙。一些施工人员误以为拆墙是力气活儿，只要能拆掉墙，不管用何种方法都可以。殊不知楼房的设计比平房复杂得多，每堵墙里都埋有设计好的电线、水管等，一旦施工人员不按要求施工，采取暴力拆墙砸墙，很容易砸到电线、水管，破坏楼房的安全性。

2）拆除不需要拆的墙。拆墙是按面积收费的，一些施工人员往往趁业主不注意，多拆除一部分墙，事后再重新砌上，给业主造成时间和经济上的损失。

可见，拆墙也需要监工，它不是一项纯力气活儿，需要业主监督施工人员施工。

失败案例

冯先生收到装修公司设计的装修图时很满意，图中设计师对两面墙进行了拆除，将其改造成一个大衣柜和一个书柜。装修开工后，泥瓦工进驻现场，开始了砸墙工作。冯先生原打算监督施工人员施工，但他发现施工人员在施工前并没有施工准备步骤，一进场就抡起大锤对准墙砸了起来，顿时满屋尘土飞扬，冯先生实在忍受不了就躲了出去。第二天，冯先生前来查看，发现一面墙已经拆掉了，另一面也拆了一半。这一看不要紧，冯先生是越看越生气。原来，施工人员拆掉的墙参差不齐，不仅将相邻的墙震裂了，而且砸坏了墙上的配电箱。施工人员对此解释说，他们做了那么多家，都是这样砸墙的，这种活儿又没有什么技术含量，是纯力气活儿。虽然对结果不满意，但冯先生确实不知道拆墙有什么施工工艺，在生了一肚子气后也就任由施工人员继续暴力施工了。

现场监工

正确的砸墙方法：先切割墙体再用小锤自下往上砸

这一环节业主一定要亲自监工。正确的拆墙方法是先切割墙体，再用小锤自下往上砸，这样砸出的断层整齐且便于后期施工。如果业主发现施工人员一上来就动手砸墙，应立刻阻止施工人员继续施工，强烈要求其先切割墙体再开始砸，否则按合同追究责任。

（1）确定拆墙行为合法。在《住宅室内装饰装修管理办法》中，第5条规定，关于住宅室内装饰装修活动，禁止下列行为：

1）未经原设计单位或者具有相应资质等级的设计单位提出设计方案，变动建筑主体和承重结构。

2）将没有防水要求的房间或者阳台改为卫生间、厨房。

3）扩大承重墙上原有的门窗尺寸，拆除连接阳台的砖、混凝土墙体。

4）损坏房屋原有节能设施，降低节能效果。

第6条规定，装修人从事住宅室内装饰装修活动，未经批准，不得有下列行为：

1）搭建建筑物、构筑物。

2）改变住宅外立面，在非承重外墙上开门、窗。

因此，业主在装修时不得随意在承重墙上穿洞、拆除连接阳台和门窗的墙体以及扩大原有门窗尺寸或者另建门窗，这种做法会造成楼房局部裂缝并严重影响抗震能力，从而缩短楼房使用寿命。

（2）不要大面积地拆改非承重墙。相对于承重墙来说，非承重墙是次要的承重构件，但同时它又是承重墙极其重要的支撑。非承重墙通常还是设计上的抗震墙，一旦发生地震，这些非承重墙将和承重墙一起承受地震力。如果整栋楼的居民都随意拆改非承重墙体，将大大降低楼体的抗震能力。

（3）事先找开发商要一份结构图，看看哪些地方有柱和梁、哪些墙里有电线或水管，避免途中砸到柱或梁，以致前功尽弃。墙里有电线时一定要提前切

断电源；如有预埋的水管，应事先将水管封闭好，待砸完墙再进行改造。

（4）在施工人员进场前，一定要事先对房间内的现有成品如水管、窗户、插座开关、灯具等做好保护措施。

（5）卫生间、厨房和外檐墙体尽量不要砸，因为这些墙体涉及保温、防水、水电路线等，结构复杂。

（6）由于砸墙是按照所砸墙壁的面积计算费用，因此在砸墙之前一定要将拆掉的墙面积测量好，否则，多余拆掉的墙也需要业主付费。

97. 刮腻子有要求，自然风干再打磨

监工档案

关键词：刮得薄　多遍　风干　打磨

危害程度：大

返工难度：无法返工

是否必须现场监工：务必现场监工

问题与隐患

无论是新房还是旧房，墙面装修都是一个重要的项目。找平、刮腻子、刷乳胶漆缺一不可。其中腻子刮得平不平、干不干透，关系到日后墙漆是否平整、是否出现开裂。正确的施工方法是：刮腻子每次要刮得尽可能薄，要多刮几遍。因为腻子不能靠温度烘干，而是要靠风自然吹干，只有刮得薄才干得快，不会造成日后墙漆开裂，减少未来反复维修的麻烦。然而在实际装修中，刮腻子这一环节往往被草率处理，导致墙漆开裂。其原因主要表现在以下两个方面：

（1）施工人员图省事，通常是厚厚地刮一遍腻子，致使腻子很难干透。

（2）施工人员为了加快施工速度，在腻子还没有干透的情况下就涂刷乳胶漆，结果导致墙面很容易出现开裂现象。

失败案例

张先生为了减少室内污染，特意买了几桶上好的乳胶漆。售货员告诉他，这种乳胶漆刷在墙面绝对不会出现开裂。墙面工程开始后，施工人员先用石膏找平墙面，接着刮了一层厚厚的腻子，并说刮得厚一点可以确保墙面更平整，而且可以一次刮到位，减少不必要的浪费。张先生觉得这种做法有道理，就没有提出不同意见。工程结束后，房间里充斥着刺鼻的异味，而且墙面出现起皮、开裂甚至脱落的现象。张先生找到乳胶漆的售后中心，对方仔细察看后得出结论：张先生家的乳胶漆开裂是由于腻子刮得太厚，而且在腻子尚未干透的情况下就涂刷乳胶漆导致的。

现场监工

由于刮腻子是隐蔽工程，返工比较困难，所以这一环节业主要亲自监工。

（1）“三分面，七分底”。这一俗语的意思是面层材料所起的作用只占质量的30%，而基层材料所起的作用则占到70%。这提醒业主应该重视腻子的质量与刮涂工艺。优质腻子可以有效地防止墙面起皮、开裂和脱落；而劣质腻子不仅含有有害物质，还会使乳胶漆出现起皮、开裂的现象。

（2）刮腻子的注意事项：

1）在刮腻子前用底涂对原有墙面进行封闭，以免腻子中的胶料被基层过多吸收，影响腻子的附着力。

2）掌握好刮腻子工具的倾斜度，用力均匀，保证腻子饱满。

3）一般墙面刮两遍腻子即可，两遍腻子批刮的间隔时间应在2小时以上（表面干透以后），这样既能找平，又能罩住底色，还能风干得快一些，方便后续涂刷乳胶漆。

4）为避免腻子收缩过大出现开裂和脱落，一次不要刮得太厚，根据不同种类腻子的特点，厚度以0.5～1mm为宜。

5）不要过多地往返刮涂，以免出现卷皮、脱落现象。

（3）打磨腻子。腻子刮好后还要进行打磨，用打磨机磨平突起的地方，

否则不利于乳胶漆及壁纸的施工。耐水腻子完全干透后会变得坚实无比，此时再进行打磨就会变得异常困难。因此，建议刮过腻子之后1～2天便开始进行打磨。打磨最好选在夜间，用200W以上的电灯泡贴近墙面照明（白天也需要用灯泡照明），边打磨边查看墙面平整程度。在此提醒业主：打磨腻子时会产生大量粉尘，在场人员最好佩戴防尘口罩。

（4）验收。业主要重点验收以下四个方面：

1）检查腻子表面是否完整、光滑。

2）检查腻子表面是否有裂纹。出现裂纹一定要及时处理，以免影响表面的墙漆。

3）检查墙面与墙面、墙面与顶面之间是否交接顺直。

4）检查腻子表面是否干透。如果在腻子不干时刷涂料，就容易出现开裂现象。

（5）在阴雨天刮腻子时，应该先用干布将墙面水汽擦拭干净，尽可能保持墙面干燥。同时还应根据天气的实际情况，尽可能延长腻子干透的时间，一般以2～3天为宜。

98. 隔断墙需隔声，现场监工效果好

监工档案

关键词：隔断　隔声

危害程度：很大

返工难度：巨大，需拆开重做

是否必须现场监工：务必现场监工

问题与隐患

在家庭装修中，遇到室内空间分布不合理的情况，通常的做法是设置隔断

墙将空间进行分隔，如将大的餐厅分隔出一个小卧室等。家庭装修中所说的隔断墙一般是指用建筑装修材料重新砌起来的固定的、永久性的隔墙。别小看这堵隔断墙，其施工过程有着严格的规范要求，不只要求分隔开空间，还要具备隔声的功能。然而，一些施工人员由于技术不过关或不负责，往往造成隔断墙不隔声。在施工过程中主要存在以下问题：

（1）在装修时，由于业主缺乏这方面的知识，很难想到需要做隔声处理，导致施工人员往往偷懒不做隔声处理。

（2）即使进行了隔声处理，在施工过程中由于施工人员施工不当，也会造成隔声效果不好。

失败案例

谭先生喜欢读书，拥有一个安静的独立书房是他的梦想。由于家里人口多，且所购房子面积小，谭先生请装修公司在设计时特意留出客厅1/3的空间，设置了一个隔断，做成一间小小的书房。入住新居后，谭先生对自己的书房很满意，虽然小了点，但总算有一个能静下心读书的地方。然而，谭先生的兴奋劲还没过去，就被书房带来的困扰难住了。原来，书房一点都不隔声，如果有人在客厅里看电视、聊天或打电话，声音会清晰地传到书房，谭先生听得清清楚楚；而书房里稍有动静，客厅里也会知晓。谭先生不明白，自己找人做的隔断为什么一点儿都不隔声呢？

现场监工

这一环节建议业主现场监工。由于隔断墙是永久性的墙体，其制作成本和返工成本都比较高，施工复杂，因此，做好隔断墙的隔声处理很重要。

（1）业主一定要监督施工人员做隔声处理，方法如下：①砌一堵中心是砖两边用水泥抹平的墙。隔断墙一定要砌到顶部，然后再打通风管道或其他走线需要的孔洞。一定要注意管路的密封问题，否则容易引起串音现象。②选择隔声墙板，这是一种专业的隔声材料，其两边为金属板材，中间是具有隔声作用的发泡塑料，这种墙板厚度越大隔声效果就越好。③采用轻钢龙骨石膏板，内

部填充矿棉或珍珠岩，最好在石膏板的外面再附加一层硬度比较高的水泥板，可以增强隔声效果。但是要注意施工工艺问题，有缝隙处一定要密封，尤其是暖气管等穿墙口必须封闭。

（2）检查其他墙体是否具有隔声功能。一般住宅的承重墙采用的是钢筋混凝土或烧结普通砖的结构，有较好的隔声效果。而非承重墙采用的多是轻型空心砖或灰胶纸板，隔声效果差，如果业主很注重隔声效果，可以采取以下做法：一是拆掉原有墙壁，重新打造一堵隔声墙；二是保留原有的墙壁，增加一堵隔声墙。前者是拆除原有的墙体表面，在两侧加装灰胶纸板，并在中间填充玻璃纤维，隔声效果很好；后者需要在原有墙的基础上新加几根立柱，构成一堵里面填充玻璃纤维的隔声墙，因为是双层墙，隔声性能非常好。但是这样做会使房间的宽度减少数厘米，如果室内面积不大，最好不要采用这种做法。

（3）如果房间临街，可以在靠马路一侧的墙上加一层纸面石膏板，墙面与石膏板之间用吸声棉填充，然后再在石膏板上粘贴壁纸或涂刷墙面涂料。

（4）提高窗户和门的隔声效果。窗户可以采用双层窗的结构，窗与窗之间的间隔应有20～30cm。门可以选择双层防盗门，隔声效果较好。

（5）书房一定要做好隔声。在装修书房时要选用吸声效果好的装饰材料，如顶棚采用吸声石膏板吊顶，墙壁采用PVC吸声板或软包装饰布等，地面采用吸声效果佳的地毯，窗帘要选择较厚的材料等，都可以在一定程度上阻隔外界的噪声。

99. 保温墙上有裂缝，监督施工人员来贴布

监工档案

关键词：保温墙　裂缝　贴布　石膏板

危害程度：不大，影响美观

返工难度：不大，但很麻烦

是否必须现场监工：尽量现场监工

问题与隐患

室内墙体按照功能可分为承重墙、隔离墙、保温墙等。承重墙的作用就是承担建筑的质量，是绝对不能破坏的；隔离墙的作用是将建筑物分割成不同的小空间，是可以拆除和改造的；保温墙，顾名思义，必然起到保温隔热、维持室内温度稳定的作用，保温墙可以是单独的墙体，可以附着在其他墙体上，也可以由其他的墙体来充当。在这些墙体中，除了承重墙采用钢筋混凝土，结构较稳定不易出现裂纹外，其他墙体都有可能会出现裂缝，在施工中需要进行贴布处理，才能避免日后墙体出现裂缝。然而，在家庭装修中，一些施工人员明知道原墙体上有裂缝，仍然图省事不做贴布处理，导致保温墙的裂缝日后拉裂墙漆，给业主带来损失。

因此，在墙面施工过程中，业主有必要监督施工人员对墙面进行贴布处理。

失败案例

拿到新居的钥匙后，杨小姐跑了许多家装饰公司，经过一番比较后确定了其中一家。装修过程中，杨小姐发现有两面墙上出现了细细的裂缝，上网查询后得知需要做贴布处理，但施工人员却说这么细小的裂缝根本用不着贴布，而且如果仅仅对这条裂缝贴布处理，日后墙漆照样会裂开。听到施工人员颇有经验的说辞，杨小姐没有再坚持己见。装修结束后，杨小姐对施工非常满意。谁知仅仅一年后，杨小姐就发现卧室的墙面开始出现细小的裂缝。打电话给装修公司，对方派人上门做了一次补救。可是一段时间后，补救过的地方再次出现裂缝，而且这次裂开的速度和范围都比上次大许多。看着越裂越长、越裂越宽的裂缝，杨小姐感觉特别不舒服，自己精心布置的家怎么无端多出这么多丑陋的裂缝？

现场监工

这一环节建议业主现场监工。如果实在抽不出时间监工，也可以事后验

收。因为返工的成本相对较小，工程也不烦琐，只是施工过程比较脏乱。

（1）对保温墙做贴布或石膏板处理。在墙面上贴一层的确良布或牛皮纸，利用纤维的张力保证乳胶漆漆膜完整，也可以在保温墙上贴石膏板。对石膏板接缝处填充石膏粉处理后，再贴牛皮纸，就可以将墙体原本不规则的裂纹去除。对于其他有裂纹的墙面，也可以铺贴的确良布，防止乳胶漆开裂。切忌将墙体的保温层去除，否则会破坏墙面的保温性能，降低居住的舒适度。

（2）如果是轻质隔墙，隔墙板本身也容易出现小裂纹，在接缝处一定要做防裂处理，一般使用玻璃丝布或牛皮纸；如果是承重墙或实墙，一般不会有问题，但在做找平处理时，要注意不能将腻子刮得太厚，否则容易导致乳胶漆开裂。

100. 封装阳台需小心，监督施工人员规范施工

监工档案

关键词：阳台　封装　规范操作

危害程度：中等

返工难度：中等

是否必须现场监工：尽量现场监工

问题与隐患

在家庭装修中，封装阳台已经成为一个重要的项目。阳台是楼上房间外面的小平台，泛指有永久性上盖、围护结构、台面，与房屋相连、可以活动和利用的房屋附属设施，是居住者接受光照，吸收新鲜空气，进行户外锻炼、观赏、纳凉及晾晒衣物的场所。根据封闭情况分为非封闭阳台和封闭阳台。家庭装修中所说的封装阳台即指将开放性的阳台封装起来，变成室内的一个新空间。封闭的阳台具有防尘、隔声、保暖的作用，而且可以扩大居室使用面积，

可作为写字读书、健身锻炼及储存物品的空间，也可作为居住的空间。此外，封装阳台后，房屋又多了一层保护，能够起到安全防范的作用。遗憾的是目前的房屋设计中，阳台上往往没有预留安装封装材料的“落脚点”，因此给封装阳台造成一定难度，安装不好就易引发事故。

失败案例

袁先生新买的房子面积不大，考虑到把母亲接过来住空间会更拥挤，于是袁先生要求装修公司将阳台封装起来，可以多出一个空间作书房。袁先生详细地询问了有关封装阳台的施工，装修公司告诉袁先生他们已经给许多带有阳台的家庭做过封装，在这方面有丰富的经验，不用担心。封装过程中，袁先生因工作忙未能留在施工现场。因为惦记着装修，工作一结束，袁先生就赶往新居，然而，还未等他到达就接到了施工人员打来的电话，就在窗户安装完毕进行扫尾工作时，塑钢窗竟突然掉落下来，并砸伤了一名施工人员。看着受伤的施工人员和毁掉的工程，袁先生打消了封装阳台的想法，他觉得即使封好了说不定日后还会出现类似的情况，与其花钱在这里埋下一个安全隐患，还不如多花钱让室内规划设计一番。

现场监工

封装阳台不是小事，因为阳台的设计与室内其他房间不一样，因此，在施工时业主一定要严格监督施工人员按要求施工。

封装后的阳台

（1）业主应根据自家情况决定是否封装阳台，不要人云亦云，看到别人封装就跟着封装。封装阳台既有优点也有缺点，优点是增加室内使用面积，可以隔绝或减少城市噪声对室内环境

的干扰；缺点是失去阳台本来的使用功能，尤其是南向阳台，而且一旦遇到意外，将失去一个良好的救生通道。

（2）封装阳台的形式有两种：平面封装和凸面封装。平面封装是指阳台在封装完后，同楼房外立面成一平面，是比较常见的封装阳台形式。凸面封装是指封装完后窗户突出墙面，这样业主可以有一个比较宽的窗台使用，但施工要比平面封装复杂许多，工期也要长很多。平面封装阳台如使用塑钢或铝合金窗，两三个施工人员操作，一天就可以完成；凸面封装则需要10天左右。

1）阳台装修的封装材料。铝合金是目前采用较多的装饰材料，业主在装修时最好找正规的施工队伍，以免出现材料以次充好等问题。塑钢型材的保温隔热功能及隔声降噪性能比其他门窗材料要高出30%以上，因此，在预算较为宽裕的情况下，建议使用塑钢门窗。

2）阳台装修的地面材料。如果阳台不封装，地面可以铺贴防水性能好的防滑地砖；如果封装了阳台并且和室内打通，则可以使用和室内一样的地面装饰材料。

3）阳台装修的墙壁和顶部材料。同样道理，如果阳台不封装，则可以使用外墙涂料；如果阳台封装，则可以使用内墙乳胶漆涂料。

4）在安装窗户时，业主应监督门窗水平方向和垂直方向的校正。窗框与墙体之间应用发泡胶进行填充，而且窗框内外侧必须用硅酮胶或密封胶进行密封，防止渗水。安装完毕后，必须将保护膜揭掉，否则会减少门窗的使用寿命。

（3）做好验收工作。一般封装阳台使用推拉窗，业主最好亲自开合数次，以确定窗户的封装是否合格。合格的标准是关闭严密，间隙均匀，扇与框搭接紧密，推拉灵活，附件齐全，位置安装正确、牢固。窗框与窗台接口外侧应用水泥砂浆填实，防止雨水倒流进入室内，窗台外侧要有流水坡度。

（4）阳台经不起太大的荷载和猛烈的撞击，不能在阳台上堆放太多太重的杂物；不要来回摇动阳台栏杆，以免栏杆底部的焊接处断裂。

101. 阳台改装要监工，监工重点是保暖

监工档案

关键词：阳台　改装　保暖

危害程度：不大

返工难度：不大

是否必须现场监工：尽量现场监工

问题与隐患

许多业主选择改装阳台，以提高阳台的保暖性和安全性。相对于封装阳台，改装阳台的施工要简单得多。但即使如此，在施工过程中由于施工人员的不负责任，也可能会造成改装后的阳台不保暖。在施工过程中主要存在以下两种问题：

（1）有时为了扩大使用面积，或是追求更好的装饰效果，装饰公司会将阳台同室内打通，拆除阳台和室内之间的门窗，结果因阳台不保温，直接影响到室内的温度。

（2）改装后的玻璃窗使用劣质的密封条。一般玻璃窗密封使用两种胶条：一种是毛条，另一种是胶条。一些装修公司为了节省成本往往使用劣质材料，如劣质胶条经过热胀冷缩后很容易发硬断裂，导致阳台出现漏风、渗雨、进尘土的现象。

失败案例

小张的新居有一个硕大的阳台，为了让阳台冬天更保暖，小张特意把阳台的单层玻璃窗改成了双层玻璃窗，这样即使在寒冷的冬天也可以在阳台上晒太阳。没想到改造后的双层玻璃窗阳台密封不好，导致保暖性很差，在靠近阳台的位置寒意逼人。冬天，外面刮大风，阳台就会吹小风，呼呼的冷风直往屋

里吹，使得室内温度降低；尤其遇上大风天，整个阳台铺满了厚厚的砂土。最令人烦恼的是，每逢下雨，密封不严的窗扇还会渗进雨水，将阳台上的东西打湿，地面上也湿淋淋的。小张觉得很委屈，换了双层玻璃窗的阳台怎么密封这么差呢?

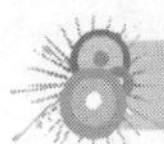

现场监工

这一环节建议业主现场监工。

（1）设计装修阳台时，严禁拆除居室和阳台之间的配重墙。在建筑中，配重墙起着支撑阳台的作用，一旦拆除这道墙，会严重影响阳台的安全，甚至会使阳台坍塌。因此，业主在装修阳台时，可以拆除居室和阳台之间的门窗，但千万不要拆除配重墙。

（2）在室内与阳台之间做一扇玻璃门，将阳台和室内分隔开，可以增强室内的保温效果。要选择厚玻璃，最好是双层钢化玻璃，保温效果好，且不容易碎裂伤人。

（3）用保温隔热效果好的材料制作阳台墙面的保温层，比如阳台窗户下的墙面使用聚苯板或者岩棉制作保温层，隔断室内外冷热空气的交换。

（4）避免阳台承重过大。许多住宅的阳台结构并不是为承重而设计的，承重过大会超过设计荷载，通常每平方米承重不应超过400kg，以免造成危险。

102. 落地窗安装护栏，监督施工人员焊接牢固

监工档案

关键词：落地窗　护栏　焊接

危害程度：极大，危及生命安全

返工难度：不大

是否必须现场监工：务必现场监工

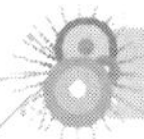

问题与隐患

如今，越来越多的住宅楼房都设计了美观大方的落地窗，采光好、观景效果好，充满了时代气息。虽然开发商为落地窗安装了护栏，但仍然有一些业主选择重新安装漂亮的护栏。然而，一些施工人员在安装过程中偷工减料，不负责任，结果导致护栏安装得不牢固，存在安全隐患。

失败案例

落地窗前低矮的护栏

许女士家住六楼，宽敞的落地窗让窗外的风景一览无余。装修时，想到女儿刚满2周岁，正是好动的时候，为了女儿的安全，许女士安装了室内防护栏。在挑选防护栏时，许女士觉得护栏太高会影响落地窗的效果，住在里面感觉像是铁笼子一样；而且女儿不懂事只是暂时的，再过两年长大了就不存在危险了。于是，她选择了相对较低的护栏。施工时，许女士因哄女儿玩，并没有现场监工。然而，入住新家后，许女士发现护栏焊接得并不结实，焊接点也不多，稍一用力护栏就左右轻微晃动。如果女儿爬上来，后果将不堪设想。然而，小家伙似乎对这个护栏很感兴趣，总是趁许女士不注意时跑到护栏旁，每次都把许女士吓个半死。最后，许女士不得不拆掉了现有护栏，重新安装了一个高度更高且焊接结实的护栏。

现场监工

这一环节业主一定要现场亲自监工。由于护栏关系着家人的安全，因此在施工时一定要监督施工人员将护栏焊接结实。

（1）根据国家的相关规定，凡是落地窗和飘窗都必须安装护栏，否则不予

安全验收。因此，如果开发商已经安装了护栏，严禁私自拆除。如果不喜欢已安装的护栏，业主可以更换自己喜欢的样式的护栏。

（2）所安装的防护栏一定要达到安全高度，或者安装防护网。低层、多层住宅的阳台栏杆净高不应低于1.05m；中高层、高层住宅的阳台栏杆净高不应低于1.10m。封闭阳台栏杆也应满足阳台栏杆净高要求。中高层、高层及寒冷、严寒地区住宅的阳台宜采用实体栏板。

（3）安装护栏时，业主一定要在现场监工，防止施工人员敷衍了事。施工后，业主最好亲自检查一下，用力晃动护栏，如果发现护栏有晃动的迹象，一定要让施工人员重新焊接一次。

103. 大面积玻璃墙，安全放在第一位

监工档案

关键词：玻璃墙　安全性　防撞条　厚度

危害程度：很大，涉及人身安全

返工难度：不大

是否必须现场监工：务必现场监工

问题与隐患

在家庭装修中，玻璃越来越多地成为常用材料之一。玻璃由于具有良好的透光、透视、隔声、隔热等性能，多用于门窗及需要提高采光度的墙中。一些格局设计不佳的住宅，如卧室向阳、客厅居中的住宅，通常会在卧室和客厅之间做一道玻璃隔断，从而增加客厅的采光度。然而，在实际装修中，一些装修公司或施工人员为了美观和省事，往往会减少窗框中的隔断数量，大面积地使用玻璃做成一面玻璃墙。业主及家人可能会因看不到玻璃或无意中的磕碰导致玻璃碎裂。尤其是当家里有小孩时，在玩耍中有可能碰撞到玻璃隔断，造成伤害。

失败案例

小朱夫妇的新婚房子并不大，60m^2左右，小两室一厅，只有主卧室向阳，客厅在中间。装修时，考虑到客厅的光线是要通过主卧室照进来的，主卧与客厅之间不能用实体墙，于是小朱将主卧室与客厅之间的墙设计成一面半透明的墙，请木工做雕花木窗的框架，再镶上玻璃，这样既避免了卧室被一览无余又不影响客厅的光线。然而在施工时，施工人员却告诉小朱这样的木窗现在不流行了，年轻人都开始追求整面的玻璃墙，显得特别宽敞，而且前者容易积灰尘也不好打扫。禁不住施工人员的劝说，小朱同意了做玻璃墙。玻璃墙做好后，室内的光线确实明亮多了，虽然卧室还是缺少保护性，但在客人来访时拉上薄如纱翼的窗帘也是不错的，夫妇俩对此很满意。谁知，入住后不久，就出事了。一天晚上，小朱夜里上卫生间，由于光线暗，自己又忘了玻璃墙的存在，他径直向玻璃墙走了过去，结果可想而知，玻璃轰然倒地，小朱也受了伤。

现场监工

不论是何种质地的框架，都是先制作成形再安装玻璃，因此业主可以在框架成形后验收，即可以事后监工。

（1）做玻璃隔断墙时，一定在整面玻璃的两面多加防撞条，以增加玻璃的安全性。

（2）做玻璃隔断时，应首选磨砂或带有彩色图案的玻璃。如果选用了透明玻璃，最好在上面安装一个明显的提示小挂件，防止家人不小心撞上去。用玻璃做造型时，一定要放置到安全地点，避免家人的磕碰。如果家里有小孩，造型最好安置到高处，以免孩子在玩耍时碰碎玻璃，造成意外伤害。

（3）用玻璃做分隔墙时，玻璃的边缘不要与硬性材料直接接触。玻璃嵌入墙体、地面或顶部的槽口深度要深，不能过浅。业主一定要监督施工人员规范施工，保证日后的使用安全。

（4）做室内隔断及各种造型最好选择优质的钢化玻璃。钢化玻璃又称强化玻璃，经特殊工艺加工而成，抗冲击和抗高温能力都很强，即使遭受的冲击

超过其承受能力时也会先出现网状裂纹，然后逐渐碎成小的钝性颗粒，不致伤人。使用钢化玻璃做隔断时，厚度要在10mm以上，大面积使用玻璃隔断时，厚度要在12mm以上。

104. 绿色建材勿叠加，控制数量是关键

监工档案

关键词：绿色建材　甲醛　超标

危害程度：很大，危及健康

返工难度：无法返工

是否必须现场监工：合理控制

问题与隐患

随着“绿色建材”“环保材料”等理念深入人心，越来越多的业主在家庭装修中使用这类安全建材。绿色建材，又称生态建材，是指尽可能少用天然资源和能源，大量使用工业或城市固态废物生产的有利于环境保护和人体健康的建筑材料，在国际上也称为“环保建材”。事实上，绿色建材并不是完全没有有害物质，只是把有害物质控制在规定的最低标准值以内。如某些板材的甲醛释放量每立方米低于0.15mg，达到E1标准，就可以称为“绿色建材”。因此，在家庭装修中不能无限制地大批量地使用绿色建材。然而，在家庭装修中仍存在着大量使用“绿色建材”“环保材料”的情况，使建材中的污染产生叠加效果，造成室内污染，其中主要存在以下问题：

（1）多数业主误认为“环保”“绿色”就是没有污染，在新居中大量使用这类建材。

（2）为了追求装修效果，装修公司会在装修过程中大量使用污染低于国家规定标准的建材，当这些所谓的“零污染”含量叠加在一起时，总量就会超过

房屋面积的承载量，造成室内污染。

可见，“绿色建材”不等于零污染建材，监工应从业主自己开始！

失败案例

为了有一个健康环保的家，防止室内环境污染，陈小姐请了一家正规的大型装饰公司，所用的装饰材料都是到大型的正规建材市场购买的“绿色建材”：环保涂料、绿色地板、健康家具，甚至连一些小装饰品、玩具，陈小姐都选择在大商场里购买。装修结束后，陈小姐进行了室内空气检测，结果让她大失所望：甲醛超标2倍、苯超标3倍……陈小姐有些不明白，自己明明买的都是符合国家标准的装饰装修材料，价格高昂，为什么还会导致室内污染呢？

现场监工

由于这一环节贯穿于整个装修流程中，因此业主只要监督每一流程中建材的用量也就做到了建材方面的监工。建议业主在装修前整体控制建材的数量，做到“装修前定量配比、装修中按量施工”。

（1）正确认识“绿色建材”“环保材料”，合理地计算房屋空间承载量。目前市场上的各种装饰材料都会释放出一些有害物质，即使是符合国家室内装饰装修材料有害物质限量标准的材料，如果使用过多，在一定的室内空间中也会造成有害物质超标的情况。

（2）各种装饰材料搭配使用，最好不要使用单一的材料，特别是地面材料。因为地面材料在室内装修时所占比例较大，容易造成室内空气污染。

（3）要为日后购买的家具和其他装饰用品的污染量预留空间。装修中，各种污染物会产生叠加效果，如果装修工程结束时室内有害物质已经临界于国家标准，再购买家具和其他装饰用品，就会造成室内污染超标。

（4）简约化装修。家庭装修应以实用、简约为主，过度装修容易导致污染的叠加效果。如一些业主在铺设实木地板时，为了使地板更加平整、踩踏时的脚感更好，往往在实木地板的下面加铺一层细木工板。从环保角度考虑，这是一种过度装修，因为一旦铺垫在下层的细木工板存在质量问题，甲醛等有毒有

害物质就会透过上层实木地板向外扩散、释放。

105. 乳胶漆是“面子”，监工不当出问题

监工档案

关键词：乳胶漆　底漆　假冒伪劣

危害程度：很大

返工难度：无法返工，只能重做

是否必须现场监工：务必现场监工

问题与隐患

家庭装修中，墙面装修最重要的环节是涂刷乳胶漆，许多业主喜欢将几种不同颜色的乳胶漆调成自己喜欢的颜色，然后进行涂刷。乳胶漆对施工技艺有着严格的要求，然而，由于施工人员不按规范施工，往往造成墙面乳胶漆出现粉化、变色或褪色、起皮和剥落的现象。在施工过程中主要存在以下两种问题：

（1）一些施工人员在处理墙面基底时偷工减料，敷衍了事，在墙面不平整的情况下涂刷乳胶漆，造成乳胶漆涂刷后有色差，尤其是颜色较深的乳胶漆更容易出现这种问题，严重时会造成漆膜脱落。

（2）施工人员在涂刷时不按比例加水，兑水太多，结果造成乳胶漆粉化。

可见，在涂刷乳胶漆的施工过程中，业主监工是非常重要的。

失败案例

由于工作忙，邢女士请了一家装饰公司进行装修。为了让五岁的女儿有一个温暖可爱的新家，邢女士决定把各个房间的墙面涂刷成不同的颜色。她特意给女儿的卧室选用了浅粉色，这种颜色很适合女孩子，她相信女儿睡在这样

的卧室里一定会像一位美丽的小公主。装修结束后，邢女士觉得女儿房间的颜色和自己想象中的不一样，稍微深了一些，而且看上去不纯正。施工人员解释说，计算机中显示的颜色是经过处理的，与现实中调配出来的颜色肯定存在着一定的色差。看到女儿很高兴的样子，邢女士只好接受了。然而，入住后不久，邢女士无意中发现女儿的手上身上总是蹭着一片一片的粉红色。她来到女儿房间，发现紧挨床的那面墙有一大片颜色比别处淡了很多，邢女士用手轻轻触摸，手上竟然蹭上了粉色，她这才明白女儿身上的粉色原来是在墙上蹭的。邢女士将其他房间的墙面挨个试了一遍，发现这些墙面有的部分一蹭就掉色，有的则蹭不掉色。邢女士很纳闷，乳胶漆又不是白灰粉一类的东西，怎么也会出现掉色的问题呢?

现场监工

这一环节业主一定要现场监工。对墙面的处理不当会造成乳胶漆墙面出现各种问题，因此业主在监督施工时，一定要让施工人员将墙面处理干净，不可草率行事，否则后果不堪设想。

（1）装修中，墙面涂刷前需要先进行基层处理，先刮一遍腻子，等干了之后再刮一或两遍。

（2）刮腻子、刷底漆与刷面漆之间的间隔时间要适当延长一些。腻子与底漆的间隔时间应在48小时以上，底漆与第一遍面漆的间隔应在8小时以上，而第一遍面漆与第二遍面漆的间隔应在5小时以上。两遍面漆刷完后还要等一周的时间让其自然干透，否则进行其他工序时容易把墙面弄脏。因为此时漆膜没有完全形成，容易留下擦不掉的污点。

（3）如果是刚交工的新房，出现墙体产生水汽的现象是不可避免的，应进行特殊处理。建议先用耐久性强且防水的弹性腻子对墙面进行预处理，然后再按常规做法涂刷，可以避免乳胶漆起皮和脱落。

（4）乳胶漆一定要按规定比例兑水，并避免在低温下施工。调配好的乳胶漆要一次用完，同一颜色的乳胶漆最好也一次涂刷完毕。如果施工完毕后墙面需要修补，一定要将整个墙面重新涂刷一遍，避免局部修补后加重颜色，产

生色差。

（5）目前市场上有很多冒牌的假乳胶漆，业主一定要到专门的专卖店购买，买回后尽量监督施工人员涂刷。否则由于真假乳胶漆价格相差巨大，有被替换的危险。

106. 墙漆兑水有比例，兑水太多墙变“花”

监工档案

关键词：乳胶漆　兑水比例　墙面变“花”　龟裂

危害程度：中等

返工难度：无法返工

是否必须现场监工：务必现场监工

问题与隐患

多数业主在装饰墙面时都会选择乳胶漆。由于乳胶漆是水性漆，为了防止颜料沉淀，在出厂前都会添加增稠剂，因此在施工时必须先用水稀释再涂刷，否则涂刷时容易出现刷痕，涂层表面也不光滑。用水稀释时，施工人员应按照包装上的说明（比例一般为20%）兑水，或者根据装修需要由施工人员按经验定。但是在实际施工中，乳胶漆往往被兑入过量的水，结果液体变稀，难以形成漆膜，涂刷后颜色及反光不均匀，涂层面出现“大花脸”。之所以出现这种情况，主要原因在于以下两个方面：

（1）由于乳胶漆越稀越容易施工，因此一些施工人员私下里会向乳胶漆内大量兑水，以便提高施工速度。

（2）如果业主和装修公司签的是包工包料合同，施工人员往往会在乳胶漆中兑入过量的水，目的是减少乳胶漆的使用量。

失败案例

变“花”的墙面

刘女士购买了三桶乳胶漆，售货员告诉她这三桶漆按照说明使用后还可以剩余半桶，如果墙面有需要补刷的地方，正好可以派上用场。刘女士特意看了看，外包装上注明加水约20%。做完墙面基底施工时，刘女士将乳胶漆交给了施工人员，并叮嘱其加水不要超量。两天后，刘女士到装修现场查看，发现墙面在刷了两遍漆后只使用了一桶半乳胶漆，还有一整桶乳胶漆没有打开。刘女士质问对方是不是加水太多了，施工人员称以刘女士家的面积根本用不了那么多的乳胶漆，用了也是浪费。刘女士检查后发现墙面颜色不均匀，有点毛糙，离远了看整个成了一张“大花脸”。在刘女士扣除工钱的“威胁”下，施工人员最终承认为了加快涂刷速度，在每桶乳胶漆中兑了近40%的水。

现场监工

乳胶漆在施工之前必须要兑水稀释，但是有的施工人员为了加快施工速度或者减少使用量，往往过量兑水，虽然过于稀释的漆料可以多刷出不少面积，但是刷出的漆膜很薄，墙面很容易出现龟裂。因此业主最好亲自在现场监督施工人员兑水，避免因施工人员兑水太多而达不到乳胶漆的装饰效果。

（1）乳胶漆兑水量一定要根据乳胶漆的技术指标而定。乳胶漆桶上标注的加水量是根据每一种乳胶漆的成分、性能等经科学方法计算出来的，在实际使用时不能有太大的出入。水兑得少了，施工时不容易刷开，漆膜厚度相对较厚；水兑多了，施工时容易刷开，但漆膜较薄，墙面容易“花脸”。

（2）乳胶漆在兑入适量水后，使用前要充分搅拌，最好使用专用搅拌器械搅拌。

（3）就一些乳液含量高的乳胶漆来说，对施工人员的要求也较高，业主最好请经验丰富的施工人员施工，以免掌握不好兑水比例造成乳胶漆的浪费。在此提醒业主，如果墙面采用的是喷涂工艺，漆料使用量会多一些，采购时需要多买一些。

107. 铺贴壁纸有技巧，监督施工人员严施工

监工档案

关键词：壁纸　墙面找平　合理损耗

危害程度：不大

返工难度：不大

是否必须现场监工：尽量现场监工

问题与隐患

壁纸以其健康环保、遮盖能力和装饰效果强且便于更换的优点，如今正受到越来越多的家庭喜爱。壁纸在铺贴时技术复杂，一旦施工不到位，容易造成壁纸起鼓、裂缝。然而，在家庭装修中一些施工人员往往不按规范施工，主要存在以下两种问题：

（1）抹灰质量不过关，表面平整度不好；或者在抹灰及最后一道腻子未干透的情况下铺贴壁纸，墙体内水分集中，导致壁纸表面起鼓。

（2）腻子与基层粘结不牢固，或者出现粉化、起皮和裂缝的现象，施工人员对此未经处理就直接铺贴壁纸，造成壁纸裂缝。

失败案例

赵女士由于工作忙没时间监工，只好请装修公司装修新居。为了减少空气污染，赵女士在客厅的背景墙面和卧室墙面贴了壁纸。这种壁纸铺贴简单，可

随时更换新壁纸，成本较低。由于新居设计简单，加上施工人员施工速度快，装修比预定的工期提前一星期完工。验收时，赵女士仔细检查了壁纸，发现壁纸贴得很平整，甚是满意。入住几个月后，赵女士正坐在沙发上看电视，无意中发现背景墙壁很不平整，她站起来走近背景墙仔细查看，这才发现客厅壁纸起鼓，而且已有多个拼接处开裂。在贴壁纸前，她曾仔细询问过商家会不会开裂，对方明确告诉她一定不会。这才贴了不到半年的时间，怎么说裂就裂了呢？随后，商家派人上门做了一番检查，发现壁纸下面的腻子有粉化和裂缝的现象，于是告诉赵女士壁纸开裂是由于施工不当造成的。赵女士回想了整个装修过程，这才想起装修工期之所以提前，是因为施工人员没等墙面干透就贴了壁纸，当时自己还对施工人员没有拖延工期表示很满意，现在想想，正是因为赶进度才造成壁纸开裂。

现场监工

这一环节业主一定要现场监工。

（1）在购买壁纸时要确定所买壁纸的每一种型号仅为一个生产批号。胶黏剂最好选择有质量保证及信誉好的品牌。在动手施工前，务必将每卷壁纸摊开检查，看是否有残缺或明显色差。

客厅里的壁纸墙

（2）计算壁纸的用量。一般情况下，标准壁纸每卷可铺贴5m^{2}左右。需要注意的是，在实际铺贴中，壁纸存在8%～10%的合理损耗，大花图案壁纸的损耗更大，因此，在采购时应留出损耗量。

（3）贴壁纸一般分为湿贴和干贴两种。湿贴就是先将壁纸浸水，然后在墙上刷一层胶粘贴。这种方法施工速度快，但是由于胶水很难附着在壁纸表面，容易

引起翘皮现象；此外，由于壁纸和墙面吸水率不同，还容易造成接缝处开胶。而干贴是直接在壁纸背面刷胶水进行粘贴，其强度比湿贴增加一倍以上，缝口两边也不会产生常见的翘皮现象。但是干贴必须掌握好涂抹胶水的尺度，对施工技艺要求高。建议业主尽量选择干贴方法。

壁纸色彩鲜艳，更换成本低

（4）铺贴壁纸时一定要先处理墙面。用刮板和砂纸清除墙面上的杂质、浮土，如果有凹洞裂缝，要用石膏粉补好磨平。墙面基层颜色要保持一致，否则裱糊后会导致壁纸表面发花，出现色差，特别是对遮蔽性较差的壁纸，色差会更严重。

（5）贴壁纸时最好从窗边或靠门边的位置着手，使用软硬适当的专用平整刷刷平壁纸，并且将其中的皱纹与气泡刷除。但不宜施加过大压力，避免壁纸绷得太紧而收缩开裂。

（6）电源开关及插座贴法：先关掉总电源，将壁纸盖过整个电源开关或插座，从中心点割出两条对角线，松开螺钉，将切开部位的纸缘折入盖内，再裁掉多余的部分即可。

108. 壁纸贴后要保护，自然阴干是关键

监工档案

关键词：自然阴干　开窗　收缩开裂

危害程度：中等

返工难度：无法返工

是否必须现场监工：务必现场监工

问题与隐患

很多业主喜欢用壁纸装饰墙面，不仅因为壁纸施工过程简单易行，还因为贴好的壁纸不易出现开裂现象。可是仍有一些业主发现，明明施工人员都是按规范施工，可是贴好的壁纸还是出现了裂纹，尤其是在秋天干燥的季节。事实上，要想壁纸不开裂，除了在铺贴的过程中要按规范施工外，对于贴好的壁纸的保护也很重要。正确的做法是，壁纸在贴好后要关闭门窗，让其自然阴干。然而在施工中，一些施工人员和业主在贴好壁纸后往往会打开门窗，想让壁纸快些干燥，结果导致壁纸因迅速失水而收缩开裂。

失败案例

杨女士很喜欢壁纸营造出来的温暖氛围，装修时特意将三间卧室全部贴了壁纸。施工过程中，由于使用了大量的胶黏剂，房间内的空气很不好，施工人员便打开了窗户，还说这样可以让壁纸干燥得快一些。杨女士也认为开窗通风不错。一直到贴完全部的壁纸，卧室的窗户一直都大开着。很快，杨女士吃惊地发现贴好的壁纸竟然鼓了起来，还出现几处细小的裂纹。施工时自己就在现场监工，而且几位施工人员干活都很认真，壁纸怎么还会开裂呢？在咨询过专业人士后，杨女士才得知壁纸开裂的元凶竟然是开窗通风，穿堂风让壁纸迅速失水，最后导致收缩开裂。

开裂的壁纸

现场监工

这一环节属于壁纸施工流程，业主应该亲自监工。

（1）贴壁纸之前一定要先在墙面涂刷一层基膜，既能防潮，又可以保护墙面在日后更换壁纸时不被破坏。

（2）壁纸贴完后要及时关闭门窗，阴干处理，时间最好在3天以上，避免因通风过度造成壁纸开裂。

（3）壁纸贴好3天后，可以用潮湿的毛巾轻轻擦去壁纸接缝处残留的壁纸胶。如果发现壁纸接缝开裂，可以用专用的壁纸胶修补，也可以抹些白乳胶处理。

（4）不仅壁纸，涂料同样要自然阴干，尤其是在干燥的秋季。如果担心室内空气污染，可以将窗户打开一条缝进行空气流通。

第10章 木工、涂装、铁艺施工中需要监工的细节

109. 门窗制作需监工，施工不当易变形

监工档案

关键词：门窗　底漆　空鼓　变形

危害程度：不大，但会带来相应的经济损失

返工难度：很大

是否必须现场监工：尽量现场监工

问题与隐患

虽然市面上出售的门窗种类繁多，有实木门、复合门、钢木门等，但许多业主仍然喜欢让木工制作木门窗。手艺高超的木工制作出来的木门窗做工精美，外观漂亮有个性，结实耐用。但是，木工制作的门窗往往容易变形开裂，尤其是在北方地区，门、门套、窗套和暖气罩等木制品都存在变形开裂的可能。除了因木制品自身含水率过高会导致木制品变形开裂外，施工不当也会造成变形开裂，如涂料涂刷不均匀、胶黏剂使用不均匀等。

失败案例

杨先生的新居装修时，虽然设计简单，但所用的建材和家具都是精品，仅

仅室内的几套木门就花了两万元，造价超出了预算的一倍。由于喜欢手工活，杨先生特意请了一位木工现场制作木门。木门做好后，外观大方、古朴，增加了室内的温馨感觉。然而，入住一年后，杨先生发现卧室的门怎么关也不如当初严丝合缝，他将门里门外仔仔细细地看了一遍，并没有发现有什么不对的地方。他又反复试了几次，无奈就是关不严。杨先生将门关上后，盯着不合缝的地方看了半天，终于发现门板与门套之间不合缝的原因是木门外侧一角出现了翘角，整扇门从侧面看已经不是一条水平线，怪不得木门怎么关也关不严。杨先生很纳闷，当初制作木门时，所用的木材都是优质木料，怎么会突然间就变形呢？

现场监工

手工活考验的就是木工的技艺和耐心，因此，制作木工活时，业主一定要亲自监工，防止施工人员在施工时敷衍了事。

（1）制作木门窗时，一定要选择含水率低的材质。一般要求木材的含水率小于或等于11.8%。含水率越低，木制品越不容易发生变形。制作工艺一定要严格按规范进行。制作完毕后，应立即涂刷一遍底漆，防止木材受潮变形。

（2）门窗框必须安装牢固，横平竖直。门窗扇与框吻合，缝隙不宜太大。

木工制作的装有玻璃的木门

（3）门窗框靠墙面一侧应做防腐处理，框与墙体间隙的填充材料一般为岩棉、矿棉、密封条等，起到保温、缓冲、密封的作用。

（4）合页安装应双面开槽，安装牢固。采用硬木制作的门窗，应先钻孔，再上螺钉。业主要严格监督施工人员，不能用锤子直接钉入螺钉。

（5）如果用手敲击门套侧面板有空鼓声，表明底层未垫衬细木工板，应拆除面板后加垫细木工板。

110. 楼房隔层设栏杆，栏杆高度需监工

监工档案

关键词：楼房　护栏　高度　宽度

危害程度：极大，涉及生命安全

返工难度：不大

是否必须现场监工：务必现场监工

问题与隐患

现代楼房设计中，一些顶层住宅的层高通常很高，业主可以自行打造隔层，将空间分成上下两层。常见的做法是夹层的面积占底层面积的一部分，夹层悬空的一侧不做墙壁或墙面后退，在平面的外边缘设计成栏杆或栏板，这样人在二层可以尽收底层情景，而站在底层也可以望见夹层上站着的人。这种设计最大的好处是空间开放、光线好，即使只有五六十平方米的房间，看上去也大得多，因此备受年轻人喜爱。当然，打造这种格局对施工的要求非常严格。然而，由于一些施工人员在施工过程中的不负责，致使其中存在着安全隐患，主要表现在：

一些施工人员偷工减料，没有责任心，私自降低夹层护栏的高度，致使站在护栏旁边的人存在翻越栏杆摔下来的危险，轻则伤筋动骨，重则摔成残疾甚至死亡。

失败案例

高女士家的新居位于顶层，有上下两层窗户，可以自行设计阁楼。装修时，高女士设计了一个半开放式的顶层阁楼，阁楼的面积只占底层面积的一半，外缘设计了护栏，有木质踏板做成的旋转楼梯直通顶层。站在阁楼扶着栏杆向下看，整个客厅一览无余，因此，全家人都喜欢站在二楼向下观看。可

是，有一天高女士的爱人喝醉了，跌跌撞撞地爬上阁楼，然后靠着扶手向下看，不料身子向前一倾，一个侧翻越过了栏杆。幸好他反应快，用一只手抓住了栏杆，整个人悬挂在栏杆上，大声地呼喊家人。家人赶过来，被眼前的情景吓坏了，手忙脚乱地把他弄了下来。回想那惊险的一幕，高女士仍是心有余悸。随后，高女士及时拆除了原有的护栏，重新安装了一道加高、加密的护栏。

现场监工

这一环节要求业主监工，但由于栏杆可拆可卸，因此业主也可事后监工。

（1）室内的楼梯扶手和栏杆的高度一定要符合国家规范。如果家人身高较高，可以依身高比例增加扶手的高度，最好能超过腰部以上，防止家人在弯腰时因疏忽而摔落。

（2）护栏高度、栏杆间距、安装位置一定要严格按照设计要求安装，安装后不能有小孩可以钻过的空隙。如果家里有老人或者小孩，一定要考虑到他们的人身安全。

（3）如果安装木楼梯，一定要选择上等的树种、材质，还要有较好的防火、防虫及防腐功能。踢脚线、踏步及帮板等的制作一定要符合设计要求，使整座楼梯坚实牢固。

室内二层阁楼的护栏适宜安装高护栏

111. 工艺细节有更改，坚持己见不动摇

监工档案

关键词：细节　变更

危害程度：不大，但会增加成本或影响美观

返工难度：不大

是否必须现场监工：不涉及监工

问题与隐患

在现代家庭装修中，一些年轻业主为了追求个性、与众不同，通常会自己进行设计，然后再请装修队施工。装修出来的小家个性化十足，既体现了业主的个性，又满足了对家庭的需要。然而，这样的设计往往会在装修过程中存在以下问题：

（1）业主在设计方案存在遗漏或者对设计方案中部分内容尚未确定的情况下，催促施工方进行施工，导致装修风格不确定。

（2）在施工过程中，一些施工人员如果认为部分个性化的设计方案实施起来比较麻烦，往往会进行干扰，如以自己的经验说服业主改变主意，或在监工不严的情况下偷工减料，蒙混过关等。结果会造成装修风格变味，最后令人感觉不伦不类。

可见，这一环节的监工重在坚持己见，在施工过程中，业主应坚持“改小不动大”的原则，即一些小细节可以改动，但大方向坚决不动。

失败案例

小王夫妇是一对自由职业者，两人工作生活都在一起。结合二人与众不同的生活方式，他们将自己的小家特意设计了一番：保持了房屋的原始结构，色

调以白色为主，家具大方美观，没有多余的色彩和装饰，在这样的环境下，两人可以长时间待在屋里也不会觉得烦躁。当然，新居也不能太单调，他们又在卧室里设计了一个摆放小工艺品的工艺架。然而，在装修过程中，施工人员觉得小王夫妇设计的工艺架太复杂了，声称手工活做不出来，即使做出来也没有那么好的效果。于是，小王夫妇临时在计算机上找了一个图样，但施工人员仍然背着他们进行了调整。工艺架做好后，整体造型呈正方形，里面分成若干小正方形，只能摆放一些巴掌大的小物件。看着眼前这个造型怪异又不实用的工艺架，小王夫妇真是哭笑不得。

现场监工

这一环节建议找一位有主见的家人监工。可以事后监工，因为如果业主决心坚定，施工人员是不敢轻易更改的，否则要坚持返工。

（1）如果自己设计装修方案，可以多在网上查找相关效果图、多看样板房；如果家庭成员统一不了装修风格，不妨找几家信誉不错的装修设计公司听听他们的建议。在施工前一定要将方案定下来，不要抱着侥幸心理在现场找灵感，否则不仅找不到灵感，还有可能被施工人员牵着走。

（2）找施工队时，一定要事先将设计图给主管人员过目，让对方确认细节能否做到；在签合同时，将对方的承诺一一写入合同，可以防止施工人员在施工过程中找其他理由更改方案。

（3）如果在装修过程中出现了家庭成员之间、家庭成员与施工人员之间意见不统一的情况，这时需要做的是暂停施工，想办法统一意见。如果实在统一不了，那么就要“团结内部，一致对外”，因为家还是业主自己住，对施工人员来说，他们巴不得施工越简单越好，尽早完工、尽早结账就可以接下一个工程。因此，不管哪一方妥协，一定不要赌气，装修还是要进行下去，心情不好肯定会影响装修效果。

112. 打造大衣柜，女主人监工效果好

监工档案

关键词：大衣柜　按图施工

危害程度：不大，但影响美观

返工难度：无法返工

是否必须现场监工：尽量现场监工

问题与隐患

在家庭装修中，拥有一组超大又实用的大衣柜是许多女主人的要求，其中，让施工人员按自己的需求做的衣柜无疑是最合心意的，结实耐用且造型独特。制作高质量的衣柜，不仅要求施工人员有精湛的技艺，而且还要有制作不同种类衣柜的经验。但在施工过程中，经常出现粗制滥造，制成的大衣柜与业主的设计谬之千里的情况。在施工过程中主要存在以下问题：

（1）化繁为简。一些施工人员借口自己有丰富的经验，私自更改业主的设计图，将一些施工复杂的设计更改为简单工程，如将小巧的抽屉改成笨重的大抽屉，将柜门上造型复杂的图案改为简洁的线条，将施工复杂的推拉门改为开关门等。

（2）做工粗糙。一些施工人员即使按照设计图施工，但在需要精细做工的细节处粗制滥造，在业主验收不力的情况下蒙混过关。

失败案例

小张夫妇是一对结婚不久的白领，考虑到两人的衣服比较多，二人商量后决定请施工人员打造一个超大型的衣柜。夫妻俩逛了好几处家居店，回来后设计了一张衣柜图，然后告诉施工人员一定要照着设计图做。随后两人向公司请了年假准备监工。水路和电路改造这一重头环节完工后，两人觉得装修公司的

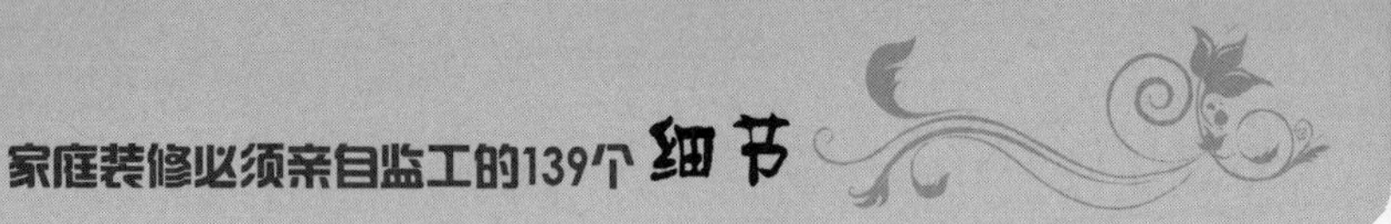

施工还不错，于是决定放弃监工外出旅游。原来，他们二人结婚后由于工作忙一直没有度蜜月，此时难得两人同时休假，何不趁此机会补一个蜜月，蜜月回来后正好新居也装修好了。想法一出，两人一拍即合。至于装修嘛，一则有详细的设计图，二则施工人员看上去很可靠。于是，他们对施工人员叮嘱一番后翩然而去。一星期后，小张夫妇度假回来，木工活已经完工，超大型的衣柜矗立在卧室里。他们打开柜门一看，衣柜内的格局好像不对劲，两人找出备用的设计图仔细对照，终于发现了问题所在：原本衣柜内设计的准备放领带、袜子和内衣的小巧抽屉不翼而飞，取而代之的是笨重的大抽屉，大到足可以放下一床被子。小张夫妇质问施工人员怎么做得这么大，对方解释说以前做过一些小抽屉，后来业主都后悔了，还是大抽屉放的东西多，所以担心小张夫妇没经验日后会后悔，就自作主张地将小抽屉改成了大的。听着施工人员善意的解释，看着成形的大衣柜，二人只能摇头叹气。

现场监工

对于大衣柜，女主人使用的频率远胜于男主人，对衣柜尺寸和设计的需求也比男主人更明确具体，甚至对衣柜内存放袜子的十字格抽屉的划分都有着亲身体验和独特要求。因此，制作大衣柜时建议由女主人监工，因为男主人大多不拘小节，容易受施工人员的左右。

（1）多跑几家家居店，索取海报，对心仪的衣柜拍照，仔细研究，最后再综合各自的优点画出衣柜设计图。

（2）监督施工人员是否按图制作。许多施工人员并不懂业主画的立体效果图，如果业主只是向施工人员描述一两次衣柜的样子，很难保证他们在施工时会严格按照图样施工。也有一些施工人员觉得业主的图样实施起来很复杂，在无人监工的情况下，他们往往会在施工过程中化繁为简。因此，在制作衣柜时，如果只是传统的内部只有一根挂

带有个性小抽屉的大衣柜

衣杆的大衣柜，业主可以不监工，除此之外，一定要现场监工。

（3）监工衣柜内的特殊结构或是细节部分。现在的衣柜设计合理，划分科学，不仅有悬挂外套、长裤、裙子的大空间，还有叠放毛衫、毛裤的小空间，存放内衣、内裤的小抽屉，甚至有收纳袜子的带有十字格的小抽屉，可谓一个衣柜就是一个大世界。因此，如果业主家的衣柜设计中有上述格局，尤其是有一些小巧精致、别有用途的小抽屉时，一定要亲自监工，抽屉的尺寸和位置一定要让施工人员严格依图制作，不要因为麻烦费时而随意改变。

（4）对于怎样设计好一个衣柜，业主可以带着施工人员到家居店观看衣柜产品，然后和施工人员商量怎样做才能保证原汁原味，尽量避免返工，浪费木料。

（5）在监工过程中，最重要的是拿定主意。千万不要摇摆不定，否则施工人员做出来的东西连他自己都看着别扭，更不要说业主了。

113. 推拉门安全最重要，监督施工人员多加防撞条

监工档案

关键词：推拉门　高度　防撞条

危害程度：很大，涉及人身安全

返工难度：很大

是否必须现场监工：务必现场监工

问题与隐患

在现代家庭装修中，推拉门的使用越来越频繁。推拉门占用空间小、通透性好，广受业主们的喜爱。然而，在施工过程中存在以下问题：

（1）一些装修公司为了美观，使用大尺寸且没有防撞条的推拉门，尤其是塑钢材质的推拉门，由于其自身质量轻、稳定性差，很容易产生碰撞，导致玻

璃碎裂或滑出轨道。

（2）制作门窗的商家偷工减料，打着“气派、漂亮、流行”的旗号蒙骗业主，不使用或少使用防撞条，结果导致推拉门不结实、易被撞碎。

失败案例

陈先生的新居位于顶层，由于是阁楼，层高最高处达3m多。装修时，为了使空间看上去宽敞一些，装修公司设计了开放式厨房，可是陈先生觉得爱人喜欢下厨，煎、炒、炸、烹菜肴时产生的油烟很大，这样容易弄脏客厅。装修公司在听取了陈先生的建议后，在餐厅和客厅之间设计了一道玻璃推拉门。这样，做饭时关上推拉门可以很好地阻止油烟进入客厅，平时打开推拉门又可以让餐厅和客厅连为一体，增加室内的通透性。陈先生对此很满意。可是，当推拉门安装好后，陈先生发现了问题。原来，餐厅和客厅的交界处位于层高的最高处，装修公司制作的推拉门从地面直通到吊顶，高达3m。这么大的玻璃门只在离地面80cm处安装了防撞条，此外就是一大块玻璃。由于使用的是塑钢框架，陈先生轻轻一碰，推拉门就开始摇晃，让他担心推拉门会从轨道里晃出来。施工人员解释说，以往那种分隔成小块的推拉门已经过时，现在业主都追求这种大而通透的门窗，看上去显得气派；如果日后觉得不安全，随时可以再加几根防撞条。听对方这么说，陈先生只好默认了。谁知入住后，陈先生刚满周岁的儿子开始学走路，小家伙最喜欢在地上跌跌撞撞地走，有几次险些撞上推拉门，幸好家人及时发现抱住了儿子。陈先生看着这个危险的“庞然大物”，为了儿子的安全，最后决定将推拉门卸下来放置在另一个房间内。

玻璃门作隔断越来越追求高大宽敞，但存在安全隐患

现场监工

推拉门的安装属于后期工作，因此，如果业主抽不出时间，可以事后监

工。如果发现施工有问题，要坚决返工。否则，日后即使想增加几根防撞条，往往也会因搬运麻烦而难以实现。

（1）尺寸偏大的推拉门一定要使用多根防撞条（横挡）。防撞条是用在推拉门框架中，用于保护玻璃的横挡。塑钢材质的推拉门由于材质轻而薄，稳定性较差，因此，制作时最好多做几条防撞条。

（2）如果是手工制作的木质推拉门，安装时一定要将下轨道嵌进地板里，或者选择门轨在上方的推拉门。

（3）选购质量上乘的推拉门。选购时，要从以下四点入手：

1）门框材料和门板厚度。滑动门使用的边框材料有碳钢材料及铝钛合金材料等，其中铝钛合金材料最为坚固耐用。门板最好选择厚度为10mm或12mm的板材，使用起来稳定、耐用。

2）滑轮。选购滑轮的关键点是底轮的承重能力和灵活性。市场上滑轮的材质有塑料滑轮、金属滑轮和玻璃纤维滑轮等。其中玻璃纤维滑轮韧性及耐磨性好，滑动顺畅，经久耐用。

3）轨道。选购轨道的关键点是轨道定位和减振装置。

4）密封性。应尽量选择间隔小、毛条密的产品，杜绝灰尘的侵入。好的推拉门拉起来平滑，没有噪声和杂音，沉稳且轻滑；差的则有噪声和跳动感。因此，业主在选购时最好进行多种比较，仔细挑选。

114. 衣柜与墙体巧连接，施工不当易开裂

监工档案

关键词：衣柜　墙体连接　防潮　开裂

危害程度：不大

返工难度：很大

是否必须现场监工：尽量现场监工

问题与隐患

许多业主喜欢自制大衣柜，然后将做好的大衣柜固定在一面墙上，这种嵌入式衣柜使得衣柜与墙面自成一体，看上去整齐大方。不要小看这一固定方法，它有着自己独特的施工要求。如当衣柜的侧面与墙面在同一平面时，应先压上去一根木线。然而，在实际装修过程中，施工人员由于偷懒，往往将衣柜的背面直接与墙体连接，由于木材与墙体膨胀系数不同，结果造成衣柜板与墙面剥离。

失败案例

谢女士家打造大衣柜时，虽然有父亲帮忙监工，但因为老人家不懂木工活，结果还是被蒙骗了。装修时，谢女士考虑到一家三口的衣服较多，就让装修公司设计了一面嵌入式大衣柜。施工时，谢女士的父亲亲眼看着施工人员将衣柜和墙体连接，自己还特意用手使劲推了几次，衣柜岿然不动。于是父亲打电话告诉女儿说施工没问题。入住一年后，谢女士在打扫卧室时，无意间发现衣柜与墙面、顶楼板之间出现了裂缝，而且裂缝还在增长。这可怎么办？由于这条裂缝正对着卧室门口，每次进房间都能看到这条大裂缝，而且任由其发展下去的话，衣柜和墙面一定会剥离开。谢女士通过朋友找到一位经验丰富的施工人员，对方上门检查了一番，告诉谢女士这是施工人员安装方法错误造成的，唯一的解决方法就是将衣柜和墙面彻底剥离开后再重新嵌入。看着一天天变大的裂缝，谢女士决定按对方说的方法做，虽然补救起来很麻烦，总比天天看着那条裂缝要好得多。

现场监工

这一环节业主一定要亲自监工。

（1）施工人员一定要严格按照规范施工。当木板与墙体连接时，应在接触墙体的木板两侧分别安装一条木线固定，避免木板与墙体因膨胀系数不同而裂开。这在家庭装修中是最常出现的。

（2）橱柜、衣柜等木制品与墙体的交接面要做防潮处理，防止日后因墙体泛潮造成开裂。

（3）如果木板与墙体开裂，一定要找专业施工人员修补，千万不要自己动手，以免造成更大的开裂。

115. 鞋柜空间要划分，监督施工人员莫偷懒

监工档案

关键词：鞋柜　合理利用空间

危害程度：不大

返工难度：很大

是否必须现场监工：尽量现场监工

问题与隐患

由于每个家庭都拥有多种款式的鞋子，在装修时很多业主会让施工人员打制鞋柜，既实惠又实用。可别小看这一环节，设计得体的鞋柜可以给业主的爱鞋一个好的“家”，不但便于业主打扫，还有去除异味的功能。然而，在制作过程中，由于一些施工人员粗制滥造，鞋柜往往不能物尽其用，且成为居室内一个“脏臭乱”的发源地，给业主带来不小的烦恼。在制作鞋柜时主要存在以下问题：

（1）鞋柜的空间划分不合理。一些施工人员还抱有旧观念，误以为鞋柜就是打两层隔板，却不知道现代家庭拥有的鞋子款式不一，结果往往导致女主人的高筒靴只能躺着放。

（2）鞋柜隔板固定结实，致使隔板上的死角难以清扫干净。

可见，鞋柜的打制不是一个简单的不起眼的活儿，它需要设计，更需要监工。

失败案例

小杨最近正为自己家里的鞋柜烦恼着。原来，小杨是一位爱美的女士，平时喜欢逛街买衣服、鞋子，各个季节不同款式的鞋子有很多双，这还没有算上老公的鞋。当初装修新居时，小杨本想去家居店里看看设计师的鞋柜作品作为参考，却被老公阻止了，老公说鞋柜能放鞋就行了，哪儿还需要设计啊？小杨想想也是，于是让施工人员照着自己的经验做就行。鞋柜做好后，小杨发现柜内只有四层隔板，心想这大概是鞋柜中最简单的款式了。她试着将自己的鞋放进去，长度正好占满了隔板的宽度，想到老公的鞋要比自己的大好几码，一定放不下。施工人员见小杨不高兴的样子，解释说如果隔板太宽了，鞋柜看上去很难看。想想已经做好了，小杨也只好接受了。谁知入住后，随着更换的鞋越来越多，小杨觉得鞋柜做得很不合理：由于鞋柜内没有划分区域，自己的高筒靴只能折起来塞进去；而窄窄的隔板很窄，使得老公的鞋只能横着放；鞋柜的打扫也成了问题，固定了的隔板角落成了尘土的聚集地，很难清理干净。结果每次打开鞋柜，就会钻出一股异味。

现场监工

这一环节建议女主人监工。因为女主人拥有的鞋子相对来说一般是家里最多的，为了给爱鞋找一个舒适的“家”，也为了日后打扫卫生方便，监工是必需的。由于鞋柜不像大衣柜那样精细，返工成本高，因此业主可以事后监工。

（1）鞋柜是进入室内的第一个视觉重点，在颜色、造型和风格上要求与整体的居室风格相统一。

（2）制作鞋柜时，一定要根据家庭成员的构成来设计鞋柜的尺寸和格局。如今鞋子的款式越来越多样化，如长筒靴、短靴、系带凉鞋、拖鞋等，不可能让所有的鞋都塞在同一个高度的隔板上，这样做不但损伤鞋子，还会浪费空间。因此，需要将鞋柜设计成多个高低不一的空间，用来存放不同款式的鞋子。但这样的做法，比起高度一致、毫无格局可言的传统鞋柜要费时费力些，在无人设计与监工的情况下，施工人员自然会首选后者。

（3）鞋柜里的隔板最好做成活动式，并预留多个不同的高度，可以随意调节，方便放置各式鞋子，同时也能使鞋子上的泥土灰尘直接掉落到最底层，方便清理。不过，这样做对于施工人员来说，相对麻烦一点，他们往往会图省事，因此业主需要重点监工。鞋柜最好用百叶门，可以防止柜内积蓄异味。如果居室面积较大，鞋柜选择的余地会相对大些，可以安装双门、层高和功能齐全的鞋柜，还可单独配置换鞋凳、雨伞桶等；如果居室小，可以选择“挂”在墙上的组合型鞋柜，如一只只鞋盒一般，很节省空间，造型也很特别。

放在门背后的鞋柜

（4）鞋柜的隔板不要做到头，留一点空间好让鞋子上的尘土能落到最底层，保持柜内空间的干净。

116. 书柜制作是大件，按图施工严监督

监工档案

关键词：书柜　隔板长度　变形

危害程度：不大

返工难度：无法返工

是否必须现场监工：务必现场监工

问题与隐患

装修时，很多家庭都设有单独的书房，因此，书柜是必备的。除了购买

价格昂贵的成品书柜外，一些藏书丰富的家庭都会选择自己设计、找木工打制嵌入式大书柜。制作书柜通常用的板材是细木工板和夹板组合，封边用实木线条。然而，在施工过程中，为了美观大方，也为了省工省时，施工人员通常会把书柜的横隔板做得很长，由于书柜内的竖隔板承托力不够大，再加上书柜的书日益增多，天长日久，横隔板会因承受不了重压而弯曲变形，严重时会断裂。因此，在打制书柜时，业主监工必不可少。

失败案例

崔先生是某杂志社编辑，新居装修时，他翻看了多本杂志后设计了一款美观大方的嵌入式大书柜，将设计图交给施工人员后就安心地去上班了。几天后，书柜做好了。崔先生第一次看到了自己设计的书柜，看起来比他预想的还要气派，没想到自己的设计原来这么出彩。崔先生按自己事先划分的分类给书柜贴上标签，有时尚杂志、中外名著、旅游、养生健康等，可是才贴了几个标签就没有空间了。这怎么可能呢？当初设计书架时是按分类设计的，而且还多出了两个空间，用来放综合类的书，现在怎么不够了呢？崔先生仔细地数了数隔板，终于找到了问题，原来隔板的数量和自己设计的并不一样，每一层都少了一个。施工人员告诉崔先生，自己私自增加了横隔板的长度，这样比设计图更美观大方，你们年轻人不是都追求大方整齐嘛！崔先生量了一下隔板，整整长90cm，跨度这么大的隔板，下面又没有支撑点，时间长了会不会折弯啊？施工人员保证说绝不会弯。入住后，当崔先生把上千本书依次摆放在书架上时，整体上更加气派，这让崔先生的心理稍微平衡了一些。然而，好景不长，在一次整理书柜时，崔先生无意间发现书柜隔板“弯”下了腰。崔先生找到施工人员，对方说只能是在每块隔板中间用木板支撑，但是会影响美观。过了一段时间，隔板终于不堪重负从中间断裂了。看着一脸无奈的施工人员，崔先生只能后悔自己当初没有监工。

现场监工

不管是嵌入式大书柜还是独立式书柜，书柜的制作都是家具的重头戏，耗资不低。因此，业主监工是必不可少的。

（1）依图制作。开工前，业主要将书架的尺寸详细地标清楚，监督施工人员一定要按图样要求进行施工，不能私自增减尺寸。如果在施工中需要改变尺寸，施工人员必须事先通知业主，得到业主的许可后方能施工。

书柜隔板的长度一般不超过80cm，否则容易压弯变形

（2）监工书柜隔板的长度。隔板的长度不宜超过80cm。隔板下面应该有金属制成的衬梁，保证隔板有足够的承托力，避免日久天长被书压弯变形。

117. 博古架、酒柜，设计越简单越好

监工档案

关键词：功能多　花哨　积灰　不实用

危害程度：小

返工难度：不用返工

是否必须现场监工：有条件可现场监工

问题与隐患

现代装修中，许多业主追求家具大而全，功能多样化，如酒柜和设计复杂的博古架，而一些装修设计师也追求花哨浮夸的风格，致使设计不实用，最后

只能沦为摆设，容易积灰打扫起来还费时费力。

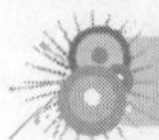

失败案例

庄先生的婚房是父母出资购买装修的三室一厅，考虑到将来小两口住比较冷清，庄妈妈请装修公司打造了一个设计豪华、功能齐全的婚房。客厅和餐厅都设计了博古架，造型繁杂，既可以陈列大型的装饰品，也可以摆放小物件，甚至还可以当书架使用，可谓功能齐全。看到设计图时，庄先生曾提出设计一个博古架就足够，家里没有那么多的物品需要陈列摆放，可设计师认为这是为将来考虑的，年轻人爱旅游，过个三年五年总能积攒好多新奇物件。而庄妈妈也觉得设计很棒。庄先生只得接受了。更离谱的是设计师还在餐厅的北阳台上打了一个酒柜，而酒柜紧挨着的就是暖气。这让不喝酒的庄先生倍感困惑。设计师的用意是为了将来庄先生喜欢收藏红酒准备的。一切正如庄先生所预料，入住几年后，两个博古架还是没怎么派上用场。其中一个空空如也，积满了灰尘；另一个堆满了废弃不用的瓶瓶罐罐。至于那个酒柜，因空间有限，既不能存放杂物，还积满了灰尘难以清洁。

现场监工

（1）在装修时，如果是业主自己装修，最好依照自己的生活方式进行设计，千万不要脱离自己的生活，追求设计时尚功能齐全；如果是由父母出资装修，业主最好和父母达成一致，尊重自己的生活方式，否则住进去后看着别扭住着也不舒服，还会造成金钱的浪费。

（2）对于自己现在不用以后可能会用的设计，如酒柜等，最好不要装。即使将来真的有用，也可以购买成品家具，可选择性多，好看又实用。关键是可以节省空间，还能减少日后不必要的打扫。

（3）装修设计越简单越好。对于那些设计繁杂、造型奇特的装修，当时看着好看，时间长了难免会觉得烦琐不实用，只能成为一个灰尘收集器。相反，那些看似简单的设计往往经久不衰。因此，在装修初期，尤其是第一次买房装修的业主，尽量选择简单大方的装修，抛弃繁复冗杂的装修。

118. 储藏柜加隔板，坚决不要“大肚子”

监工档案

关键词：储藏柜　隔板　大肚子

危害程度：不大

返工难度：无法返工，只能重做

是否必须现场监工：尽量现场监工

问题与隐患

装修过程中，多数业主都会制作几个储藏柜，用来存放日常生活中积累的闲置物品。然而，一些施工人员为了省时省力，往往会制作一个简单的、没有任何分隔的“大肚子”式储藏柜，给业主找物品带来麻烦。

失败案例

张女士很节约，平日里舍不得扔东西，结果家里的闲置物品越来越多。在装修新居时，她特意让木工做了几个储藏柜，其中最大的一个放在阳台上。几天后，施工人员就完成了所有的活儿。张女士在阳台上看到了一个很大的柜子，柜子里空空的，没有一块隔板。施工人员解释说这样做可以放很多东西，尤其是能放一些较大的物品。虽然觉得施工人员是在偷懒，但张女士觉得还是有一定道理，闲置的小物品可以放在其他的储藏柜里，而大件物品正好放在这个柜子里。然而，事情却并不像张女士想象的那样。在日积月累的生活中，一些闲置的物品都被一股脑地塞进了大肚子储藏柜里。每次找东西都让张女士犯愁，因为柜门打开后里面的物品就会像开闸的水一样冲出来，掉落一地。好不容易在一堆杂物中找到需要的东西后，还要一件件地把其他物品塞进去，实在是一件费力的事。

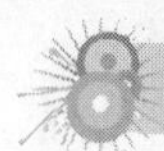
现场监工

储藏柜虽然不需要像大衣柜一样事先合理规划，但也应该做到分隔空间，哪怕是加几个简单的隔板，都会大大方便归置物品。如果业主没有时间现场监工，可事后监工。如果发现柜子是“大肚罗汉”，一定要坚持返工。

（1）储藏柜一定要考虑储物功能——最大限度地利用储藏柜的空间。选择打制嵌入式的储藏柜时，最好参照专业衣柜的分隔方法，可以有效地利用储物柜的空间，如设置大小不同的上衣、大衣、长裤收纳的空间和抽屉，抽屉内可以放置储物格，用来存放内衣或者一些零碎的小东西。隔板最好做成活动式，方便使用。隔板和抽屉最好选用中密度板，这种板光滑干净、不易吸潮、不易染色。

简单的储藏柜

（2）如果房间比较小，储藏空间可以设置在厨房或餐厅，主卧的阳台也是很好的选择。由于阳台的环境比较恶劣，在阳台顶端上打造储藏柜时，可以在柜子背面加一层泡沫塑料板，隔热防水效果很好。柜门最好用防火板，不易变形。

（3）设计储藏空间时，业主要先选择适合自己的储藏方式。储藏方式有独立式及嵌入式等。独立式家具一般可以移动，如购买成品家具、橱柜等；嵌入式家具是永久性的，造价也较高，但可以有效地利用现有的空间，而且可以与新居装饰风格完美结合。

119. 涂装施工有规范，监督施工人员别偷懒

监工档案

关键词：涂料　种类　控制使用量

危害程度：很大

返工难度：无法返工

是否必须现场监工：尽量现场监工

问题与隐患

木工活完工后，接着上场的就是涂装施工。家装中常用的涂料有水性漆和油性漆两种，前者以水为稀释剂，是一种安全无毒的环保涂料；后者以硝基漆、聚酯漆为主，本身具有污染性，在稀释过程中又需要加入大量含有苯等有毒物质的有机溶剂，成为家庭装修中重要的污染物。然而由于油性漆漆膜比水性漆丰满，硬度较水性漆好，因此，很多业主仍会选择油性漆。在施工过程中，油性漆对漆工的技艺有着较高的要求。一些施工人员在施工时不负责任，结果会造成漆膜厚度不一，出现色差。

失败案例

装修还没结束，赵先生就因为涂料施工生了一肚子闷气。原来，涂装家具时，赵先生因装修劳累生了病，虽然不能全天监工，但他仍然抽时间不时去现场查看一下。到了新居，赵先生发现两名施工人员正坐在一起聊天，大衣柜有一半已经涂装好了，施工人员看赵先生到了，笑着说歇一会儿再干。随后，赵先生看着施工人员将剩下未涂装的部分刷上了涂料。第二天，赵先生再次去现场时，施工人员告诉他涂装施工快要完工了。施工前，赵先生了解到涂料最少要刷两遍，等第一道涂料干透后再进行下一道的涂装施工，这么短的时间内怎么可能将这么多木器刷两遍涂料呢？他说出了自己的疑问。施工人员解释说

他们是按规范施工的，做这一行也好几年了，涂装的时间心里有数，请赵先生放心。几天后，赵先生发现大衣柜有一扇柜门的颜色明显浅一些。他打电话找来施工人员，对方说可以将这扇门补刷一次。谁知再次上漆的柜门颜色又变深了。赵先生要求返工，可施工人员说什么也不做补救了，他告诉赵先生这是因为天气太潮湿的缘故，再刷还是会变成这样的。对方推卸责任的态度让赵先生十分生气，可又找不到好的解决方法，最后只得扣除部分工钱。

现场监工

（1）装修时最好选择水性漆，尤其是在卧室、书房、客厅等家人停留时间较长的地方。目前市场上的内外墙涂料、木器漆、金属漆都有各自相对应的水性漆，业主可以按需进行选购。

（2）房间铺设完地砖或木地板后再进行涂装。没铺地砖或木地板的房间，空气中通常有很多粉尘，在这种情况下刷木器漆，粉尘容易附着在刷过木器漆的木制品表面，使得漆面干透后摸上去有刺刺的感觉。虽然可以通过砂纸打磨的方法修补，但最后出来的整体效果会打折扣。而在房间铺完地砖后再涂装，空气里的粉尘含量会减少很多，基本不会出现刷过一遍木器漆后粉尘附着在木制品表面的情况。

（3）一定要按规范进行施工，防止因为工艺不规范而造成室内空气中苯含量过高，导致中毒、爆炸和火灾等事故发生。施工现场应尽量通风换气，以减少工作场所空气中的苯对人体的危害。在施工现场不能吸烟或扔烟头。施工现场要配备灭火器。

（4）在涂装过程中，业主应重点监督施工人员以下六点：①一件家具的涂装最好一气呵成，中间不要停顿，否则容易造成漆膜厚度不一，出现色差；②尽量不要在潮湿的天气进行涂装；③等第一道涂料干透后再进行下一道涂装施工；④金属面的涂装要进行防锈处理；⑤天气太冷时不要涂装，否则涂装质量会变差；⑥涂装木门时，要用美纹纸贴住铰链和门锁。

（5）为减少涂料中的有害物质散发，尽量减少涂料的使用量。如果需要现场做木家具，在涂装时，可以在家具外面容易磨损的部位使用油性漆，内部看不到的部位刷水性漆，尤其是鞋柜、衣柜等通风较差的柜体，内部涂装尽量使用水性漆。

第11章 灯具、洁具、电器安装中需要监工的细节

120. 安装吊灯需监工，防止吊灯成“掉灯”

监工档案

关键词：吊灯　膨胀螺栓　掉灯

危害程度：极大，涉及人身安全

返工难度：不大

是否必须现场监工：务必现场监工

问题与隐患

在家庭装修中，选择一款漂亮的吊灯悬挂在客厅是必不可少的，很能提升客厅的魅力。吊灯的材质多种多样，有玻璃、水晶、铁艺等，造型复杂多变。由于吊灯质量很大，在安装吊灯时对施工的要求是很严格的。正确的做法是，质量小的吊灯通过电钻用膨胀螺栓将其固定在顶棚上，体积或质量较大的吊灯必须在顶棚设置支架悬挂。不要小看这一环节，在家庭装修中，由于施工人员偷懒不按规范施工，可能会造成吊灯掉下来砸到人的后果。在安装过程中主要存在以下问题：

（1）由于业主的疏忽，误认为安装灯具是很简单的事，安装时不在现场监工，而是任由施工人员接好电线挂上去；有的业主甚至自己接线安装吊灯，结

果使得吊灯成为头顶上的一颗“定时炸弹”。

（2）一些施工人员趁业主不注意，直接将吊灯接在顶棚原有的电线上，或者安装在吊顶的龙骨上。由于龙骨的承重能力有限，当吊灯的质量超出了龙骨所能承载的限度时，灾难就会从天而降。

因此，安装吊灯时，业主一定要紧盯着施工人员施工，防止吊灯成“掉灯”。

失败案例

韦先生的新居装修豪华，客厅里悬挂着华丽的水晶吊灯，价格昂贵。晚上打开灯，整个客厅就像是一座水晶宫一样耀眼。于是，吊灯成为韦先生整个家庭装修中最大的亮点。

春节来临，韦先生一家人正在打扫卫生，突然，一声清脆的巨响震惊了家人，回头一看，眼前的一幕让一家人都呆住了：客厅中央令他们引以为荣的华丽水晶灯现在成了一地碎玻璃！韦先生的爱人清扫了现场，韦先生打电话给物业人员，对方检查一番后说出了其中原因。原来，韦先生家硕大的吊灯竟然是直接挂在了吊顶龙骨上，并没有在顶棚设置支架悬挂。看着碎裂的吊灯，韦先生除了觉得心疼，更多的是后怕，如果当时有人正好站在吊灯下，后果将不堪设想。

现场监工

现在灯具制作精美、华丽、材质多样，质量自然也很大。如果像过去的灯泡一样简单地将吊灯挂在原有的电线上，随时都存在掉下来的危险。因此，安装吊灯时业主一定要现场亲自监工。

（1）如果房子的面积不是特别大，最好不要选择水晶类的容易破碎的大型吊灯，可以挑选一些木质或者仿羊皮质地的灯具，虽然不及水晶吊灯华丽，但别有一番情调，而且质量轻，即使掉下来，也不容易造成大量的碎片伤害到人。

（2）在安装吊灯时，不管是什么样的材质，一定要让施工人员在房屋顶棚上做好灯具支架，将灯具直接固定在屋顶。尤其是质量大于3kg的大型灯具是绝对不能直接挂在龙骨上的，否则很容易发生坠落。这一点极其重要，业主一定要紧盯着施工人员施工。有些吊灯需要先将底座用膨胀螺栓固定在房顶，再将灯固定在底座上，此时业主务必要监督施工人员使用膨胀螺栓，切不可偷懒使用普通螺栓。

（3）卫生间里的吸顶灯要选择轻便、带有防水功能的类型。如果是轻便的吸顶灯，可以直接安装在铝扣板龙骨上，但如果是造型复杂的灯具同样不能直接挂在铝扣板的龙骨上。此外，由于卫生间环境潮湿，且又不常通风，灯泡会有突然碎裂的危险，最好定期更换。

（4）在装修设计中，如果准备安装壁灯，墙面最好不要使用易燃的装饰材料（如壁纸等），否则，如果壁灯开的时间过长，会导致墙面局部变色，严重时会引起墙面着火。最好选择有较长拉杆并伸出墙面的壁灯，或者有灯罩保护的壁灯。同时，在安装壁灯时一定要与墙面保持一定的距离。

（5）在餐厅里安装吊灯时，最好不要固定在餐厅吊顶的正中位置，以免吊灯不在餐桌的正上方。除吊灯外，餐厅还应配有其他光源，一是因为大多数吊灯的亮度都不够，二是安装几个壁灯或者台灯可以在一些特殊的节日调节用餐氛围。

121. 安装窗帘杆，施工有规范

监工档案

关键词：窗帘杆　高度　材料

危害程度：中等

返工难度：不大

是否必须现场监工：尽量现场监工

问题与隐患

家庭装修中，一款漂亮的窗帘往往是最好的布艺装饰。为了阻挡噪声进入

及防寒保暖，现代家庭多数喜欢悬挂厚重的窗帘。要承载起这类厚重的窗帘，关键在于窗帘杆的安装。可别小看安装窗帘杆，正确的做法应是将窗帘杆固定在较厚的保温层内墙上。然而，在施工过程中，一些施工人员为了省事，通常只将窗帘杆简单地固定在保温墙的石膏板上，结果导致窗帘杆不堪重负，日久天长变得松动，严重时会脱落下来。

失败案例

温女士的新居临街，无论白天还是晚上都充斥着来来往往的汽车噪声。为了有个好睡眠，温女士特意购买了双层加厚隔声窗帘。窗帘装好后，温女士睡觉时都会将窗帘拉上，有时在家休息，窗帘也整天拉着。入住半年后，温女士每次拉动窗帘，总感觉窗帘杆晃晃悠悠，像要掉下来。开始时，温女士还以为是窗帘太重了才有这种感觉，谁知过了一段时间，窗帘杆很明显地一头高一头低，靠墙一边的窗帘竟然拖到了地板上，每次擦地板时窗帘都被弄得很脏。温女士仔细地查看了窗帘，这才发现窗帘杆脱落了原位。随后温女士找人固定了几次，可过不了几天窗帘杆又恢复了原样。直到最后一次，一位有经验的施工人员告诉温女士，她家的窗帘杆在安装时只是简单地固定在墙面上，没有在墙里嵌入木方，所以才会脱落。果然，按照这位施工人员的方法加以固定后，温女士家的窗帘再也没有脱落过。

脱落的窗帘杆暂时用绳子固定

现场监工

安装窗帘杆虽然不是很难的技术活，但施工人员往往会投机取巧，所以业主一定要现场监工，因为窗帘杆屡次脱落是一件让人非常闹心的事。

（1）监督施工人员一定要按照正确的方式施工。如果需要挂窗帘处的外墙保温层较厚，安装窗帘杆时需在墙里嵌一块小木方，然后将窗帘杆固定在木方上，这样窗帘杆与墙体才能结合牢固，确保窗帘杆不松动坠落。

（2）安装窗帘杆时，窗帘杆和吊顶之间最好留有一定的距离，保证窗帘在挂好后不要紧贴顶棚，方便拉窗帘和换洗时拆下窗帘。窗帘杆的宽度一般要比窗框宽20～30cm。此外，可以挑选有良好垂度的布料（如丝质或纱质），这类材质的面料有挑高的效果，可以有效弥补房屋高度的不足。窗帘的下沿应至少盖过窗台10cm，落地窗窗帘距地面的距离一般在3cm左右。

（3）选择合适的窗帘杆材质。窗帘杆的材质主要是金属和木质两种，材质不同，所搭配的窗帘也不一样。铁艺杆头的窗帘杆搭配丝质或纱质窗帘，用在卧室中有刚柔反差强烈的对比美；而木质杆头给人以温润的饱满感，窗帘选择范围较广，适用于各种功能的居室。

122. 安装燃气热水器，排气管要伸出窗外

监工档案

关键词：燃气热水器　排气管

危害程度：极大，涉及生命安全

返工难度：不大

是否必须现场监工：务必现场监工

问题与隐患

目前，热水器的种类有很多种，除了太阳能热水器和电热水器之外，燃气热水器也受到许多家庭的喜爱。但是，人们往往错误地认为燃气热水器比其他热水器安全，却全然想不到如果燃气热水器安装不当，容易发生爆炸。正确的做法是应该将排气管直接伸出窗外。然而，在实际安装过程中，有的施工人员错误地将排气管安装在厨房的烟道里。由于热水器所排出的废气中含有一部分

不完全燃烧的煤气，当这些不完全燃烧的气体充满整个烟道时，随着烟道温度的升高，就可能引起爆炸。

失败案例

装修时，由于卫生间面积小，汤小姐就在厨房安装了一款燃气热水器，这种热水器既不会像太阳能热水器一样在雷雨天气里存在导电的危险，也不用担心像电热水器一样发生漏电，而且占用空间小，这让汤小姐觉得安全又好用。这天，汤小姐下班回家后，像以往一样打开热水器准备冲一个热水澡。可是，当她在卫生间享受着热水带来的舒适时，厨房突然传来“嘭”的一声响，接着就是一阵“哗啦啦”的碎片撞击声。汤小姐匆忙穿上衣服跑去查看，打开厨房门，她发现竟然是热水器爆炸了。汤小姐愣了神，热水器怎么会爆炸呢？购买时售货员说这可是最安全的热水器啊！

现场监工

这一环节涉及燃气。与燃气有关环节潜藏的危险很大，因此，在安装燃气热水器时，业主一定要亲自监工。

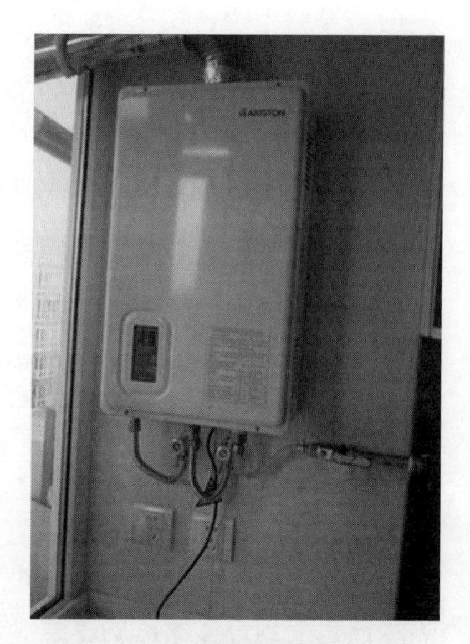

燃气热水器应安装在靠窗户的位置，排气管伸出窗外排气

（1）安装燃气热水器时，一定要由经过专门训练并获得合格证的专业人员严格按燃气热水器的“使用说明书”的要求安装，也可由当地天然气公司或煤气公司统一安装，千万不要私自安装。热水器应安装在坚固耐火的墙面上。如果是在非耐火的墙面上安装，应在热水器的后背衬垫隔热耐火材料，其厚度不小于6mm。

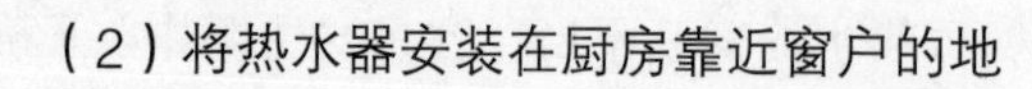

（2）将热水器安装在厨房靠近窗户的地方，这样既能保持良好的通风，又便于在窗户上打孔，使热水器的排气管伸出窗外排气。排风孔最好在贴墙砖或勾缝前打好，以免打孔时弄脏已贴好的墙砖

和勾缝剂。安装好热水器后，要用肥皂水检查气源口处是否漏气，确认无漏气后才能正常使用。燃气热水器的点火过程是通过电池来完成的，长期不用时要将电池取出。

（3）给热水器一个独立的空间，方便检修，也不容易发生碰撞。燃气热水器的位置最好远离木门、木窗等，也要远离厨房里的各种电器、燃气用具和易燃物品等。

（4）如果决定在厨房安装燃气热水器，最好做一个百叶门的柜子来安放热水器，既美观又有利于散热。

123. 油烟机装得高，效果变差易致病

监工档案

关键词：安装太高　吸烟能力降低　致癌

危害程度：大

返工难度：中等

是否必须现场监工：务必现场监工

问题与隐患

厨房属于高温、高湿、多油烟的环境，装修时除了墙壁、橱柜要做到防水防油烟外，油烟机的安装不可小觑。在我国，多数家庭的烹调方式主要为煎炒烹炸等，会产生大量的油烟。而安装油烟机可以尽可能多地减少使用者吸入油烟。因此，油烟机安装的高度关系到使用者的健康问题。

装修时应先准确测量好地柜和吊柜之间的距离，然后确定油烟机的安装高度，一般油烟机底部距灶面的高度为65～75cm。油烟机安装太低，会导致使用不便，且容易碰头；安装太高，会降低油烟机的吸烟效果，使大量油烟被使用者吸入，轻者出现做饭后没有胃口、头晕恶心的症状，重者长期下来会出现呼

吸道疾病，严重时会诱发肺癌。

失败案例

王女士家的油烟机是由施工人员安装的，施工人员在粗略地估算了高度后就在墙上钻好孔安装了。入住后，王女士发现每次炒菜时，自己都被油烟熏得连连咳嗽，几个菜下来，整个厨房都充满了油烟。明明自己买的是名牌油烟机，怎么会不吸烟呢？王女士联系了售后部门，工作人员上门检查后确认是油烟机安装过高导致吸烟能力下降。经测量，油烟机距离台面竟然有85cm高，只要将油烟机的高度降下来就可以解决其吸烟差的问题。可是如果降低高度，那么油烟机与其上面的顶棚之间就会出现一段距离，影响美观。王女士拒绝了工作人员的建议。一段时间后，王女士在做饭后开始出现头晕恶心的症状，面对一桌子菜也没有一点儿胃口。医院检查的结果显示她患上了“醉油综合征”。

现场监工

油烟机的安装高度虽然事后可以更改，但由于涉及橱柜以及整个厨房的装饰效果，因此建议业主一次安装到位，避免重新打孔二次安装。

油烟机高度

（1）油烟机安装的高度因油烟机的种类而定，不同种类要求的高度不同。一般油烟机底部距灶面的高度为65～75cm。顶吸式的一般在70cm，其中有集烟罩的中式深型油烟机可装得高一些，没有集烟罩的欧式油烟机可装得低一些；近吸式在25～35cm；总之，油烟机的安装高度宜低不宜高。

（2）依据操作台的高度确定油烟机及吊柜的高度，这样装修好的厨房使用起来才会得心应手。

（3）油烟机安装设计的其他注意事项：

1）电源、电压和频率与电器铭牌上的规定应相符合，且有良好的接地保护；电源插座的位置与电源线机器引出位置距离不得超过1.5m。

2）出风管不要过长，不能超过3m，随机配带的出风管长度为1.5m左右。

3）出风管走向应顺畅，不要有过多转弯，否则会影响排烟效果。

4）装烟管时，为了加固烟管防止其脱落，一般会在烟机出风口外拧2或3个自攻螺钉以固定烟管。拧的时候要注意不要过深，以螺钉刚刚能洞穿出风管为宜，拧得过深会挡住止回阀的叶片，使烟机工作时无法打开止回阀叶片，导致吸力大减或无吸力。如果烟机装上后试机时吸力过小，业主就需要检查这个部位是否存在问题。

124. 安装厨卫挂件，打孔莫用普通钻头

监工档案

关键词：厨房　卫生间　挂件　专用钻头

危害程度：不大，但影响美观

返工难度：不大

是否必须现场监工：尽量现场监工

问题与隐患

购买厨房、卫生间的不锈钢挂件，如毛巾杆、卫浴架、厨房用具小挂件等，商家都会派人使用专用钻头上门安装，既保证了挂件安装牢固，同时也保护了墙砖。但是在装修过程中，一些施工人员通常会主动提出帮忙钻孔安装，当然也有一些业主认为安装这些挂件不需要技术含量而让施工人员安装，结果由于施工人员使用的是普通钻头，常常会将墙砖钻裂。

失败案例

张女士家卫生间墙面贴的是玻化砖，铺装吊顶砖的工程结束后，张女士就去选购了精致的毛巾杆、洗漱架等，并与商家约定三天后上门安装。张女士抱着选好的东西回到新居，与正在工作的施工人员无意中谈起了这些，没想到对方告诉她这些东西根本就不用上门安装，也没有任何技术含量，自己带的工具就可以钻墙安装。张女士觉得施工人员说得在理，自己也担心装修过程中来往人员太杂会造成一些不必要的麻烦，于是打电话通知商家不用上门安装，同意让施工人员用电钻安装。随后，施工人员拿出电钻瞄准张女士指好的位置开始钻孔，谁知当钻头接触到墙砖时，砖面就像玻璃一样裂开了，看到这种情形，施工人员立刻停了下来，转头去钻下一个孔，谁知这次砖面裂得更厉害，甚至有一小块砖面掉了下来。施工人员也没想到会是这个样子，愣了半天后，解释说自己以前也帮人安装过，并没有出现过这种情况，可能是张女士买的砖有问题。听到这里，张女士虽然觉得对方在推卸责任，可那也是自己同意的。看着心爱的墙砖裂开的样子，张女士后悔极了。

施工人员在安装洗漱架时，钻头打裂了墙砖

现场监工

商家销售商品并负责上门安装，这是一种售后服务，一旦在安装过程中出现问题还可以免费退换货。因此，业主一定不要拒绝应该享受的服务，而冒风险让施工人员钻孔安装。

（1）在厨房、卫生间安装不锈钢挂件时，应坚持让商家上门安装。如果卫生间用的是玻化砖或无缝砖，要提醒商家先使用玻璃钻头，后使用冲击钻头钻孔。钻孔时，一定要提醒对方注意力度，防止损坏砖面。

（2）购买挂件时，一定要拆开包装仔细查看是否有裂缝或瑕疵。

125. 墙壁使用空心砖，变成实墙挂电器

监工档案

关键词：空心砖　实体墙

危害程度：很大

返工难度：很大

是否必须现场监工：务必现场监工

问题与隐患

空心砖，顾名思义就是中心空的建筑砖，以黏土、页岩等为主要原料，经过原料处理、成形、烧结制成。其特点是质量轻、有较好的保暖和隔声性能，因此广泛受到建筑行业的青睐，成为常用的墙体主材，主要用于不受压力的墙体中。虽然空心砖有诸多优点，然而，在家庭装修中这些优点却成了缺点，原因是空心砖承重力弱，不能悬挂大型家用电器，如电热水器、液晶电视等。由于多数业主对此并不知情，往往也忽略不提，结果给业主造成很大麻烦：一是买回的电器装不上；二是即便装上了，日后也暗藏安全隐患。

失败案例

装修开始时，张先生从开发商那里得知有些墙体用的是空心砖，不能挂质量太大的电器，为了安装电热水器和液晶电视，张先生让施工人员想办法将需要安装电器的墙体变成实墙，遭到对方的拒绝。施工人员解释说自己这几年接触的都是这种墙体，它的承重力足可以承载任何电器。看到对方信誓旦旦，张先生也就不再坚持。装修结束时，热水器的安装人员上门安装。当发现墙壁使用的是空心砖后，对方告诉张先生暂时不能安装，因为空心砖墙难以承受热水

器的质量。张先生一听傻眼了，并说出了施工人员的承诺，安装人员笑着告诉张先生这是对方不愿意干而找的借口，做这种活儿太费力了。最后，张先生只好找人把安装热水器中心位置的墙砖敲掉，将深达十多厘米的空心砖凿开，露出空心部分，然后彻底用水泥抹实。在填水泥时，为避免水泥和空心砖之间结合不牢固，在横向和纵向又各用了两根钢筋插入空心砖内，以起到固定水泥的作用。几天后，待水泥和墙砖干透后，安装人员才前来把热水器安装好。张先生算了一下，这一返工整整耗费了一星期的时间，还多花了几百块钱。

现场监工

不怕一万，就怕万一，空心墙虽然不至于被电器弄塌，但电器脱落的可能性却是存在的。因此，这一环节业主一定要现场监工。

（1）购房时，有必要向开发商了解房屋的使用材料，如墙体使用的是实体砖还是空心砖等，为日后装修时做好准备。

（2）如果楼房使用的是空心砖，一定要将准备悬挂大型家电的墙壁局部变成实墙，即用水泥将空心砖灌满抹平，然后镶贴墙砖，避免日后安装电器时返工。

126. 安装浴霸，不能装在吊顶上

监工档案

关键词：浴霸　吊顶　龙骨　振动

危害程度：很大，掉落砸人，还可能触电

返工难度：中等

是否必须现场监工：务必现场监工

问题与隐患

浴霸是现代装修中卫生间不可缺少的电器。在装修过程中，一些施工人员往往偷懒将浴霸直接安装在吊顶上。殊不知，这种不负责任的行为存在着严重的安全隐患。天长日久，当吊顶承受不了浴霸的质量时，浴霸就会“从天而降”。如果碰巧有人在浴室，后果不堪设想。

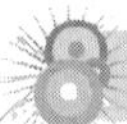

失败案例

小张的新居终于装修完了，三个月后，小张携新婚妻子高高兴兴地搬进了新家。两人的甜蜜生活开始了。这天，小张正躺在沙发上看电视，妻子在卫生间里打扫卫生。突然卫生间传来妻子着急的喊声，小张“蹭”地站起来跑向卫生间，妻子站在一边神情紧张地看着顶棚，小张抬头一看，镶嵌在吊顶上的浴霸此时摇摇欲坠。原来，浴霸已经脱离了吊顶，只剩中间的电线吊着，随时都有可能掉下来。小张赶紧通知物业人员，对方踩着梯子爬上去轻轻地将浴霸摘下来。物业人员告诉小张幸好发现及时，否则浴霸砸碎了是小事，砸到人可就麻烦了。

现场监工

浴霸的安装和灯具一样，“从天而降”的滋味可不是好受的，轻则受伤，重则致命，业主还是亲自监工为好。

（1）正确安装浴霸。如果是小型浴霸，一定要安装在龙骨上，不能简单地安装在吊顶上，否则吊顶难以承受浴霸的质量，迟早有一天会连带着吊顶掉下来。如果是质量大于3kg的浴霸，则需要用专业吊件将其固定在原结构顶上。此外，专业吊件中木质的部位一定要进行防火处理，以防浴霸等电器温度过高，埋下火灾隐患。

（2）排气扇也要固定。排气扇虽然质量很轻，但是它在运作时会产生振动，最好还是用专业吊件进行固定。

（3）不论是排气扇还是浴霸，都需要厂家在安装吊顶前进行预安装。因此，业主在装修过程中，要注意协调好排气扇、浴霸厂家和吊顶厂家的安装时间。

127. 装修预留空调洞，外低内高才标准

监工档案

关键词：空调洞　坡度

危害程度：不大

返工难度：不大，但很麻烦

是否必须现场监工：尽量现场监工

问题与隐患

现代家庭中常用的空调主要有挂机和柜机两种：挂机小巧轻便，占用空间小，适合安装在面积比较小的房间内，能效比较高；柜机体型相对较大，需要占用地面的面积，一般适合安装在客厅或面积比较大的地方，能效比挂机低一些。装修时，多数业主会让施工人员提前打好空调洞，方便日后安装空调。然而，由于施工人员不是专业的安装人员，往往对空调打洞的要求并不了解，以为只要洞穿墙壁就可以了，结果导致空调洞外高内低或者是内外高度相平，造成雨水倒流进室内。

失败案例

徐先生没想到，小小的空调洞竟然还有这么大的讲究。原来，徐先生家在北方，生活了很多年一直觉得用不上空调，但这几年每年夏天还是有几天高温天气，考虑到日后使用方便，装修时徐先生让施工人员预先打好了空调洞，并封上了洞口。入住新居后的第一个夏天便赶上了几天大雨，这天，徐先生拉窗

帘时无意中发现空调洞口渗出了雨水，印痕长10cm左右，雪白的墙漆也被泡软了。徐先生心想，这雨还真是大啊，这么厚的墙怎么就能漏进来了呢？随后，高温突袭了徐先生所在的城市，家人实在是忍受不了高温，决定安装空调。负责上门安装空调的安装人员告诉徐先生，家里预留的空调洞打得很不合理，外高内低，如有大雨，雨水很快就会倒流进室内。听到这里，徐先生才明白墙面被泡原来是空调洞惹的祸。

现场监工

在墙上打空调洞不是细致活，但由于不是空调专业人员施工，所以业主还是现场监工为好。

（1）新房装修时，一定要预留空调洞，最好在刮腻子之前把空调洞打好。打洞时，空调洞一定要向外倾斜，内墙高于外墙，形成一个小坡度，防止雨水流进室内。

（2）安装空调时，如果事先没有预留空调洞也没有关系，现在的空调安装人员大都经过培训，技术更专业，在打洞时有他们自己的方法，不会弄脏墙面。但是为了保险起见，在施工时，业主还是要提醒安装人员打洞一定要外低内高。

（3）空调安装要注意以下事项：①安装前要检查电源，包括电表、线径、空气开关以及插座等；②室内机、室外机都要水平安装在平稳、坚固的墙壁上；③室内机要离电视至少1m，避免互相产生干扰，并应远离热源及易燃处；④室外机要避免阳光直晒，需要时可配上遮阳板，但不能妨碍空气流通；⑤室外机应尽量低于室内机；⑥穿墙孔应内高外低（便于排水），连接管穿墙时要防止杂质进入连接管，防止连接管扭曲、变形、折死角；⑦空调安装完毕后，一定要现场试机，包括制冷和制暖，如有问题，可以及时调换。

（4）排空是空调安装中较重要的一个程序。空调安装完毕后将高压侧阀打开排空，利用制冷压力将管道内空气排除，反复几次即可。如果没有排空程序，可能会降低空调的使用效果，缩减其使用寿命。

128. 门吸位置莫轻视，随意安装挡柜门

监工档案

关键词：门吸　位置

危害程度：不大

返工难度：不大

是否必须现场监工：可事后监工

问题与隐患

门吸是与门配套使用的一个小配件，分为地吸和墙吸两种，前者安装在地面上，后者安装在墙壁或者踢脚线上。别看门吸不起眼，安装的位置却需要仔细考虑。然而，由于门吸占地面积小，且处于背角处，业主往往不留心，施工人员往往不用心，将门吸安装得不到位，给业主造成麻烦。在施工中主要表现在以下两点：

（1）如果业主家的门背后安装了大衣柜或者带有抽屉的家具，施工人员往往偷懒不考虑门吸安装的准确位置，随意将门吸安装在顺手的地方，结果导致门吸阻碍柜门的打开。

（2）施工人员将墙吸安装在踢脚线上，导致踢脚线在吸力太强和长久使用的情况下剥离墙体。

失败案例

装修新居时，江女士在主卧门后的墙上打了一组嵌入式大衣柜，衣柜的宽度恰到好处，卧室门正好可以完全打开。入住新居后，江女士准备将换季的衣物放入衣柜的底柜，却发现柜门只能打开一半，仔细一看，竟然是门吸挡在了中间。她取下门吸的外壳，却仍然打不开柜门。江女士很气愤，施工人员怎么能这么干活呢？折腾了半天，江女士只能伸进一只胳膊将衣服一件一件胡乱地放在底柜里面，衣服是放进去了，可是将来找衣服时怎么办啊？门吸已经固定，衣柜又不能移走，想来想去，江女士决定日后尽可能地不用这个底柜。

现场监工

这一环节业主不用现场监工，但是要在安装门吸的地方作好记号，告诉施工人员将门吸安装在这里。

墙吸一定要安装在墙壁上

（1）安装门吸时，业主要先将门完全打开，看门锁、门板会不会碰撞墙面或其他物体，然后测量门吸的准确位置。如果门后有带柜门或抽屉的书柜或衣柜，安装好的门吸应不阻碍柜门或抽屉的打开。

（2）如果家中安装的是墙吸，业主一定要监督施工人员将其安装在墙壁上，千万不要安装在踢脚线上，否则踢脚线容易被迫剥离墙体。

129. 安装射灯别大意，一定要装变压器

监工档案

关键词：射灯　变压器　爆炸

危害程度：很大

返工难度：不大

是否必须现场监工：可事后监工

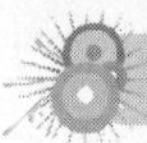

问题与隐患

现代家庭装修中，很多业主都喜欢安装射灯，尤其是年轻一族。射灯是一种安装在较小空间中的照明灯，一般安装在比较隐蔽的空间，如顶棚下、床头、门厅及走廊等，其优点是节省能源，光线非常集中，可以用来突出室内某一区域的装饰，增加立体感，在特殊的节日，还可以营造出特殊的氛围。可以说，射灯是家庭装修中一种很好的调节气氛的装饰灯具。射灯虽好，却有着自己独特的安装要求。安装射灯正确的做法是一定要安装变压器，防止电压不稳发生爆炸。但在实际装修过程中，由于射灯价格便宜，且使用率低，因此很多业主都不在意射灯是否有变压器，结果埋下射灯爆炸的隐患。

失败案例

拿到新房的钥匙，叶小姐和老公就忙着与装修公司签订合同。结婚一年后终于有了自己的新家，小两口觉得日子真是越过越甜蜜了。叶小姐很喜欢射灯营造出来的气氛，一心想把自己的小家布置得温馨浪漫、富有情调。听取叶小姐的要求后，年轻的设计师在电视墙背景、餐厅、玄关的上方设计安装了许多射灯。有了设计图，叶小姐就开始在大街小巷的灯饰专卖店里寻找有个性的射灯。几次“淘宝”后，叶小姐就定好了所有的灯具。这天，灯饰店的员工送来了灯具，店员告诉叶小姐她选定的一款射灯暂时缺货，老板重新给她选了一款新式的。叶小姐看过射灯后很喜欢，唯一不足的是这款射灯没有变压器。店员见叶小姐犹豫不决，劝她说这款射灯是最新设计的，质量很好，许多家庭都购买了这款。听对方这么说，加上自己确实很喜欢这一款式，叶小姐决定安装这款射灯。射灯安装在玄关的上方，安装后的效果令人赞不绝口。入住新居的第一个新年，叶小姐将房间里的所有的射灯都打开来，几分钟后，忽然听到“嘭”的一声响，家里全停电了。事后找来物业的电工才发现，玄关的射灯爆炸了。直到这时，叶小姐才明白安装射灯时安装变压器是多么重要！

现场监工

在装修行业中，不论是全包还是半包，灯具的选购通常都是业主自己决定的。因此，在选择灯具的时候，业主切忌使用不合格的灯具。

（1）购买射灯时，一定要去正规的灯具店选择品牌射灯。射灯虽小，但也应保证安全，千万不要贪图便宜，购买无质量保证的射灯。

（2）安装射灯时，一定要安装变压器，或者选购自身带变压器的射灯，可以有效地防止射灯爆炸。

（3）布置射灯时一定要坚持“能少则少”的原则。很多业主安装时觉得射灯漂亮，事实上在日后的生活中很少有机会打开它们。此外，射灯虽然自身体积比较小，但如果安装的个数太多，密密麻麻也不美观，因此，安装射灯前一定要做好合理的规划和计算。

130. 安装暗盒要监工，施工人员偷懒不固定

监工档案

关键词：暗盒　不固定或固定不牢

危害程度：大

返工难度：很大

是否必须现场监工：务必现场监工

问题与隐患

许多业主在入住新居后常常会遇到这种情况：插座或开关坏了要维修时，却发现面板卸下来后很难再装上去，或者连着面板的暗盒很难进行更换。如果要强行更换，则必须破坏周边的墙面，甚至还得砸掉墙砖，否则就得废掉这一线路。造成这一返工难现象主要有以下两个方面的原因：

（1）如果家庭装修没有进行电路改造，则这一问题是由建筑商造成的，说明楼房在交付使用时，墙上开关和插座接线暗盒已经损坏，不能继续使用，这一点本书不做讨论。

（2）如果装修时经过了电路改造工程，通常是由于电路改造施工人员不负责造成的。由于安装接线暗盒是一项隐蔽工程，一些不负责任的施工人员会偷懒，主要表现在：①暗盒安装歪斜，螺钉固定不准确，很难进行拆卸和安装；②暗盒埋得太深，面板很难和暗盒固定在一起；③暗盒安装时根本没有用螺钉固定，面板只是勉强安上去的，随时都有掉下来的可能性。

无论是哪一种原因，由于多数业主都不会卸下面板仔细验收，结果都会导致暗盒隐患重重。

失败案例

小刘入住新居不到一年，墙上有几个插座已经坏了，他将面板拆下来准备修一下，却发现墙里面的接线暗盒都没有固定住，仅靠几根电线悬挂着，一个个歪歪斜斜，上下左右乱晃。小刘看着这些劣质工程，心里气坏了。他试着去固定住这些暗盒，可是根本使不上劲，费了半天劲儿不仅没有固定住暗盒，连插座面板也安不上去了。

现场监工

暗盒是用来固定开关面板和插座面板的，是装在墙里面的隐蔽工程。由于在验收时不容易发现。因此这一环节业主最好亲自监工。

（1）电源插座及各种接线盒必须按统一高度标准施工，因此，在同一面墙上设置插座时，应采用距地面30cm处水平暗埋布线方式，严禁导线直埋墙铺设。应将导线穿电管采用暗埋方式铺设在墙内，穿线管应该采用符合阻燃性能的PVC管。

（2）一定要选用质量好的暗盒，以免劣质暗盒经不起反复插拔插头，导致接线柱断裂，无法再固定面板。

用水泥固定好的暗盒

（3）不同材质的接线暗盒不能混用。金属材质暗盒的防火性能和硬度等更良好，而PVC等材质绝缘性能更好。使用中尽量不要破坏暗盒的结构，否则容易导致预埋时盒体变形，影响日后安装面板。

（4）放置暗盒的墙洞一定要大于暗盒，暗盒四边缝隙要留出至少2cm，然后用高强度等级的水泥浆补嵌，2～3天后待水泥干后再进行其他施工。严禁墙洞和暗盒大小相仿，禁止采用水性石膏粉补嵌各种接线暗盒的缝隙。

（5）根据安全用电规定，插座宜固定安装，切忌吊挂使用。插座吊挂会使电线摆动，造成压线螺钉松动，并可能使插头与插座接触不良。

131. 太阳能户外管，套上“外套”来防冻

监工档案

关键词：太阳能热水器　户外管　保温棉

危害程度：大

返工难度：中等

是否必须现场监工：灵活把握

问题与隐患

目前，越来越多的家庭选择安装太阳能热水器。与燃气热水器及电热水器相比，太阳能热水器具有环保、节能、使用方便的优点。但是太阳能热水器也有自己的缺点：冬天很容易冻结，遇到寒冷天气，放置在高空中的水管甚至会被冻裂。虽然在一些北方的寒冷城市，太阳能热水器厂家都会提供“电热防冻带”（又称“电热伴”），可以降低户外管被冻裂的概率，但在实际生活中，依然有许多安装了电热防冻带的热水器被冻裂。出现这一问题，除了太阳能热水器自身存在的缺点以及部分使用地区气候特别寒冷之外，还有一部分是由于安装时安装人员没有为户外管套上保温棉造成的：

（1）由于太阳能热水器的采光板必须安装在屋顶上，业主一般不会跟随安装工人上到房顶施工，因此安装人员往往为省事不套保温棉。

（2）一些自私的安装人员会省下保温棉，私下出售获利。

失败案例

温女士家在装修时安装了太阳能热水器。可是一进入冬天，温女士家的太阳能热水器就不好用了，太阳特别好时偶尔能出一点热水，但大多数情况下没有热水。进入最冷的几天，热水器彻底冻结，一家人只能到外面的浴池去洗澡。温女士找到太阳能热水器的售后部，专业人士上门检查后，发现这些长年裸露在高空中的水管虽然缠了电热防冻带，但外面没有套保温棉，一处水管已经冻裂。最后，温女士更换了水管，并将所有水管套上了保温棉，果然在接下来的冬天再没有出现过水管被冻裂的情况。

现场监工

由于太阳能热水器都是安装在房顶上，安装时存在着安全风险，因此这一环节不建议业主亲自监工，业主可以与安装工人事先进行良好的沟通，叮嘱其务必套上保温棉。

（1）气候寒冷的地区一定要安装电热防冻带，同时再在户外管上套上保温棉，冬季室外温度很低，二者缺一不可。太阳能热水器有两条水管，一条是上下水管，既上水也向下走热水；另一条是溢水管，在水上满时将多余的水引到卫生间，以免洒到楼顶，造成水资源浪费。进行保温处理时，应将两根管并在一起进行保温，因为出水管的温度也相当于是一根伴热管，更有利于保温性能的提高。

（2）选择保温棉时，建议使用聚乙烯发泡保温套管或橡塑海绵保温套管，厚度最好大于30mm，外面再进行捆扎。保温套管一定要把水管完全包裹好，包括接头处。北方地区气温低，业主最好安装加厚的保温套管，然后用铝箔胶带缠绕包裹好，可以有效地防止水管被冻裂。

（3）正确使用加热防冻装置。虽然在北方使用的太阳能热水器都配有加热防冻装置，但许多业主误以为是在管路冻堵时用来化冻的，结果不但不能阻止水管被冻，还可能缩短太阳能热水器的使用寿命。正确的用法是，注意收听天气预报，当气温持续低于0℃时开启防冻装置，进行预热保护。尤其是北方严寒地区，当气温始终在0℃以下时，就要一直开启加热防冻装置。其他地区如果夜间气温比较低，可在晚上启动防冻装置，白天关闭。在此提醒业主，为了避免发生意外，有电加热装置的，必须安装漏电保护器。

海绵保温套管

第12章 不同季节装修中需要监工的细节

132. 夏季装修时，涂料防爆炸

监工档案

关键词：高温　涂料　爆炸

危害程度：大

返工难度：无法返工

是否必须现场监工：务必现场监工

问题与隐患

夏季是一年四季中的装修旺季，业主采购建材方便，施工也相对容易。但夏季天气比较炎热，涂料存放或使用不当很容易引发爆炸。其中，油性漆是重点防爆对象。油性漆的主要化学成分是二甲苯、酯类、酮类、醇类、醚类等低沸点的有机溶剂，其中，二甲苯是各类油性漆中普遍存在的成分。二甲苯的燃点低，如果室内聚积了高浓度的二甲苯，很容易引发爆炸。同时，油性漆中还含有稀释剂等易于挥发的成分，其挥发的气体与空气混合也会形成易爆的混合气体，一旦遇到明火就会爆炸。铁制设备撞击出的火星、拉电灯开关产生的电火花等，都会带来严重的后果。

此外，多数施工人员缺乏安全防范意识，往往随意将涂料等易燃材料堆放在一起，甚至有施工人员在现场抽烟等，这些危险的动作很容易在炎热干燥的环境下引发爆炸、火灾等。

失败案例

李先生怎么也想不到自己的房子在装修时会发生爆炸，装修一半的新房被炸得面目全非，三名施工人员被炸伤住进了医院。事后调查发现，爆炸是因涂料挥发的气体遇到火花引起的。事发时，装修现场正在进行涂装，由于室内通风不好，刚刷过涂料的屋子里充满挥发出来的易燃气体，其中一名施工人员在拖动铁制梯子时，不小心撞到了另一架梯子，二者在摩擦时打出了火花，顿时一个大火球腾空而起，引发了爆炸。

现场监工

在气温偏高的夏季进行装修，做好施工过程中的防火防爆工作是头等大事。业主一定要提高警惕，监督施工人员规范施工。

（1）待木工活结束清场后再进行涂装，保证涂装工程单独施工。

（2）业主应监督施工人员有序摆放装修材料。很多施工人员缺乏安全防范意识，将易燃的装修材料随意堆放，在高温作用下很容易引发火灾、爆炸、中毒等。因此业主务必定期进行巡视，监督施工人员将各种涂料等易燃物品存放在室内阴凉、通风的地方，千万不要将其放在阳光直射的阳台等处。不同的材料不要混放在一起或同处一个房间，应分开摆放。业主应监督施工人员定时清除木屑、漆垢等可燃物品。

（3）再环保的材料也有一定的污染，而高温有利于一些有害物质的挥发，所以装修现场一定要保持通风。装修中使用的涂料及稀释剂等材料易于挥发，如果室内通风不良，涂料挥发出的气体不易排出，聚集于室内，遇到明火就会爆炸，因此施工时室内要保持通风，使易燃气体自由向室外扩散。

（4）监督施工人员不要在施工现场吸烟，在室外吸烟后一定将烟头火星掐灭后再丢弃，不要随意乱扔还有火星的烟头。

（5）监督施工人员安全用电。不规范地使用插头，使用不专业的电线等，看似一件件小事，其实关乎生命安全。

（6）防爆的同时还要防火，业主一定要在装修现场准备灭火器。

133. 夏季装修，注意防中毒

监工档案

关键词：高温　有害气体　中毒

危害程度：大

返工难度：无法返工

是否必须现场监工：务必现场监工

问题与隐患

夏季装修除了严防爆炸、火灾外，还应严防施工人员中毒。在家庭装修中，造成施工人员中毒的主要有害物质是苯和苯系物、甲醛以及放射性物质。其中苯及苯化合物被称为“芳香杀手”，是施工中引起施工人员中毒的罪魁祸首。这一头号杀手主要存在于各种涂料所用的稀释剂中。

由于涂料及防水材料的主要成分多为树脂类有机高分子化合物，这类材料内含大量挥发性溶剂，因此，在使用时往往需用稀释剂调成合适的黏度以方便施工。目前，室内装饰涂料中多用甲苯或二甲苯代替纯苯作为稀释剂。苯具有易挥发、易燃、蒸气有爆炸性的特点，甲苯、二甲苯属于苯的同系物，其挥发性强，人在短时间内吸入高浓度的甲苯、二甲苯时，可出现中枢神经系统麻醉作用，轻者头晕、头痛、恶心、胸闷、乏力、意识模糊，严重者会出现昏迷，甚至因呼吸及循环系统衰竭而死亡。

失败案例

张先生的新家进入涂装环节时，正值七月，天气炎热，但偶尔会刮过一阵急风。两名施工人员为了不让灰尘进入房内影响涂装效果，几乎对房间进行了全封闭。一天，张先生前往装修现场，却发现两名施工人员晕倒在地上。张先生急忙将二人送到医院。检查结果显示，二人是因为吸入大量的有害气体而中毒昏迷，而二人中毒的元凶正是涂料中使用的稀释剂。

现场监工

由于涂装环节充满了呛人的味道，很多业主不会在现场监工，但是鉴于部分施工人员安全防范意识差，因此业主最好采取不定时监督的策略，监督施工人员做好防爆、防中毒工作，施工现场一定要通风，防止中毒事故发生。

（1）业主应尽量选择水性漆和其他无污染材料，因为水性漆以水为稀释剂，是一种安全无毒的环保涂料。

（2）装修现场一定要通风。涂料施工最怕风沙天气，因为沙尘落在漆膜上会影响涂刷效果，因此，施工人员一般都是在门窗紧闭的情况下施工。这种情况下，如果涂装量大，施工时间长，室内温度升高，就会导致二甲苯气体大量聚集，致使施工人员中毒。如果因风沙大而无法通风时，业主要做到以下监督事项：

1）监督施工人员不要在封闭的室内逗留太长时间，隔半个小时要出去换换空气，以免室内有害气体聚集导致中毒；待天气好转后立即打开门窗通风。

2）监督施工人员在施工时必须佩戴防护用具。

3）尤其要监督施工人员不要在装修的新居过夜。

134. 夏季装修时，监督施工人员雨天别涂装

监工档案

关键词：雨天　涂装　色泽不均　泛白

危害程度：大

返工难度：返工困难

是否必须现场监工：务必现场监工

问题与隐患

夏季虽然天气好时便于装修，但是雨天或潮湿的天气也会影响一些施工进程，如涂装工程就严禁在雨天施工。但是，在实际装修中，一些施工队或施工人员为了赶工期，往往趁业主不在现场的情况下偷偷施工，造成以下后果：

（1）雨天潮热，墙面和吊顶不容易彻底干透，如果此时刷漆，漆膜会把水分锁在墙里，导致墙面和吊顶“出汗”、起泡、发霉，时间久了还可能会开裂。

（2）木质家具也应尽量避免雨天涂装。因为木制品表面在雨天时会凝聚一层水汽，不易干燥，这时如果涂装，会使水汽被包裹在漆膜里，使木制品的漆面浑浊不清，造成流坠；此外，雨天涂料干得慢，且涂料吸收空气中的水分后会产生一层雾，最后导致漆面色泽不均匀，出现泛白的现象。

（3）有些种类的涂料干得慢，在潮湿天气中还会出现发霉变味的现象。

失败案例

宋女士新居装修进行到了涂装工程，可谁知施工人员刚进场就赶上了下雨。宋女士只好和施工人员商量等天晴了再刷，得到了施工人员的同意。等到天放晴后，宋女士赶到新居，却意外发现有一名施工人员正在施工，一些大件家具如衣柜、床等都已经涂装好了。宋女士质问施工人员怎么能在雨天施工，对方解释称他们也是为了赶工期，还有其他客户等着进场；而且这两天只是下了点儿小雨，不会影响到涂装的效果。该施工人员见宋女士很生气，一再承诺日后如果出现问题，公司一定会负责维修。看到工程即将完工，宋女士只能暗自祈祷不要出什么问题。过后，宋女士发现自己家的木制品漆面干燥特别慢，而且漆面浑浊，色泽不均匀，一些木制品表面还出现泛白的情况。宋女士找懂行的朋友查看，对方说这是因为涂装时木材湿度过大导致的“后遗症”。

现场监工

装饰装修行业中有“三分木工七分漆”之说，充分说明了涂装工程的重要性，涂装质量好坏甚至决定了木工活的整体质量。雨天涂装是涂装工程的一大禁忌，会导致一系列严重的后遗症，因此，业主一定要监督施工人员不要在雨天施工。

（1）雨天涂装容易导致漆膜出现色泽不均匀、泛白的现象。如果一定要赶工期，可以在涂料中加入一定量的滑石粉。滑石粉可以吸收空气中的水分，并加快干燥速度，但也会对工程质量带来一定影响。如果遇到雨天，建议业主让施工队先干其他的活或者暂时停工，除非有特殊原因，最好不要在雨天进行涂装。

（2）雨天对于墙面刷乳胶漆的影响不太大，但也要注意在刷完第一遍乳胶漆后要延长干燥的时间。一般来讲，正常间隔为2小时左右，雨天可根据天气状况酌情延长。

135. 秋季装修有门道，木材进场要封油

监工档案

关键词：干燥　封油　防裂

危害程度：大

返工难度：无法返工

是否必须现场监工：务必现场监工

问题与隐患

秋季天高气爽，是装修的好季节，许多业主喜欢在这一季节装修新居。但是秋天也是一年中最干燥的季节，其干燥的气候容易导致木材变干，如果不及时保护，甚至还会出现裂纹。正确的做法是，木材在进场后，由施工人员在其表面刷一层清油，锁住木材内的水分不致流失，可以有效防止木材表面因水分迅速流失而出现的细小裂纹。尤其是一些高档榉木饰面板及用于收边的高档木线等，进场后一定要做封油处理。然而在家庭装修过程中，一些入行浅的施工

人员并不清楚这一点；也有一些经验丰富的施工人员清楚这一点，可是在业主不提出时，他们也会乐得清闲，偷懒不做，最后给业主造成损失。

失败案例

刘先生家的装修需要做不少的木工活，除了选购大量的普通板材外，他还购买了高档榉木做面板。泥瓦工程完成后，木材进场。施工人员将木材统一堆放在客厅的一角，留出其余的空间干活。施工期间，施工人员说板材需要散味，一直开着客厅的窗户。木工活做好后，刘先生意外发现榉木面板上出现了一些细小的裂纹，对此施工人员解释说是榉木的质量不好造成的。刘先生觉得不可能，这些木材都是大品牌，质量有保证。刘先生向专业人士咨询，得知榉木等高档板材在进场后要尽快刷一层清油，否则板材表面的水分会迅速流失，出现裂纹。虽然刘先生扣除了一部分工钱，可是面板上出现的细小裂纹却无法再修补。

现场监工

如果业主选购的是高档木材做面板或木线，这一环节建议业主一定要亲自监工，避免施工人员偷懒造成不必要的损失。

（1）木材进场后应根据不同的季节进行保存。不同季节对木材的影响主要表现在温度和湿度两方面，环境温度过低或过于干燥都会引起木材的不良反应，如卷翘、开裂等。因此，在木材进场后，业主应监督施工人员首先对木材进行保护，如夏季时要将木材放在通风处，风干水分；春秋季则要避免放在通风处，并且要尽快进行封油处理；而在冬季除了要减少通风外，还要对木材进行加湿处理。因为冬季开通采暖设施，室内空气干燥，湿度偏低，木材容易出现干裂。业主应在采暖设施附近放一盆水，促使其蒸发，以增加木材表面的水分。此外，一些特殊木材存放时还有温度要求，以白榉木和枫木为例，存放温度应保证在16～18℃的范围内，其他种类的木材也大同小异。

（2）木材除了进场后要进行封油处理之外，在加工完成后也要尽快进行封油处理，防止表面因太干燥出现细小裂纹。对于用于收边的木线，处理方法也是一样的。因为木线为实木质地，其含水率比面板高，因此，在加工完成后也要尽快将木线表面封油。如果木线内的水分蒸发，会导致木线收缩、开裂、变形。

（3）如果木制品出现开裂现象，业主最好不要急于修补。因为秋季空气比较干燥，木质家具水分容易流失才造成木制品开裂；而此时进行修补，由于木材的水分尚在流失，因此木材仍有可能再次开裂。最好的做法是等到来年春季再进行修补，这时木材经过了四季冷暖温差的变化，其内部发生的干裂等问题不会再继续发展，修补效果才会更好。

136. 冬季涂装要求高，室温10℃以上更可靠

监工档案

关键词：冬季　涂装　10℃　漆膜开裂

危害程度：大

返工难度：不大，但会造成经济损失

是否必须现场监工：务必现场监工

问题与隐患

冬季气温低，空气干燥，风沙又多，这些因素对涂装工程影响很大。由于涂料是由多种化工原料组成的，在低温情况下，化工原料的性能很容易发生变化，从而影响涂装质量和施工。因此，涂装时一定要在室温10℃以上时施工。否则，温度太低时，涂料的黏度会升高很多，涂装时施工人员会加大稀释剂的用量，导致涂料的光泽、丰满度下降，严重时还会导致漆膜开裂。

此外，在施工中和施工结束后尽量少开窗通风。开窗通风虽然有利于涂料中有害物质的挥发和漆膜干燥，但是冬季室外温度低，不仅会使涂料变质甚至粉化，还会使尚未干透的墙面涂料被冻住，容易造成开春后墙面变色。但是，

在实际装修过程中，业主和施工人员为赶工期往往容易忽略以上情况，结果造成漆膜开裂。

失败案例

赵先生家装修时刚进入冬天，室内还没有开通暖气。涂装时，赵先生考虑到温度太低可能会影响效果，提出等开通暖气后再施工。可是装修公司不同意，理由是室内的温度在5℃以上，而墙面涂料的说明书上注明温度在5℃即可。刚刷完了一遍涂料，气温骤降，室内的温度也低了好几度。这期间，赵先生多次让施工人员停止施工，施工人员都是口头答应，手里仍在干活。赵先生只得祈祷墙面涂料不会受到温度的影响出现裂纹。然而，怕什么来什么，赵先生家的墙面还是出现了问题，墙面粗糙，缺少光泽，后来还出现了严重的裂纹。

现场监工

涂装工程属于“面子工程”，这一环节建议业主亲自监工。

（1）冬季施工一定要注意保持足够的温度，否则温度太低会影响装修效果。涂装时室内温度最好不要低于10℃，一般墙面涂料的说明书上会写5℃以上，其实5℃是不够的，刷上后涂料容易开裂。尤其是涂装工程更要注意“保暖”，不要因为还没有入住就不开采暖设备，否则会影响装修质量。

（2）墙面涂装注意事项：

1）墙面涂装需要先做基层处理。刮腻子时，由于室内空气干燥，腻子中的水分流失较快，第一遍的腻子不能刮得太厚，应待第一遍腻子干透后再刮第二遍腻子。

2）冬季气温低，抹灰、刮腻子、贴瓷砖等作业面受冻后会出现空鼓等问题。因此，保证足够的温度很重要。涂装时要先紧闭门窗，一方面可以保证室内温度，另一方面也可以避免室外风沙吹刮到未干的墙面上，使墙面出现毛糙不平整的现象。

3）墙面涂料应存放在温度较高的房间，不要放在阳台、北向房间、飘窗等位置，防止被冻坏。涂装时间选在上午10点至下午5点之间为好。

（3）涂料注意事项。

1）选购适合本季节用的涂料。一些厂家为了便于涂装工程施工和提高漆膜质量，通常会生产冬用和夏用两种产品，其中夏用产品比较慢干，而冬用产品会调得快干一些。因此，夏用产品不宜在冬天使用。业主在购买时要详细了解产品的特性，以免选错了涂料影响施工质量和进度。

2）涂料调好后放置时间不宜过长，时间越长，光泽下降越严重。涂料和易挥发的其他化学物品一定要分开存放，并且远离热源。存放这些材料房间的室内空气湿度不能太大，要不间断地保持通风。如果室内湿度较大，涂料在涂刷之后容易返白。

3）涂料的黏度随温度的变化而变化。当温度较低时，涂料的黏度会升高很多，稀释剂的用量也会随之加大，这一系列变化会导致涂料的光泽和丰满度下降。

4）冬季气温低，涂料表面干得慢，漆膜表面与外界空气接触时间相对较长，空气中的灰尘颗粒容易粘附在漆膜表面，形成颗粒现象（空气干燥时更加明显）。因此，在涂装工程施工之前，一定要保持环境干净，不要让灰尘颗粒落在未干燥的涂料表面上。

137. 冬季装修时，木制品留出伸缩缝

监工档案

关键词：气温低　木材　热胀冷缩　伸缩缝

危害程度：大

返工难度：中等，但会造成经济损失

是否必须现场监工：务必现场监工

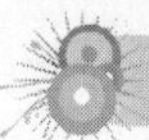

问题与隐患

很多业主选择在冬季装修，因为冬季天气干燥，有利于装修过程中水分的挥发。尤其是北方地区，冬季供暖之后施工干燥得更快。可是，这种干燥的气候对装修中木材的施工要求更严格。它要求冬季在做木工活时要多留伸缩缝。因为木材有吸水膨胀的特性，而北方的气候又是冬季干燥而夏季多雨潮湿，如果木材在施工时不事先留出足够的伸缩缝，那么夏季到来的时候就会出现膨胀变形的情况。

失败案例

李先生的新居是在冬季装修的，可是仅仅过了半年，房子就在夏天出现了种种问题：用木龙骨和石膏板吊顶的顶棚出现了细小的裂缝，石膏板与房顶、墙面拼接处也有裂缝显现了出来；卧室和书房的木地板局部起鼓……装修还不到一年，怎么出现了这么多问题？李先生找到施工队，对方告诉他出现这些问题是因为当初伸缩缝留得太小了，木材遇热膨胀，又没有可伸展的空间，最终出现了裂缝、鼓胀的现象。

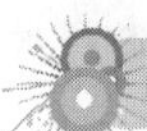

现场监工

由于涉及木龙骨吊顶、木地板铺装等返工困难的问题，因此这一环节业主一定要亲自监工。

（1）木材最好在有采暖设备的室内放置3～5天，使木材的含水率接近室内的水平，避免木材开裂变形。一些辅料木材如木龙骨、木器及石膏板等，受潮后容易发霉、开裂及变形，应尽量避免出现这样的情况。

在此提醒业主，准备在冬季装修时，一定要提前购买装修材料，尤其是主材的选购。因为每年材料厂商放假比较早，临近春节物流成本会提高，所以尽量不要拖得过晚。

（2）木地板的铺装要特别注意，一定要留出伸缩缝。厂家在施工时通常会在靠墙面的一侧留出至少8～10mm的缝隙，目的就是防止热胀冷缩造成地板变形。因为板材在冬季的低温下处于收缩状态，如果此时安装过密，到了夏季气温升高时，板材受热膨胀却又没有足够的伸展位置，容易出现变形开裂。业主也不用担心伸缩缝太大影响美观。因为市场上所出售的木地板多为插槽式，缝隙大小设计合理、均匀，表面看不出来，也不会影响美观。

木地板靠墙一侧要留出足够缝隙

（3）安装木龙骨吊顶时也要留出伸缩缝。冬季装修时，一些木结构施工要充分考虑热胀冷缩的原理，控制好板材的接缝；石膏板连接时也要留出1cm左右的伸缩缝，缝隙可用灰料和腻子填平。否则，一旦木龙骨和石膏板拼接时接缝过密，在开春气温升高以后，各连接处会因木材热胀而产生裂缝、错位，从而引起局部鼓起变形。

业主在验收时要重点检查石膏板与墙面之间的留缝是否符合要求，以免日后出现裂痕。

（4）冬季装修时，木质门、窗也应留缝，而且不要太小，以免夏天木板受热膨胀变形导致关不严。

（5）木工活做好后，木材有开裂或者起翘的情况通常很快就会显现出来，业主应及时修改或弥补。情况较轻者，可以通过涂装进行掩盖。

138. 冬季搅拌水泥，少用防冻剂

监工档案

关键词：水泥　结冰　防冻剂

危害程度：大

返工难度：无法返工

是否必须现场监工：务必现场监工

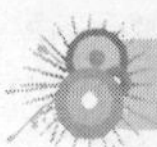

问题与隐患

在冬季装修中，气温骤降对装修，尤其对水泥砂浆是致命的打击。因为温度过低时，水泥砂浆会遇冷结冰，很难进行搅拌。更重要的是，冰冻会降低水泥的强度，影响工程质量。为了防止这种情况的出现，一些装修公司或是施工队常常在水泥砂浆中添加防冻剂。防冻剂是一种能在低温下防止物料中水分结冰的物质。但是，防冻剂的主要成分是亚硝酸盐，该物质对人体有害，如果一次性摄入过量就会中毒。因此，在冬季装修中，业主要监督施工人员尽量不用防冻剂，应该尽量使用其他办法来解决防冻的问题。

失败案例

王先生家铺瓷砖时正赶上大降温，用水泥砂浆搅拌成的混凝土结了冰，难以施工。施工人员提议使用防冻剂，为了不延误工期，王先生同意了。于是，施工人员在水泥中添加了大量的防冻剂，王先生觉得应该按说明书添加，可施工人员反驳说不会有什么影响，他们每年冬天装修时都会大量使用。由于自己对防冻剂不了解，王先生也不再阻止。谁知，在随后的施工中，一名施工人员突然晕倒。事后调查显示，这一突发事故的起因是施工人员摄入过量的亚硝酸盐导致中毒。

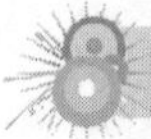

现场监工

在家庭装修过程中，凡是性命攸关的施工项目，业主必须亲自监工。

（1）在用到水泥时，一定要注意保温。现在很多装修施工都是现场搅拌水泥砂浆，如果室内的温度在0℃以上，一般不需要进行防冻处理。北方地区的家庭都有暖气，室内温度通常都在十几度，不会存在这一问题。没有暖气的家庭可以采取其他的取暖设备，如电暖气、远红外线电热器等。

（2）搅拌水泥砂浆时，业主一定要监督施工人员不能在露天施工，应严格按照产品说明中的温度作业。如果室内温度很低，可以使用抗冻能力较强的水泥，或者通过增加水泥在配置中的比例进行防冻。

（3）在搅拌水泥砂浆前，放置在室外的砂子应该先筛1或2次，以免温度过低产生结块；搅拌水泥砂浆时，水的温度不能超过80℃，要随用随调，施工后的养护时间要延长至48～72小时。

（4）家庭装修中尽量不要使用防冻剂，因为多数防冻剂不环保。如果一定要使用防冻剂，要严格控制使用量，使用时一定要按照说明书上的掺量使用，切不可超量使用，以免中毒。

（5）如果新居没有暖气或室温很低，业主要注意，不要让施工人员在施工场地过夜，提防施工人员在室内用明火取暖，以免引发火灾。因为在干燥的地区，粉尘（粉末状可燃性固体）在达到一定的浓度时，遇明火可能会引起爆炸。此外，由于建材一般含挥发性物质较多，在门窗紧闭的情况下很容易引起中毒。

139. 冬季通风有讲究，过长过短都不宜

监工档案

关键词：开窗通风　开裂　中毒

危害程度：大

返工难度：中等

是否必须现场监工：务必现场监工

问题与隐患

冬季气温低，很多业主为了保温往往在施工中紧闭门窗，一点儿都不通风；也有一些业主为了散味，开窗通风时间较长。其实，这两种做法都不对。不管业主选择多么环保的装修材料，如果使用量大，这些装修材料里的有害物质累计叠加后就会变成重度污染。一旦在施工过程中紧闭门窗，就会导致室内有害气体聚集，容易引起中毒。相反，如果通风时间过长，由于空气干燥，又

会影响装饰效果，如墙面涂料表面的水分被快速蒸发，而其内部的水分还有很多，则容易造成墙面开裂。正确的做法是：每天中午开窗通风2小时，窗户最好不要完全打开，如果完全打开，则开窗时间要适当缩短。

失败案例

张女士家装修时，由于正值冷空气来临，室外温度骤然下降很多，施工现场门窗紧闭。此时正在进行水电改造和泥瓦工工程，室内没什么污染，张女士也就任由施工人员在封闭的空间内施工。涂装施工人员进场后，由于担心中毒，张女士要求施工人员将客厅的一扇窗户打开进行通风，一小时后再关上窗。涂装快结束时，张女士再次来到现场，却发现客厅的窗户全部都开着，刚刷完涂料的墙面裸露在寒风中。张女士担心墙面涂料会开裂，施工人员却称这样可以让墙面干得快一些，到晚上再将窗户关上是不会影响到墙面涂料的。张女士对此半信半疑。几天后，墙面涂料表面出现了细小的裂纹，施工人员答应重新再涂一遍墙面涂料。这让张女士的心里一直忐忑不安，担心日后墙面涂料还会出现裂纹。

现场监工

这一环节建议业主现场监工，如果确实抽不开身，一定要和施工人员商定，每天中午开窗2小时即可，如果因开窗时间太久而导致木制品、墙面等出现问题，则要返工或者扣除工钱。

（1）冬季装修时，在通风时间和开窗大小上有讲究。

1）在通风时间上，通风换气最好选在气温较高的午后，而且每次通风时间不要太长，每天通风2小时即可。遇到天气恶劣时，开窗通风时间应尽量短一些，中午开1～2小时即可。

2）窗户不要开得太大。如果完全打开，建议不要开太久。在此提醒业主，晚上一定要关窗：一是为了安全，二是防止夜晚突然降温，造成暖气管冻裂，给日后入住造成麻烦。

（2）业主如果觉得通风时间短，室内污染严重，可以采取间歇施工的做法。例如，装修时间正好横跨春节，在春节前后将有15～30天的时间不能施工，这时就可以采取间歇施工法。例如，在停工前将瓷砖贴好，做好墙面基层部分，如刮腻子等，等来年开工后再涂装。这不仅有利于墙里的水分蒸发，还有利于甲醛等有害气体的挥发。

（3）对比冬季开窗通风，其他季节的通风也有讲究。夏季装修，如果正逢阴雨天气，室内应当保持通风，门窗尽量不要关闭，但是也不能完全敞开，那样会形成仅仅是表面干燥的“假干”现象，增加施工的难度，也容易留下后遗症。夏季装修后，每天可在早、中、晚定时开窗通风3次，每次30分钟，可以保持室内空气新鲜，加快室内异味排出。

春秋季节开窗通风，时间最好选在早晚。因为中午时分空气湿度相对较小，比较干燥，容易造成木材及墙面涂料等开裂。此外，秋季装修的住宅一般会在冬季供暖后出现明显的空气质量下降，甚至造成室内空气污染，危害人体健康。因此，在冬季入住后，业主还应保持每天开窗通风的习惯，以免影响家人健康。

（4）由于采暖、封闭等原因，冬天装修后室内污染比较严重，除了定时开窗通风外，业主也可以放置一些植物吸收有害物质，如芦荟、月季等；还可以在专家的指导下选择相应的仪器设备，进行空气净化和有害气体清除。如果对室内空气质量仍不放心，业主可以在装修后进行居室环境检测，然后有针对性地采取防治措施。

附 录

附录一 住宅室内装饰装修管理办法（2011年最新修订版）

中华人民共和国建设部令 第110号

2011年1月26日公布实施的中华人民共和国住房和城乡建设部令第9号《住房和城乡建设部关于废止和修改部分规章的决定》对该办法进行了修改。

第一章 总则

第一条 为加强住宅室内装饰装修管理，保证装饰装修工程质量和安全，维护公共安全和公众利益，根据有关法律、法规，制定本办法。

第二条 在城市从事住宅室内装饰装修活动，实施对住宅室内装饰装修活动的监督管理，应当遵守本办法。

本办法所称住宅室内装饰装修，是指住宅竣工验收合格后，业主或者住宅使用人（以下简称装修人）对住宅室内进行装饰装修的建筑活动。

第三条 住宅室内装饰装修应当保证工程质量和安全，符合工程建设强制性标准。

第四条 国务院建设行政主管部门负责全国住宅室内装饰装修活动的管理工作。

省、自治区人民政府建设行政主管部门负责本行政区域内的住宅室内装饰装修活动的管理工作。

直辖市、市、县人民政府房地产行政主管部门负责本行政区域内的住宅室内装饰装修活动的管理工作。

第二章　一般规定

第五条　住宅室内装饰装修活动，禁止下列行为：

（一）未经原设计单位或者具有相应资质等级的设计单位提出设计方案，变动建筑主体和承重结构。

（二）将没有防水要求的房间或者阳台改为卫生间、厨房间。

（三）扩大承重墙上原有的门窗尺寸，拆除连接阳台的砖、混凝土墙体。

（四）损坏房屋原有节能设施，降低节能效果。

（五）其他影响建筑结构和使用安全的行为。

本办法所称建筑主体，是指建筑实体的结构构造，包括屋盖、楼盖、梁、柱、支撑、墙体、连接接点和基础等。

本办法所称承重结构，是指直接将本身自重与各种外加作用力系统地传递给基础地基的主要结构构件和其连接接点，包括承重墙体、立杆、柱、框架柱、支墩、楼板、梁、屋架、悬索等。

第六条　装修人从事住宅室内装饰装修活动，未经批准，不得有下列行为：

（一）搭建建筑物、构筑物。

（二）改变住宅外立面，在非承重外墙上开门、窗。

（三）拆改供暖管道和设施。

（四）拆改燃气管道和设施。

本条所列第（一）项、第（二）项行为，应当经城市规划行政主管部门批准；第（三）项行为，应当经供暖管理单位批准；第（四）项行为应当经燃气管理单位批准。

第七条　住宅室内装饰装修超过设计标准或者规范增加楼面荷载的，应当经原设计单位或者具有相应资质等级的设计单位提出设计方案。

第八条　改动卫生间、厨房间防水层的，应当按照防水标准制订施工方案，并进行闭水试验。

第九条　装修人经原设计单位或者具有相应资质等级的设计单位提出设计方案变动建筑主体和承重结构的，或者装修活动涉及本办法第六条至第八条内容的，必须委托具有相应资质的装饰装修企业承担。

第十条　装饰装修企业必须按照工程建设强制性标准和其他技术标准施工，不得偷工减料，确保装饰装修工程质量。

第十一条　装饰装修企业从事住宅室内装饰装修活动，应当遵守施工安全操作规程，按照规定采取必要的安全防护和消防措施，不得擅自动用明火和进行焊接作业，保证作业人员和周围住房及财产的安全。

第十二条　装修人和装饰装修企业从事住宅室内装饰装修活动，不得侵占公共空间，不得损害公共部位和设施。

第三章　开工申报与监督

第十三条　装修人在住宅室内装饰装修工程开工前，应当向物业管理企业或者房屋管理机构（以下简称物业管理单位）申报登记。

非业主的住宅使用人对住宅室内进行装饰装修，应当取得业主的书面同意。

第十四条　申报登记应当提交下列材料：

（一）房屋所有权证（或者证明其合法权益的有效凭证）。

（二）申请人身份证件。

（三）装饰装修方案。

（四）变动建筑主体或者承重结构的，需提交原设计单位或者具有相应资质等级的设计单位提出的设计方案。

（五）涉及本办法第六条行为的，需提交有关部门的批准文件，涉及本办法第七条、第八条行为的，需提交设计方案或者施工方案。

（六）委托装饰装修企业施工的，需提供该企业相关资质证书的复印件。

非业主的住宅使用人，还需提供业主同意装饰装修的书面证明。

第十五条　物业管理单位应当将住宅室内装饰装修工程的禁止行为和注意事项告知装修人和装修人委托的装饰装修企业。

装修人对住宅进行装饰装修前，应当告知邻里。

第十六条　装修人，或者装修人和装饰装修企业，应当与物业管理单位签订住宅室内装饰装修管理服务协议。

住宅室内装饰装修管理服务协议应当包括下列内容：

（一）装饰装修工程的实施内容。

（二）装饰装修工程的实施期限。

（三）允许施工的时间。

（四）废弃物的清运与处置。

（五）住宅外立面设施及防盗窗的安装要求。

（六）禁止行为和注意事项。

（七）管理服务费用。

（八）违约责任。

（九）其他需要约定的事项。

第十七条　物业管理单位应当按照住宅室内装饰装修管理服务协议实施管理，发现装修人或者装饰装修企业有本办法第五条行为的，或者未经有关部门批准实施本办法第六条所列行为的，或者有违反本办法第七条至第九条规定行为的，应当立即制止；已造成事实后果或者拒不改正的，应当及时报告有关部门依法处理。对装修人或者装饰装修企业违反住宅室内装饰装修管理服务协议的，追究违约责任。

第十八条　有关部门接到物业管理单位关于装修人或者装饰装修企业有违反本办法行为的报告后，应当及时到现场检查核实，依法处理。

第十九条　禁止物业管理单位向装修人指派装饰装修企业或者强行推销装饰装修材料。

第二十条　装修人不得拒绝和阻碍物业管理单位依据住宅室内装饰装修管理服务协议的约定，对住宅室内装饰装修活动的监督检查。

第二十一条　任何单位和个人对住宅室内装饰装修中出现的影响公众利益的质量事故、质量缺陷以及其他影响周围住户正常生活的行为，都有权检举、控告、投诉。

第四章　委托与承接

第二十二条　承接住宅室内装饰装修工程的装饰装修企业，必须经建设行政主管部门资质审查，取得相应的建筑业企业资质证书，并在其资质等级许可的范围内承揽工程。

第二十三条　装修人委托企业承接其装饰装修工程的，应当选择具有相应资质等级的装饰装修企业。

第二十四条　装修人与装饰装修企业应当签订住宅室内装饰装修书面合同，明确双方的权利和义务。

住宅室内装饰装修合同应当包括下列主要内容：

（一）委托人和被委托人的姓名或者单位名称、住所地址、联系电话。

（二）住宅室内装饰装修的房屋间数、建筑面积，装饰装修的项目、方式、规格、质量要求以及质量验收方式。

（三）装饰装修工程的开工、竣工时间。

（四）装饰装修工程保修的内容、期限。

（五）装饰装修工程价格，计价和支付方式、时间。

（六）合同变更和解除的条件。

（七）违约责任及解决纠纷的途径。

（八）合同的生效时间。

（九）双方认为需要明确的其他条款。

第二十五条　住宅室内装饰装修工程发生纠纷的，可以协商或者调解解决。不愿协商、调解或者协商、调解不成的，可以依法申请仲裁或者向人民法院起诉。

第五章　室内环境质量

第二十六条　装饰装修企业从事住宅室内装饰装修活动，应当严格遵守规定的装饰装修施工时间，降低施工噪声，减少环境污染。

第二十七条　住宅室内装饰装修过程中所形成的各种固体、可燃液体等废物，应当按照规定的位置、方式和时间堆放和清运。严禁违反规定将各种固体、可燃液体等废物堆放于住宅垃圾道、楼道或者其他地方。

第二十八条　住宅室内装饰装修工程使用的材料和设备必须符合国家标

准，有质量检验合格证明和有中文标识的产品名称、规格、型号、生产厂厂名、厂址等。禁止使用国家明令淘汰的建筑装饰装修材料和设备。

第二十九条　装修人委托企业对住宅室内进行装饰装修的，装饰装修工程竣工后，空气质量应当符合国家有关标准。装修人可以委托有资格的检测单位对空气质量进行检测。检测不合格的，装饰装修企业应当返工，并由责任人承担相应损失。

第六章　竣工验收与保修

第三十条　住宅室内装饰装修工程竣工后，装修人应当按照工程设计合同约定和相应的质量标准进行验收。验收合格后，装饰装修企业应当出具住宅室内装饰装修质量保修书。

物业管理单位应当按照装饰装修管理服务协议进行现场检查，对违反法律、法规和装饰装修管理服务协议的，应当要求装修人和装饰装修企业纠正，并将检查记录存档。

第三十一条　住宅室内装饰装修工程竣工后，装饰装修企业负责采购装饰装修材料及设备的，应当向业主提交说明书、保修单和环保说明书。

第三十二条　在正常使用条件下，住宅室内装饰装修工程的最低保修期限为2年，有防水要求的厨房、卫生间和外墙面的防渗漏为5年。保修期自住宅室内装饰装修工程竣工验收合格之日起计算。

第七章　法律责任

第三十三条　因住宅室内装饰装修活动造成相邻住宅的管道堵塞、渗水漏水、停水停电、物品毁坏等，装修人应当负责修复和赔偿；属于装饰装修企业责任的，装修人可以向装饰装修企业追偿。

装修人擅自拆改供暖、燃气管道和设施造成损失的，由装修人负责赔偿。

第三十四条　装修人因住宅室内装饰装修活动侵占公共空间，对公共部位和设施造成损害的，由城市房地产行政主管部门责令改正，造成损失的，依法承担赔偿责任。

第三十五条　装修人未申报登记进行住宅室内装饰装修活动的，由城市房

地产行政主管部门责令改正，处500元以上1000元以下的罚款。

第三十六条　装修人违反本办法规定，将住宅室内装饰装修工程委托给不具有相应资质等级企业的，由城市房地产行政主管部门责令改正，处500元以上1000元以下的罚款。

第三十七条　装饰装修企业自行采购或者向装修人推荐使用不符合国家标准的装饰装修材料，造成空气污染超标的，由城市房地产行政主管部门责令改正，造成损失的，依法承担赔偿责任。

第三十八条　住宅室内装饰装修活动有下列行为之一的，由城市房地产行政主管部门责令改正，并处罚款：

（一）将没有防水要求的房间或者阳台改为卫生间、厨房间的，或者拆除连接阳台的砖、混凝土墙体的，对装修人处500元以上1000元以下的罚款，对装饰装修企业处1000元以上10000元以下的罚款。

（二）损坏房屋原有节能设施或者降低节能效果的，对装饰装修企业处1000元以上5000元以下的罚款。

（三）擅自拆改供暖、燃气管道和设施的，对装修人处500元以上1000元以下的罚款。

（四）未经原设计单位或者具有相应资质等级的设计单位提出设计方案，擅自超过设计标准或者规范增加楼面荷载的，对装修人处500元以上1000元以下的罚款，对装饰装修企业处1000元以上10000元以下的罚款。

第三十九条　未经城市规划行政主管部门批准，在住宅室内装饰装修活动中搭建建筑物、构筑物的，或者擅自改变住宅外立面、在非承重外墙上开门、窗的，由城市规划行政主管部门按照《城市规划法》及相关法规的规定处罚。

（注：中华人民共和国住房和城乡建设部令第9号《住房和城乡建设部关于废止和修改部分规章的决定》第二条第7项规定：将《住宅室内装饰装修管理办法》（建设部令第110号）第三十九条中的“《城市规划法》”修改为“《中华人民共和国城乡规划法》”。）

第四十条　装修人或者装饰装修企业违反《建设工程质量管理条例》的，

由建设行政主管部门按照有关规定处罚。

第四十一条　装饰装修企业违反国家有关安全生产规定和安全生产技术规程，不按照规定采取必要的安全防护和消防措施，擅自动用明火作业和进行焊接作业的，或者对建筑安全事故隐患不采取措施予以消除的，由建设行政主管部门责令改正，并处1000元以上10000元以下的罚款；情节严重的，责令停业整顿，并处1万元以上3万元以下的罚款；造成重大安全事故的，降低资质等级或者吊销资质证书。

第四十二条　物业管理单位发现装修人或者装饰装修企业有违反本办法规定的行为不及时向有关部门报告的，由房地产行政主管部门给予警告，可处装饰装修管理服务协议约定的装饰装修管理服务费2～3倍的罚款。

第四十三条　有关部门的工作人员接到物业管理单位对装修人或者装饰装修企业违法行为的报告后，未及时处理，玩忽职守的，依法给予行政处分。

第八章　附则

第四十四条　工程投资额在30万元以下或者建筑面积在300m^2以下，可以不申请办理施工许可证的非住宅装饰装修活动参照本办法执行。

第四十五条　住宅竣工验收合格前的装饰装修工程管理，按照《建设工程质量管理条例》执行。

第四十六条　省、自治区、直辖市人民政府建设行政主管部门可以依据本办法，制定实施细则。

第四十七条　本办法由国务院建设行政主管部门负责解释。

第四十八条　本办法自2002年5月1日起施行。

附录二　住宅室内装饰装修标准合同范本

（注：由于我国现在还没有国家统一的室内装修合同，附录二是成都市标准合同，此合同可供广大业主在和装修公司或施工人员签订合同时参考使用。）

成都家庭装饰装修工程施工合同

合同编号：______

施工合同发包方（甲方）：______

住所地址：__________

联系方式：__________

手机号：_________

施工合同承包方（乙方）：______

单位地址：__________

法定代表人：__________

工程监理人：__________

联系电话：__________

本工程设计人：__________

联系电话：__________

本工程项目经理：__________

联系电话：__________

依照《中华人民共和国合同法》及有关法律、法规的规定，结合家庭居室装饰装修工程施工的特点，双方在平等、自愿、协商一致的基础上，就甲方的家庭居室装饰装修工程（以下简称工程）的有关事宜，达成如下条款：

第一条 工程概况

1.1 工程地点及面积：______。

1.2 工程造价：¥______元，大写（人民币）：______。

1.3 工程承包方式：双方商定采取下列第______种承包方式。

（1）乙方包工、包全部材料（见附件五：乙方提供装饰装修材料明细表）。

（2）乙方包工、部分包料，甲方提供部分材料（见附件四：甲方提供装饰装修材料明细表，附件五：乙方提供装饰装修材料明细表）。

（3）乙方包工、甲方包全部材料（见附件四：甲方提供装饰装修材料明细表）。

1.4　工程期限______天。开工日期______年______月______日，竣工日期______年______月______日。

第二条　工程监理

若本工程实行工程监理，甲方（或乙方）与监理公司另行签订《工程监理合同》，并将监理工程师的姓名、单位、联系方式及监理工程师的职责等通知乙方（或甲方）。

第三条　施工图样

双方商定施工图样采取下列第______种方式提供：

3.1　甲方自行设计并提供施工图样，交图时间为______月______日，图样一式三份，甲方、乙方、施工队各执一份（见附件六：家庭装饰装修工程设计图样）。

3.2　甲方委托乙方设计施工图样，图样一式三份，甲方、乙方、施工队各执一份（见附件六：家庭装饰装修工程设计图样），设计费由甲方支付（此费用不在工程价款内）。

3.3　施工图样双方签字后生效。

第四条　甲方义务

4.1　开工前______天，为乙方入场施工创造条件。全部腾空或部分腾空房屋，清除影响施工的障碍物；对只能部分腾空的房屋中所滞留的家具、陈设应采取保护措施，以不影响施工为原则。乙方施工人员对甲方施工现场的物品应认真清点及保护，双方签订“物品清单”。

4.2　开工前将原有的电话设备拆除；提供施工期间的水源、电源，并说明使用注意事项。

4.3　负责协调施工队与邻里之间的关系。

4.4　禁止拆动室内承重结构，如需拆、改建筑的承重、非承重结构或改动厨、卫位置及设备管线等，应负责到有关部门办理相应的审批手续；根据有关

部门规定，甲方无权要求乙方移动或改造暖气、燃气管线。

4.5　参与对工程质量、施工进度的监督及对材料进场、工程竣工的验收。

4.6　工程所在的物业管理部门所收施工押金及各项物业管理费用，由甲方交纳（出入证除外），乙方协助提供物管所需相关材料。

第五条　乙方义务

5.1　施工中严格执行《住宅装饰装修工程施工规范》，保证工程质量，按期完成工程。

5.2　在甲方未正式提供有关部门的审批文件前，严禁改动建筑主体、承重结构、暖气及燃气管线等，否则应承担相应责任。

5.3　严格执行本市有关施工现场管理的规定，不得扰民及污染环境。

5.4　保护好原居室室内的家具和陈设，保证居室内上、下管道的畅通。

5.5　保证施工现场的整洁，工程完工后负责清扫施工现场。

5.6　因乙方在施工中违反物业管理规定而引起的罚款及赔偿责任，由乙方负责承担。

5.7　乙方设计师负责向甲方提供咨询、设计、报价等相关服务。合同签订后，乙方执行工程施工的代表人为乙方派出的项目经理。甲方关于工程的相关事宜均应与乙方项目经理联系，以确保工程中的统一指挥和管理。

第六条　工程变更

6.1　为确保甲方工程质量、工期及保修服务，合同签订后如有工程项目或施工方式的变更，需由双方协商后签署书面协议《装饰装修工程变更单》（见附件七：家庭装饰装修工程变更单），同时调整相关工程费用及工期，口头承诺或口头协议均视为无效；凡甲方直接与乙方现场工作人员商定更改施工内容所引起的一切后果，均由甲方承担。

6.2　合同签订后，甲方工程减项超过总工程款5%以上时，需向乙方支付减项总额8%的变更费。若甲方减项所用的材料乙方已定购或运到现场，甲方需另外支付材料来回托运、损耗及退货费用；若甲方要求减少的施工项目已施工，甲方需支付乙方该项目的施工费、材料费、管理费及拆除费。

6.3 甲方第二次支付工程款后增加的施工，乙方需在收到甲方该增加项目100%的工程款后方予以施工。

第七条　材料的提供

7.1 由甲方提供的材料、设备，其规格、质量应符合设计要求（见附件四：甲方提供装饰装修材料明细表）。甲方应按时将材料、设备运到施工现场并通知乙方，双方共同验收并办理交接手续；若甲方未按时提供材料或材料的规格、质量不符合设计要求，因此而延误工期或影响工程质量，责任由甲方承担。

7.2 由乙方提供的材料、设备的（见附件五：乙方提供装饰装修材料明细表），乙方应将材料、设备运到施工现场的时间提前通知甲方，双方共同验收；若乙方所供材料的品牌、规格、质量与报价单不符，甲方有权拒绝使用，因此而延误工期或影响工程质量，责任由乙方承担。

7.3 甲方确定材料品牌、规格、型号或价位标准，由乙方负责为甲方代购的（见附件四：甲方提供装饰装修材料明细表。应备注乙方代购），在材料运至施工现场并经甲方验收认定后方可使用。乙方收取甲方的材料代购费为材料采管费（材料款的______%）+材料运输费（根据实际情况确定）；若施工过程中因材料质量问题造成的退货、换货，以及因此而延误工期，均由甲方承担责任。

7.4 除合同注明外，五金配件（门锁、拉手、水龙头等）、石材、瓷砖、设备、洁具、灯具等，均由甲方购买并按时运到现场；若需要乙方代购，加收所购材料款______%的采购费及运输费。

第八条　工期延误

8.1 对以下原因造成的竣工日期延误，经甲方确认，工期相应顺延：

（1）工程量变化和设计变更。

（2）不可抗力。

（3）甲方未按时参加阶段验收而造成的停工。

（4）甲方同意工期顺延的其他情况。

8.2　因甲方未按约定完成其应负责的工作而影响工期的，工期顺延；因甲方提供的材料、设备质量不合格而影响工程质量的，返工费用由甲方承担，工期顺延。

8.3　甲方未按期支付工程款，合同工期相应顺延。

8.4　因乙方供材或施工等原因不能按期完工的，工期不顺延；因乙方原因造成工程质量存在问题的，返工费用由乙方承担，工期不顺延。

第九条　质量标准

9.1　双方约定本工程施工质量按下列第______项标准验收：

（1）《建筑装饰装修工程质量验收规范》（GB 50210—2018）。

（2）《成都市家庭房屋装饰装修工程质量检验规定》。

（3）其他验收标准。

9.2　施工过程中双方对工程质量发生争议时：

（1）可向成都市消费者协会家庭装饰装修投诉中心或成都市建筑装饰协会投诉进行调解。

（2）如不服调解，由双方同意的工程质量检测机构鉴定，所需费用及因此造成的损失，由责任方承担。双方均有责任时，由双方根据其责任分别承担。

第十条　工程验收和保修

10.1　双方约定在施工过程中分下列三个阶段对工程质量进行验收：

（1）水、电管线，防水层及吊顶基层等隐蔽工程验收。

（2）涂料及面层涂料施工前验收。

（3）竣工验收。乙方应提前2日通知甲方进行各阶段验收，各阶段验收合格后应填写工程验收单（见附件八：工程验收单）。若甲方接到通知后，未按时参加验收，乙方有权停工等待，由此给乙方造成的工期延误及其他损失均由甲方承担。

10.2　工程竣工验收合格并结清工程余款后，乙方向甲方办理移交手续（见附件九：工程结算单），并填写工程保修单（保修期为2年）（见附件十：工程保修单）。

第十一条　工程款支付方式

11.1　双方约定按以下第______种方式支付工程款：

合同生效后，甲方按下表中的约定直接向乙方财务支付工程款：

支付次数	付款时间	付款比例（%）	支付金额/元
第一次	合同签订日		
第二次	隐蔽工程验收后3日内		
第三次	竣工验收合格后4日内		

其他支付方式：______。

11.2　工程验收合格后2日内，乙方应向甲方提出工程结算，并将有关资料送交甲方。甲方接到资料后2日内如未有异议，双方应在工程结算单（见附件九：工程结算单）上签字，甲方应同时向乙方结清工程尾款。

11.3　甲方应将工程款直接交给乙方财务部。工程款全部结清后，乙方应向甲方开具正式统一发票。若因甲方将工程款直接交给乙方施工人员而造成损失，责任由甲方自负。

第十二条　违约责任

12.1　合同签订后，合同任何一方提出解除合同或无论因何原因违约造成合同无法履行的，应及时通知另一方，经双方协商同意后，可办理终止或延期履行合同手续，违约方应向守约方支付工程造价______%的违约金；若因此造成损失的，违约方应予以赔偿。

12.2　工程未验收合格或未结清尾款而未移交，甲方使用或擅自动用工程成品的，工程视为合格，由此而造成损失的由甲方负责，并视为甲方自动放弃保修及维修权利且乙方仍有追收尾款的权利。

12.3　甲方未按期支付第二（三）次工程款的，乙方有权停工，每延误1日甲方向乙方支付工程总造价2‰的违约金。

12.4　由于乙方原因，工程质量达不到双方约定的质量标准，乙方负责修理，所需修理费用由乙方承担，工期不予顺延。

12.5　由于甲方或乙方原因致使工期延误，每延误1日由责任方向对方支付工程总造价的2‰作为违约金。

第十三条　合同争议的解决方式

双方发生争议协商解决不成时，按下列第______种方式解决：

（1）向______仲裁委员会申请仲裁。

（2）向人民法院起诉。

第十四条　几项具体规定

14.1　工程地在市区以外的装饰工程，乙方加收工程总造价的3%～10%的远程施工费。

14.2　因工程施工而产生的垃圾，由乙方负责清运到政府规定的垃圾堆放点，甲方应支付垃圾清运费用（人民币）______元（此费用不在工程款内）。

14.3　施工期间，甲方将外屋门钥匙_________把，交给乙方施工负责人_________负责保管。工程竣工移交后，甲方负责提供新锁_________把，由乙方当场负责安装好交付甲方使用。

14.4　施工期间，乙方每天的工作时间为：上午_________点_________分至_________点_________分；下午_________点_________分至_________点_________分。

第十五条　附则

15.1　本合同签订后工程不得转包。

15.2　甲、乙双方直接签订合同的，本合同一式两份，双方签字（盖章）后生效，甲、乙双方各持一份。

15.3　凡在本市各家庭装饰装修市场内签订合同的，本合同一式三份，甲、乙双方及市场有关部门签字（盖章）后生效，三方各持一份。

15.4　合同履行完后自动终止。

15.5　本合同实行当事人自愿鉴证原则，以保护合同当事人的合法权益。

15.6　合同附件为本合同的组成部分，与本合同具有同等法律效力。

第十六条　其他约定条款

____

____

____

____

____

____

____

____

甲方（签字）：______乙方（盖章）：______

法定代表人（签字）：______委托代理人（签字）：______

______年____月____日　　　　　　______年____月____日

家庭装饰装修市场合同认证意见（商场合同认证章）：______

委托代理人（签字）：______

联系电话：______

______年____月____日

附件一：家庭装饰装修工程施工项目确认表

附件二：家庭装饰装修工程内容和做法一览表

附件三：家庭装饰装修工程报价表

附件四：甲方提供装饰装修材料明细表

附件五：乙方提供装饰装修材料明细表

附件六：家庭装饰装修工程设计图样

附件七：家庭装饰装修工程变更单

附件八：工程验收单

附件九：工程结算单

附件十：工程保修单

附件一：家庭装饰装修工程施工项目确认表

家庭装饰装修工程施工项目确认表（一）

项目	施工项目	居室1/m^2	居室2/m^2	居室3/m^2	门厅/m^2	卫生间1/m^2	卫生间2/m^2	阳台/m^2	厨房/m^2
一、顶棚	1. 涂料								
	2. 乳胶漆								
	3. 吊顶								
	4. 壁纸								
	5. 灯具								
	6. 扣板								
	7. 颜色								
二、地面	1. 通体砖								
	2. 釉面砖								
	3. 木地板								
	4. 花岗石								
	5. 地毯								
	6. 颜色								
三、墙面	1. 涂装								
	2. 乳胶漆								
	3. 壁纸								
	4. 软包								
	5. 壁板								
	6. 大理石								
	7. 瓷砖								
	8. 颜色								

家庭装饰装修工程施工项目确认表（二）

序号	施工项目	居室1/m^2	居室2/m^2	居室3/m^2	门厅/m^2	卫生间1/m^2	卫生间2/m^2	阳台/m^2	厨房/m^2
1	涂料								
2	墙裙								
3	木踢脚线								
4	砖踢脚线								
5	其他踢脚线								
6	窗帘盒								
7	暖气罩								
8	木质阴角线								
9	石膏阴角线								
10	包门套								
11	包窗套								
12	现制门								
13	现制窗								
14	现制地柜								
15	现制落地柜								
16	包管道								
17	暖气移位								
18	管道改线								
19	电路改造								
20	防水工程								
21	灯具安装								
22	油烟机安装								
23	排风扇安装								
24	热水器安装								
25	洗手池安装								
26	洗菜池安装								
27	拖布池安装								
28	防盗门安装								
29	铝合金门窗								
30	挂镜线								
31	饰物、镜子								

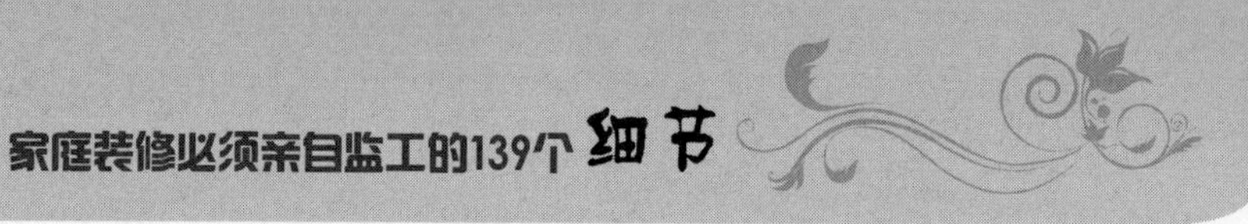

附件二：家庭装饰装修工程内容和做法一览表

序号	工程项目及做法	计量单位	工程量

甲方代表（签字）：　　　　　　　　　　　　　乙方代表（签字）：

附件三：家庭装饰装修工程报价表

序号	装饰内容及装饰材料规格、型号、品牌、等级	数量	单位	单价/元	合计金额/元

甲方代表（签字）：　　　　　　　　　　　　　乙方代表（签字）：

附件四：甲方提供装饰装修材料明细表

材料名称	单位	品种	规格	数量	单价/元	总价/元	供货时间	交货地点

甲方代表（签字）：　　　　　　　　　　乙方代表（签字）：

附件五：乙方提供装饰装修材料明细表

材料名称	单位	品种	规格	数量	单价/元	总价/元	供货时间	交货地点

甲方代表（签字）：　　　　　　　　　　乙方代表（签字）：

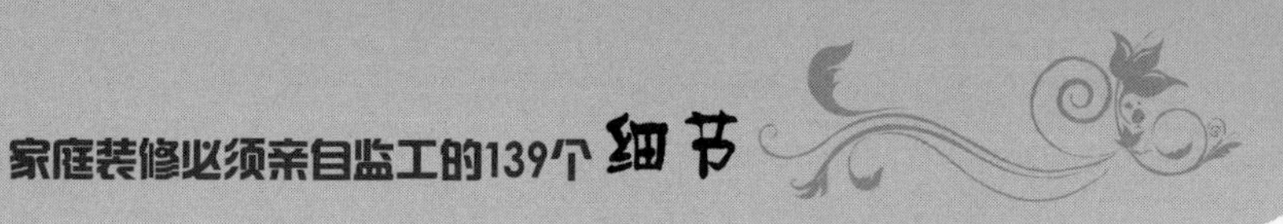

附件六：家庭装饰装修工程设计图样

甲方代表（签字）：　　　　　　　　　　　　乙方代表（签字）：

附件七：家庭装饰装修工程变更单

变更内容	原设计	新设计	增减内容（+/–）
详细说明：			

甲方代表（签字）：　　　　　　　　　　　　乙方代表（签字）：

附件八：工程验收单

序号	主要验收项目名称	验收日期	验收结果
整体工程 验收结果			

注：全部验收合格后双方签字盖章。

甲方代表（签字）：　　　　　　　　　　乙方代表（签字）：

附件九：工程结算单

年　　月　　日

原合同金额/元	
变更增加金额/元	
变更减少金额/元	
甲方已付金额/元	
甲方结算应付金额/元	

甲方代表（签字）：　　　　　　　　　　乙方代表（签字）：

附件十：工程保修单

公司名称： 联系电话：

用户姓名： 登记编号：

装修房屋地址：

设计负责人： 施工负责人：

进场施工日期： 竣工验收日期：

保修期限：

备注：

1. 从竣工验收合格之日起计算，保修期2年。
2. 保修期内由于乙方施工不当造成质量问题，乙方无条件地进行维修。
3. 保修期内如属甲方使用不当造成装饰面损坏或不能正常使用的，乙方维修时酌情收费。
4. 本保修单在甲方签字、乙方签章后生效。

监督电话：

甲方代表（签字）： 乙方代表（签字）：